SI단위 적용 Machine Materials

기계재료학 이해

신동철 편저

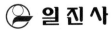 일진사

머 리 말

다가올 미래 사회는 지금과 비교도 할 수 없을 만큼 더욱 심화된 산업 사회가
될 것이고, 그 바탕에 끊임없이 발달하는 기계 재료 분야의 기술이 있다는 것은
누구나 알고 있는 사실이다. 따라서 급속도로 변화하고 발전하는 산업 사회를
살아가는 여러분들에게 가장 중요한 것은 기계 재료 분야의 활용 능력을 키우는
것이다.

기계재료학은 기계 공학의 기초 과목으로서 재료와 관련된 분야의 학생과 실
무 현장에 종사하는 기술자에게 매우 긴요하고 필수적인 과목이라 할 수 있다.
이 책은 기계 재료 전반에 관한 내용을 체계적으로 학습할 수 있도록 다음과 같
이 구성하였다.

첫째, 기계재료학의 기초 이론을 일목요연하게 정리하였고, 각 장의 끝부분에
　　 는 연습 문제를 실어 줌으로써 앞에서 공부한 내용을 반복적으로 숙지
　　 할 수 있도록 하였다.

둘째, 학습의 합리화를 위하여 간단명료한 내용과 공식을 다양하게 제시하였
　　 으며, 내용에 따른 도표와 그림을 상세히 실어 이해도를 높였다.

셋째, 부록에는 SI 단위 표와 단위 환산표 및 기계 재료와 관련된 KS 규격 데
　　 이터를 수록하여 학습에 참고할 수 있도록 하였다.

각 장마다 자신의 수준에 맞추어 공부하다 보면 조금씩 실력이 향상되는 것을
느낄 수 있을 것이다. 또한 이 책을 밑거름으로 하여 보다 창의적인 사고를 가지
고 다양한 기계 재료와 관련된 기술을 개발한다면 우리나라를 세계의 초일류 국
가로 발전시킬 수 있을 것이다. 마지막으로 이 책의 출간에 힘써주신 도서출판
일진사 여러분께 감사드리며, 무궁한 발전을 기원한다.

저자 씀

차 례

제1장 기계 재료 총론

제2장 철강 재료

제3장 비철금속 재료

차 례

제4장 신금속·신소재 재료

제5장 비금속 재료

제6장 기계 재료 시험

부 록

기계 재료 총론

기계 재료 총론

1. 기계 재료

1-1 ● 기계 재료의 정의

자연 과학과 공학의 발전은 오늘날의 생활 양식을 크게 바꾸어 놓았다. 이것은 새로운 재료 개발에서 유래되었다고 말할 수 있다. 재료 개발은 과학 기술을 측정하는 척도이자 산업 발전의 기초가 된다. 따라서 기계를 구성하고 있는 재료의 중요성이 더욱 강조되고 있다. 기계에는 많은 종류의 기계 요소가 필요하며 기계를 구성하는 부품들로는 기계의 기능성과 내구성에 적합한 재료가 요구된다.

기계의 단위 요소는 물질이며 물질이 갖고 있는 성질을 목적에 적합하게 이용할 경우에 재료로서 취급한다. 재료(material)란 인간이 필요로 하는 물건을 만드는 데 필요한 소재를 말한다.

기계 및 구조물, 기계 부품 등을 제작하는 데 사용하는 금속 재료, 신금속 재료 및 비금속 재료를 기계 재료(mechanical material)라고 한다.

(1) 기계 재료의 조건

기계 및 구조물, 기계 부품에 사용되기 위한 조건은 다음과 같다.

① 가격이 저렴하고 쉽게 구입할 수 있어야 한다.

② 가공성이 용이하여야 한다.

③ 기계 및 구조물의 성능을 장기간 유지할 수 있어야 한다.

(2) 기계 재료의 선정 방법

예를 들어 자동차 부품 재료의 선정 방법은 다음과 같다.

① 연료 소비율을 줄이기 위하여 가능한 가벼운 재료를 선정한다.

② 대량 생산을 하기 위하여 구성 재료의 성형성 및 용접성, 절삭성 등이 용이한 재료를 선정한다.

③ 경량화를 위하여 새로운 설계법과 신금속 재료를 선정한다.

1-2 ⊙ 기계 재료의 분류

기계 재료는 금속 재료(metallic material), 신금속 재료(advanced metallic material) 및 비금속 재료(nonmetallic material)로 분류한다. 금속 재료는 철 재료와 비철 재료로 분류하고, 신금속 재료는 기능성 신금속 재료와 구조용 신금속 재료로 분류한다. 비금속 재료는 무기 재료와 유기 재료로 분류한다. 〈그림 1-1〉에 기계 재료의 분류를 나타내었다.

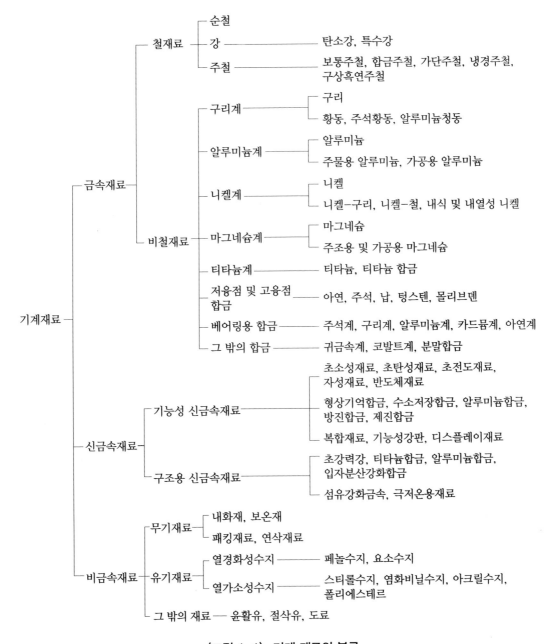

〈그림 1-1〉 기계 재료의 분류

(1) 금속 재료

금속 재료는 철금속과 비철금속을 총칭하며 철(Fe)을 주성분으로 하는 철금속에는 순철, 탄소강, 특수강, 주철 등이 있다. 철 이외의 공업용 금속을 비철금속이라 하며, 종류로는 구리(Cu), 알루미늄(Al), 니켈(Ni), 마그네슘(Mg), 티타늄(Ti), 아연(Zn), 주석(Sn), 납(Pb), 텅스텐(W), 몰리브덴(Mo), 귀금속 및 그 합금 등이 있다.

(2) 신금속 재료

신금속 재료는 재료 설계, 재료 가공, 재료 특성, 시험 평가 등의 연구를 통하여 기존 금속 재료의 결점을 보완하여 고도의 기능, 구조 특성을 지니고 있는 재료를 말한다. 신금속 재료는 기능성 신금속 재료와 구조용 신금속 재료로 분류한다.

기능성 신금속 재료란 강도는 중요시하지 않고 특수한 성능과 기능을 갖는 재료로 초소성 재료, 초탄성 재료, 형상기억합금, 복합 재료, 디스플레이 재료 등이 있다. 구조용 신금속 재료란 기계, 건축, 항공, 선박 등의 특수한 용도로 사용하는 재료로 초강력강, 티타늄 합금, 입자분산 강화합금, 섬유강화금속 등이 있다.

첨단 신금속 재료로 사용하는 금속에는 우라늄(U), 플루토늄(Pu), 베릴륨(Be), 지르코늄(Zr), 니오븀(Nb), 바나듐(V) 등이 있다.

(3) 비금속 재료

비금속 재료는 금속 재료의 공통적인 성질을 갖고 있지 않으며, 금속과 비금속 원소를 함유한 재료를 말한다. 비금속 재료는 무기 재료인 내화재, 보온재, 연삭 재료 등과 유기 재료인 열경화성수지, 열가소성수지 등이 있다. 그 밖의 재료로는 윤활유, 절삭유, 도료 등이 있다.

1-3 ◉ 금속과 합금

금속은 순수한 단일 성분으로 이루어진 순금속(pure metal)과 두 가지 성분 이상으로 이루어진 합금(alloy)으로 분류한다. 일반적으로 합금은 어떤 필요한 성질을 얻기 위해 한 금속에 다른 금속 또는 비금속을 첨가시켜서 금속적 성질을 갖는 물질을 말한다. 금속의 일반적 특성은 다음과 같다.

① 고체 상태에서 결정 구조를 갖는다.
② 금속 광택을 갖는다.
③ 상온에서 고체이다(수은(Hg)은 예외).
④ 전기 및 열의 양도체이다.
⑤ 전성 및 연성이 양호하다.

⑥ 소성 변형이 있어 가공하기 쉽다.

위의 특성을 만족하는 것을 금속이라 하고, 이들 특성의 일부만 만족하는 것을 준금속(metalloid), 전혀 만족하지 않는 것을 비금속이라 한다.

Q 예제

기계 및 구조물, 기계부품에 사용되기 위한 기계재료의 조건을 설명하시오.

해설 ① 가격이 저렴하고 쉽게 구입할 수 있어야 한다.
② 가공성이 용이하여야 한다.
③ 기계 및 구조물의 성능을 장기간 유지할 수 있어야 한다.

2. 기계 재료의 성질

2-1 ● 기계적 성질

어떤 재료에 외부의 힘을 가했을 때 나타나는 재료의 특성으로, 대표적인 기계적 성질에는 강도, 경도, 연신율, 인성, 피로, 크리프 등이 있다.

(1) 강도

재료에 하중이 주워졌을 때 재료가 파괴되기까지의 변형 저항을 강도(strength)라고 한다. 강도는 외력의 작용 방법에 따라 다음과 같이 분류한다.

① 인장강도(tensile strength)
② 압축강도(compression strength)
③ 굽힘강도(bending strength)
④ 전단강도(shearing strength)
⑤ 비틀림강도(torsion strength)

인장강도는 시험편을 서서히 잡아당기는 인장시험으로 강도를 측정한다. 인장강도 값이 크다고 해서 압축강도 값이나 비틀림강도 값이 비례하여 크다고는 할 수 없다. 압축강도는 짧은 기둥 모양의 시험편에 축 방향으로 압축하중을 가하여 강도를 측정한다. 비틀림강도는 둥근 기둥 모양의 시험편이 비틀림에 의해 파괴되었을 때 가해진 비틀림 모멘트로 강도를 측정한다.

일반적으로 강도는 인장강도를 의미하며, 주요 금속의 인장강도 값은 Pb < Sn < Zn < Al < Cu < Fe < Ni 순으로 커진다.

(2) 경도

경도(hardness)란 같은 하중으로 재료를 눌렀을 때 그 재료의 변형에 대한 저항력의 크기를 말한다. 경도는 측정 방법에 따라 다음과 같이 분류한다.

　① 정지 상태에서 압입자로 물체를 눌렀을 때 생기는 변형으로 측정

　② 한 물체에 다른 물체를 낙하시켰을 때 반발되어 튀어 오르는 높이로 측정

　③ 한 물체로 다른 물체를 긁었을 때 긁히는 정도로 측정

같은 재료라도 측정 방법과 측정 기계에 따라 경도의 정확도가 다르다. 일반적으로 경도는 인장강도에 비례하며, 주요 금속의 경도 값은 Pb<Sn<Au<Zn<Ag<Al<Cu<Fe 순으로 커진다.

(3) 연신율

재료에 하중이 주워졌을 때 어느 시점에서 파괴된다. 이때 원래의 길이와 늘어난 길이의 비를 연신율(elongation)이라 한다. 연신율은 변형에 대한 능력을 나타낸 값이다.

(4) 인성

재료에 충격, 굽힘, 비틀림 등의 외력이 주워졌을 때 이 외력에 저항하는 성질을 인성(toughness)이라 한다. 재료는 구조물, 기계 부품 등으로 사용할 때 충격을 받아 파괴되는데, 이 충격에 대한 저항은 재료의 종류가 같으면 연신율이 큰 재료가 일반적으로 크다.

(5) 피로

피스톤과 같은 재료에 외력을 반복적으로 가하면 변형을 일으켜 파괴되는 현상을 피로(fatigue)라 한다.

(6) 크리프

고온에서 금속 재료에 일정한 하중을 계속하여 가하게 되면 시간이 경과함에 따라 재료의 변형이 증가하는 현상을 크리프(creep)라 한다. 금속 재료는 고온에서만 크리프 현상이 일어나지만, 납과 같이 녹는점이 낮은 재료는 실온에서도 일어난다. 또한 고분자 재료도 비교적 낮은 온도에서 일어난다.

2-2 　물리적 성질

순금속 및 합금으로 구성되어 있는 금속의 물리적 성질에는 색, 비중, 용융온도, 용융잠열, 비열, 선팽창계수, 열전도율 등이 있다.

(1) 색

순금속은 흰색 계통의 색(color)을 띠고, 금은 노란색, 구리는 붉은 노란색의 색깔을 띤다. 합금의 색은 그 성분 금속의 어느 한 성분의 색과 비슷하거나 그 중간 색을 띠는 것이 일반적이다. 대부분의 금속은 착색되어 무색이다.

순금속이 합금의 색에 미치는 영향은 종류에 따라 다르며, 금속의 색깔을 탈색하는 힘은 Sn > Ni > Al > Mn > Fe > Pt > Ag > Au 순으로 작아진다.

(2) 비중

비중(specific gravity)은 4℃의 순수한 물의 무게와 똑같은 부피를 가진 물체의 무게와의 비를 말한다. 금속은 비중에 따라 5 이하는 경금속(light metal), 이보다 무거운 것은 중금속(heavy metal)이라 한다.

항공기 · 로켓 · 차량 등과 같은 종류의 구조에서는 가볍고 튼튼한 재료가 요구된다. 재료의 강도를 비중량으로 나눈 값을 비강도(specific strength)라 하고, 비강도가 높은 물질로는 초고장력강, 티탄계합금, 복합재료 등이 있다.

물체의 부피가 같더라도 금속의 순도, 온도 및 가공법에 따라 비중이 다르다. 일반적으로 단조, 압연, 인발 등으로 가공된 금속은 주조 상태보다 비중이 크며, 상온에서 가공한 금속을 가열한 후 급랭한 것이 서랭한 것보다 비중이 작다. 〈표 1-1〉에 순금속 및 합금의 비중을 나타내었다.

〈표 1-1〉 순금속 및 합금의 비중

순금속	Mg	Al	Ti	Zn	Cr	Sn	Mn	Fe	Co	Ni	Cu	Mo	Ag	Hg	Ta	Au	W	Pt	Ir
비중	1.74	2.7	4.51	7.13	7.19	7.20	7.20	7.87	1.74	8.90	8.96	10.2	10.5	13.5	16.6	19.3	19.3	21.5	22.5

합금	엘렉트론(Mg합금)	두랄루민(Ai합금)	선철회선	선철백선	보통주철	가단주철	알루미늄청동	탄소강	양백	황동	고속도공구강	청동(Sn 6~20%)	인청동
비중	1.79 ~1.83	2.6 ~2.8	6.7 ~7.9	7.0 ~7.8	7.1 ~7.3	7.2 ~7.6	7.6 ~7.7	7.7 ~7.87	8.4 ~8.7	8.35 ~8.8	8.7	8.7 ~8.9	8.7 ~8.9

(3) 용융온도

금속을 가열하면 녹아서 액체가 된다. 이때의 온도를 용융온도(melting temperature) 또는 용융점이라 한다. 반대로 액체로 되어 있는 금속을 냉각시키면 원래의 고체로 되돌아가는 현상을 응고(solidification)라 하고, 이때의 온도를 응고온도(solidification temperature)라 한다. 금속에서는 용융온도와 응고온도가 같으며, 용융 및 응고가 끝날 때까지 같은 온도를 유지한다. 〈표 1-2〉에 순금속의 용융온도를 나타내었다.

〈표 1-2〉 순금속의 용용온도

순금속	W	Ta	Mo	Pt	Ti	Fe	Co	Ni	Cu	Au	Ag	Al	Mg	Zn	Pb	Cd	Bi	Sn	Hg
용융 온도(℃)	3,410	2,996	2,610	1,769	1,668	1,539	1,495	1,455	1,083	1,063	961	660	650	420	327	321	271	2231	-38.4

〈표 1-1〉과 〈표 1-2〉를 비교하여 보면 일반적으로 용융온도가 높은 금속은 비중도 크다는 것을 알 수 있다. 이것은 내열성과 가벼운 중량을 동시에 구비하는 금속 재료를 얻기가 어렵다는 것을 뜻한다.

(4) 용융잠열

금속이 용융할 때에는 시간이 지나도 온도는 상승하지 않고, 금속 전부가 용해되어야만 온도가 상승한다. 이 현상은 금속이 응고될 때에도 같으며, 이와 같은 현상에 필요한 열량을 용융잠열(melting latent heat)이라 한다. 〈표 1-3〉에 금속의 용융잠열을 나타내었다.

〈표 1-3〉 순금속의 용융잠열

순금속	Al	Mg	Ni	전해질	Mn	Co	Cu	Sb	Pt	Ag	Zn	주철	Au	Sn	Cd	Bi	Pb
용융잠열(J/g)	396.1	360.1	309.8	272.1	268.0	244.5	211.9	160.4	113.0	104.7	100.9	96.3	67.4	60.7	55.3	54.4	26.4

(5) 비열

알루미늄은 660℃에 도달하면 용융하고, 그 이상으로 가열하면 2,450℃에서 비등하여 기체로 된다. 물이 100℃에서 비등하여 수증기로 되는 것과 같이 액체에서 기체로 변하는 온도를 비등점(boiling point)이라 한다. 비열(specific heat)은 어떤 물질 1g의 온도를 1℃ 높이는 데 필요한 열량이다.

재료에 따라 같은 양의 열을 가해도 온도 상승에 차이가 생긴다. 이것은 비열이 클수록 재료를 가열할 때 더 많은 열을 필요로 하기 때문이다.

(6) 선팽창계수

금속 재료는 가열하면 팽창하고 냉각하면 수축한다. 기계 및 구조물, 기계 부품에 사용되는 재료는 선팽창계수를 고려하여야 하며, 압연과 같이 비중을 증가시키는 가공을 할 때에는 금속 재료의 팽창률이 증가한다.

금속 재료의 온도가 1℃ 상승하였을 때 그 길이의 증가와 팽창하기 전의 길이와의 비를 선팽창계수(coefficient of linear expansion)라 한다. 선팽창계수가 큰 금속에는 Pb, Mg, Al, Ag, Au 등이 있고, 작은 금속에는 Pt, 엘린바(elinvar), 인바(invar) 등이 있다. 엘린바는 Ni 36%,

Cr 12%를 함유한 Ni 합금으로 탄성률이 일정하고 팽창률이 작아 시계태엽, 측정계기 등에 사용한다.

(7) 열전도율

일반적으로 열의 이동은 고온에서 얻은 전자의 에너지가 온도의 강하에 따라 저온 쪽으로 이동함으로써 이루어지는데, 물체 내의 분자로부터 열에너지의 이동을 열전도(heat conductivity)라 한다.

열전도율은 두께 1m의 재료 양면에 1℃의 온도차가 있을 때, 재료 표면의 $1m^2$를 통하여 1시간에 한쪽에서 다른 쪽 면으로 전도되는 열량을 W로 나타낸 것으로 단위는 W/m · K이다. 열전도율은 온도에 약간의 영향을 받는다.

순금속의 열전도율은 Ag > Cu > Au > Al > Zn > Ni > Fe > Pt 순으로 작아진다. 금속 재료 중 Cu, Al 등은 열전도율이 우수하여 전기 재료에 많이 사용된다.

2-3 ● 전자기적 성질

순금속 및 합금으로 구성되어 있는 금속의 전자기적 성질에는 도전율, 자성 등이 있다.

(1) 도전율

일반적으로 금속 재료는 전기를 잘 전도하며 전기 저항이 작다. 도전율(conductivity)은 전기 저항의 역수로서 전기 전도도(electric conductivity)라 한다. 전기 저항은 길이 1m, 단면적 $1mm^2$의 선의 저항을 옴(Ω)으로 나타낸 것으로 이 저항을 고유 저항 또는 비저항(specific resistance)이라 한다.

고유 저항은 재료 및 온도에 따라서 다르며, 고유 저항이 작을수록 도전율이 좋다. 일반적으로 열전도율이 큰 금속 재료가 도전율도 크다. 도전율이 큰 금속 재료는 전선, 전기 기구 등에 사용하고, 도전율이 작은 금속 재료는 저항선으로 사용한다. 순금속의 도전율은 Ag > Cu > Au > Al > Zn > Ni > Fe > Pt 순으로 작아진다. 순금속은 합금에 비하여 저항이 작아 도전율이 좋다.

(2) 자성

자기력이 미치는 자기장(magnetic field) 속에 철을 놓으면 유도 작용에 의하여 자화되어 자석이 된다. 이때 자기장의 강도가 증가함에 따라서 자화되는 정도도 증가하고, 자기장의 강도를 더욱 증가하면 자화의 강도는 포화점에 도달한다. 이와 같은 성질은 철, 코발트 및 니켈에서 나타난다.

자기장 안의 물체가 자화되는 상태에 따라 강자성체, 상자성체, 반자성체 등으로 분류한다. 상자성체(paramagnetic substance)는 자기장 안에 넣으면 자기장 방향으로 약하게 자화하고, 자기장이 제거되면 자화하지 않는 물질을 말하며, 철, 니켈, 코발트, 주석, 백금, 망간, 알루미늄 등이 이에 속한다. 이와 반대로 자기장의 역방향으로 자화되는 물질은 반자성체(diamagnetic substance)라고 하며, 비스무트, 안티몬, 금, 수은, 구리 등이 이에 속한다. 상자성체와 반자성체는 자기장이 가해지는 경우에만 자화된다. 강자성체(ferromagnetic substance)는 자기장이 제거된 후에도 자화되는 물질로 자석으로 사용한다. 자화 강도가 큰 물질로는 철, 코발트, 니켈 등이 있다.

2-4 ⊙ 화학적 성질

순금속 및 합금으로 구성되어 있는 금속의 화학적 성질에는 산화, 부식, 방식 등이 있다.

(1) 금속의 이온화

금속은 주변의 다른 원소와 결합하여 산화물이나 황화물로 존재한다. 금속이 수용액 중에서 전리하여 양이온이 되려는 경향을 이온화 경향이라 하며, 이것에 의해 금속이 양이온으로 될 때, 양이온이 되기 쉬운 것과 어려운 것의 차이가 일어난다. 주요한 원소의 이온화 경향을 큰 것부터 나열하면 $K > Ca > Na > Mg > Zn > Fe > Co > Pb > H > Cu > Hg > Ag > Pt > Au$ 순으로 된다. 이온화 경향이 클수록 산화되기 쉽고 수소보다 왼쪽에 있는 금속은 묽은 산에 녹아 수소를 방출한다.

(2) 산화

금속이 산소와 결합하는 반응을 산화(oxidation)라 한다. 산화는 금속 원자가 전자를 잃고 양이온이 되는 현상이다. 산화물에서 산소를 잃어버리는 반응을 환원(reduction)이라 한다. 예를 들면, Zn의 산화와 환원 반응은 다음과 같다.

$$[\text{산화}] \quad Zn + O \rightarrow ZnO$$
$$[\text{환원}] \quad ZnO + C \rightarrow Zn + CO$$

또한, 이외에도 금속 원소와 비금속 원소와의 결합(황화철, FeS)도 산화에 포함된다. 금속은 건조하고 실온에서는 산화되지 않으나 고온으로 가열하면 산소와 반응하여 산화된다. 산화에 의해 금속 표면에 생긴 산화물 층을 스케일(scale)이라 하고, 약 $3000\,Å$ 이하의 산화물 층은 산화막(oxide film)이라 한다.

금속에 산화막이 생기면 산화를 방해하는 보호적(protective) 작용을 한다. 산화막이 보호적(protective)이 아닐 경우 산화막의 성장 속도는 금속 표면에서의 산화 반응 속도에 따라 결정된다. 일정 온도에서는 〈식 1-1〉과 같이 표시한다.

$$dx/dt = A \qquad \therefore x = At$$ ──────────── 〈식 1-1〉

여기서, x : 산화막의 두께, t : 시간, A : 정수

〈식 1-1〉에서와 같이 산화는 시간에 대하여 직선적 관계가 된다. 〈그림 1-2〉에 산소 중의 마그네슘 산화를 나타내었고, 〈그림 1-3〉에 산화막을 통한 금속 산화를 나타내었다.

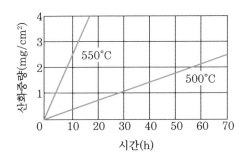

〈그림 1-2〉 산소 중의 Mg 산화

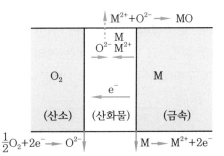

〈그림 1-3〉 산화막을 통한 금속 산화

(3) 부식

철을 대기 또는 물속에 놓아두면 붉은 녹이 생기고, 철을 공기 중에서 가열하면 검은 스케일이 생긴다. 이와 같이 금속 주위의 대기, 물, 가스와의 화학적 또는 전기화학적 반응에 의해서 다른 비금속성 화합물로 변화되는 현상을 부식(corrosion)이라 한다. 이 밖에 기계나 구조물에 일어나는 파괴도 부식의 원인이 되는 경우가 많다.

금속의 부식에는 화학적 부식과 전기 화학적 부식이 있다. 화학적 부식은 기체와 반응하여 일어나는 건식 부식(dry corrosion)과 액체와 반응하여 일어나는 습식 부식(wet corrosion)으로 분류한다. 산화(oxidation), 황화(sulfidization), 질화(nitrization) 등은 상온 또는 고온에서 일어나는 화학적 부식의 일종이다. 이외에 물 또는 그 밖의 전해질과 반응하여 일어나는 전기 화학적 부식이 있다.

① 화학적 부식

화학적 부식은 금속과 이것과 반응하는 성분 간의 화학 친화력에 의해 결정된다. 예를 들면 철이 황산과 반응하면 철의 황산 이온에 대한 친화력이 수소의 친화력보다 클 때 다음과 같이 반응한다.

$$Fe + H_2SO_4 \rightarrow FeSO_4 + H_2$$

황산 이온에 대한 친화력이 수소보다 작은 금속도 산화물이 존재하면 다음과 같은 반응이 일어난다.

$$Cu + O \rightarrow CuO$$
$$CuO + H_2SO_4 \rightarrow CuSO_4 + H_2O$$

이와 같이 금속의 산화물 생성 여부가 화학적 부식이 일어나기 쉬운지를 결정하는 한 척도가 된다. 탄소강의 부식 속도는 pH 4 이하에서는 대단히 빠르고, pH 4~10의 범위에서는 대략 일정하며, pH 10 이상에서는 거의 부식되지 않는다. 또, 알루미늄은 pH 3 이하 및 pH 10 이상의 구역에서는 부식 속도가 빠르나 pH 3~10 범위에서는 거의 부식되지 않는다.

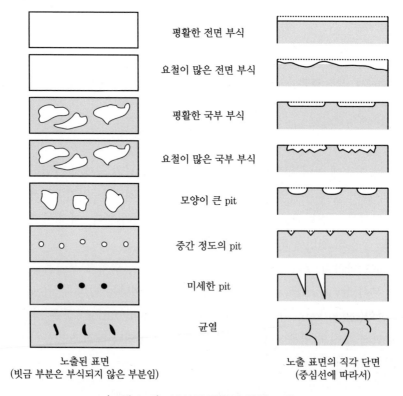

평활한 전면 부식

요철이 많은 전면 부식

평활한 국부 부식

요철이 많은 국부 부식

모양이 큰 pit

중간 정도의 pit

미세한 pit

균열

노출된 표면
(빗금 부분은 부식되지 않은 부분임)

노출 표면의 직각 단면
(중심선에 따라서)

〈그림 1-4〉 부식의 종류와 발생 모양

금속의 부식은 건조한 대기보다 습기가 많은 대기 중에서 일어나기 쉽다. 부식을 촉진시키는 가스에는 이산화탄소, 이산화황, 황화수소, 암모니아, 염산 등이 있다. 또한 순도가 높은 금속은 순도가 낮은 금속보다는 산성 용액에 대한 침식이 적다.

금속의 부식은 금속의 종류나 주위 환경에 따라 다르다. 부식의 종류에는 금속 표면 전체에 걸쳐서 균일하게 부식되는 전면 부식과 일부분에 한하여 부식이 일어나는 국부 부식이 있다. 국부 부식에는 금속 표면의 특정한 부분에서만 부식이 빨리 진행되는 공식(pitting)과 금속 또는 합금의 입계를 따라 생기는 입계 부식(intergranular corrosion)이 있다.

또한, 편석이 없는 균일한 상의 합금이라도 어느 성분만이 선택적으로 부식되는 현상을 선택 부식(preferential corrosion)이라 한다. 15% 이상의 아연을 함유한 황동 합금에서 아연이 부식되는 탈아연 부식(dezincification)은 대표적인 선택 부식의 일종이다. 이 밖에도 응력에 의한 응력 부식(stress-corrosion), 유동하는 물질에 의한 에로전 부식(erosion-corrosion) 등이 있다. 〈그림 1-4〉에 부식의 종류와 발생 모양을 나타내었다.

② 전기 화학적 부식

전기 화학적 부식은 금속 원자가 전자를 잃어서 이온이 되는 양극 반응과 이온이 전자를 얻어서 중성의 원자가 되는 음극 반응에 의해 일어난다. 예를 들면 아연이 물과 반응하면 다음과 같다.

$$[양극 반응] \quad Zn \rightarrow Zn^{2+} + 2e^-$$
$$Zn^{2+} + 2OH^- \rightarrow Zn(OH)_2$$
$$[음극 반응] \quad H^+ + e^- \rightarrow H$$
$$2H_2 + O_2 \rightarrow 2H_2O$$

이와 같이 금속이 물 또는 수용액과 반응하여 전기 화학적으로 부식이 일어나는 현상을 전기 화학적 부식(galvanic corrosion)이라 한다. 금속의 부식은 이온화 경향이 클수록 쉽게 일어난다.

(4) 방식

금속이 기체 또는 액체와 같은 부식성 물질에 의하여 부식되지 않도록 방지하는 것을 방식(anticorrosion)이라 한다. 기계 및 구조물 등의 금속 재료에 쓰이는 방식 비용은 매년 증가하고 있다. 부식을 방지하는 방법에는 다음과 같은 것이 있다.

① 내식성이 강한 금속 재료를 선택한다.

② 기계 장치의 설계 및 사용상에 주의한다.

③ **피복 처리** : 도장, 알루미늄 피막(calorizing), 크롬 피막(chromizing), 인산 피막(park-erizing), 아연 피막(sheradizing), 금속용사법(metallizing), 경질고무피복법 등이 있다.

④ **환경 처리** : 부식억제제 첨가, 용존 산소 제거 등이 있다.

⑤ **전기 화학적 방식법** : 외부 전원에 의한 방법, 유전 양극에 의한 방법 등이 있다.

Q 예제

기계재료의 성질을 설명하시오.

해설 ① 기계적 성질 : 강도, 경도, 연신율, 인성, 피로, 크리프 등
② 물리적 성질 : 색, 비중, 용용온도, 용용잠열, 비열, 선팽창계수, 열전도율 등
③ 전자기적 성질 : 도전율, 자성 등
④ 화학적 성질 : 금속의 이온화, 산화, 부식, 방식 등

3. 금속의 결정 구조

3-1 ◉ 금속의 응고

금속을 용용점 이상의 온도로 가열하면 용용 상태가 되고, 냉각하면 응고점에 도달할 때 일정한 온도에서 고체화가 된다. 금속을 용용 상태에서 냉각시킬 때 그 온도와 시간의 관계를 나타낸 곡선을 냉각 곡선(cooling curve)이라 한다.

〈그림 1-5〉에 순금속의 냉각 곡선을 나타내었다. (a)에서 AB 구간은 융체의 냉각 곡선이고, CD 구간은 고체의 냉각 곡선이다. 응고점 B점까지는 온도가 서서히 내려가다가 응고점에 도달하면 순금속이 응고되면서 용용잠열을 방출한다.

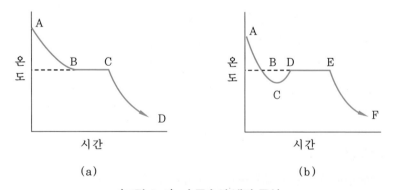

〈그림 1-5〉 순금속의 냉각 곡선

BC 구간에서는 융체와 고체가 공존하면서 일정한 온도를 유지한다. 이 구간이 응고 구간이 되고 응고가 끝나면 다시 서서히 온도가 내려간다. 그러나 실제의 용용 금속을 냉각시키면 용점보다 낮은 온도에서 응고가 시작한다. 즉 응고점에서 고체의 생성이 억제되는 경우로 이러한 냉각 곡선을 (b)에 나타내었다.

(b)에서와 같이 A점에서부터 냉각하여 B점에 도달하여도 응고하지 않고 C점까지 냉각한다. C점에서 응고가 개시되면 응고에 의한 발열 때문에 CD 구간과 같이 온도가 상승하고, 결국 DE 구간과 같이 응고 구간이 나타난다. E점에 도달하면 응고가 완료되고, EF 구간을 따라서 냉각된다. 이와 같이 응고온도 이하까지 융체가 냉각되는 현상을 과냉각(super cooling, under cooling)이라 한다.

〈그림 1-6〉에 순구리의 냉각 곡선을 나타내었다. 1,083℃까지는 열을 방출하면서 온도와 시간의 변화에 따라 비례하여 냉각된다.

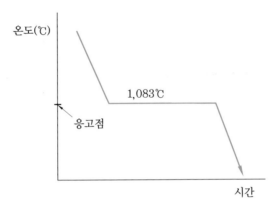

〈그림 1-6〉 순구리의 냉각 곡선

1,083℃에 도달되면 응고가 시작되고, 수평 구간에서는 응고점에서 잠열을 방출하면서 응고가 진행된다. 이때 융해 과정에서 흡수한 열량과 같은 양의 잠열을 발산하기 때문에 온도의 강하 없이 융체가 전부 응고될 때까지 수평을 유지한다.

그러나 실제의 경우에는 과냉각 현상으로 인하여 냉각할 때 융체 내부에 고체 핵이 존재하지 않아서 결정의 석출이 곤란하게 된다. 과냉도가 너무 큰 금속의 경우에는 융체에 진동을 주거나, 작은 금속 조각을 핵의 종자가 되도록 첨가하여 결정핵의 생성을 촉진시키는 접종(inoculation) 처리를 한다. 과랭의 정도는 금속에 따라 차이가 있다. Sb는 과냉도가 크고, Al, Cu 등은 작다. 유리와 같은 비정질 물질은 과랭된 액체로 생각할 수 있다.

(1) 결정의 형성 과정

용융 금속이 냉각하여 응고점에 도달하면 융체 내부에 극히 미세한 결정핵(nucleus)이 생긴다. 이들 핵을 중심으로 금속 원자가 규칙적으로 배열하여 가늘고 길게 성장하여 나뭇가지와 같은 모양이 된다. 이것은 다시 하나의 나무가 자라듯이 수많은 가지가 생기고, 주위의 성장된 핵의 결정립(grain)들과 접촉하여 결정입계(grain boundary)를 형성한다. 1개의 결정핵이 성장하여 나뭇가지 모양을 이룬 것을 수지상정(dendrite)이라 한다. 결정의 형성 과정은 핵 생성 → 핵 성장 → 결정입계 순으로 된다. 〈그림 1-7〉에 결정의 형성 과정을 나타내었다.

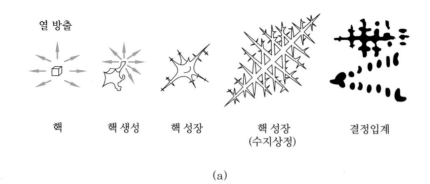

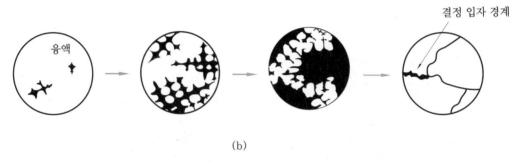

〈그림 1-7〉 결정의 형성 과정

(a)는 순금속이 냉각할 때 열 방출과 온도 강하에 따른 결정의 형성 과정을 나타낸 것이다. (b)는 용융된 순금속이 냉각되어 핵이 생성되고 성장한 후, 결정 경계선이 형성되는 과정을 나타낸 것이다. 결정의 핵이 1개로 크게 성장하면 수정과 같은 모양이 되는데, 이것을 단결정(single crystal)이라 한다. 일반적으로 순금속의 단결정은 입상 조직(granular structure) 또는 다면체 조직(polycrystalline structure)을 형성한다.

(2) 결정립 크기

결정립의 크기는 금속의 종류와 불순물의 많고 적음에 따라서 달라지며, 조건이 같으면 냉각 속도에 따라서 달라진다. 결정립의 미세한 정도는 냉각할 때에 결정핵의 생성 속도와 성장 속도에 의하여 결정되는데, 결정핵의 성장 속도보다 생성 속도가 크면 결정립은 미세해지고, 반대의 경우는 결정립이 조대해진다. 과냉각에 따른 결정립 크기(S)는 성장 속도(G)와 생성 속도(N)에 따라 다음과 같은 관계가 있다.

① G가 N보다 크면 적은 양의 핵이 생성되어 S가 조대해진다.
② G가 N보다 작으면 많은 양의 핵이 생성되어 S가 미세해진다.
③ G와 N이 교차하는 경우 조대한 결정립과 미세한 결정립이 나타난다.

(3) 응고 조직

① 수지상 조직

용융 금속이 냉각하여 응고할 때 결정핵은 다면체의 형상으로 성장하며, 주위의 결정과 충돌하여 구형에 가까운 불규칙한 형상으로 된다. 구형에 가까운 결정은 방향에 의한 성장 속도의 차이가 별로 없고, 표면장력의 크기에 영향을 받는다. 표면장력이 작은 안티몬은 모서리가 예리한 결정으로 성장하는 것을 볼 수 있다.

그러나 금속이 응고할 때 결정이 다면체로 성장하는 것은 드물고 수지상으로 성장하는 경우가 많다. 〈그림 1-8〉은 수지상 조직을 나타낸 것이다.

수지상정은 용융 금속이 부족한 곳이나 주물의 수축공(shrinkage cavity) 등에서 생긴다.

〈그림 1-8〉 수지상 조직

합금의 경우에는 처음에 응고하는 부분과 나중에 응고하는 부분과의 농도 차이 때문에 생기는 것도 있다.

수지상정은 기계적 성질이 약하고, 가공에 의한 주조 조직을 파괴하므로 풀림 열처리하여 조직을 균일화시키는 것이 좋다.

② 주상 조직

응고에 의한 결정립의 크기와 모양은 주형의 종류, 형상, 냉각 방법 등에 따라 달라진다. 용융 금속을 주형에 주입하면 주물의 접촉면은 급랭되어 많은 핵이 생기고, 서랭되는 중심부는 거의 핵이 생기지 않는다.

용융 금속은 온도가 높은 중심부보다 온도가 낮은 외부의 주형면과 접촉된 부분부터 응고가 시작되며, 중심부 방향으로 결정이 성장한다. 주형면으로부터 중심 방향으로 가늘고 긴 기둥 모양이 생기는데, 이것을 주상 조직(columnar structure)이라 한다. 〈그림 1-9〉에 주상 조직과 주형 모서리의 영향을 나타내었다.

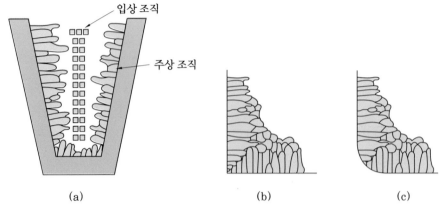

〈그림 1-9〉 주상 조직과 주형 모서리의 영향

    금속이 응고할 때에 고용되지 않은 불순물은 결정입계에 많이 존재한다. 주상 조직이 생성된 주물에서는 결정입계에 불순물이 집중되어 메짐이 생긴다. (b)와 같이 직각으로 되어 있는 모서리 부분에는 인접부의 주상 조직이 충돌하여 경계가 생기므로 약하게 된다. 이러한 경계를 약점(weak point) 또는 약면(weak plane)이라 한다. 이러한 단점을 해결하기 위하여 주형의 모서리를 (c)와 같이 라운딩한다.

3-2 ◉ 금속의 결정

    금속과 같이 상온에서 원자가 규칙적으로 배열하여 있는 것을 결정(crystal)이라 한다. 금속은 결정의 집합으로 된 것이며, 금속의 종류와 상태에 따라서 크기와 모양이 다르다.

    결정은 육안으로 관찰할 수 있으나 대부분 현미경을 통하여 관찰한다. 결정은 $10^{-3} \sim 10^{-4}$mm 정도 크기의 작은 집합으로 되어 있으며, 이것을 결정체(crystalline)라 한다. 금속을 현미경으로 관찰하면 다각형 모양으로 되어 있다. 〈그림 1-10〉에 순철의 현미경 조직을 나타내었다.

    일반적으로 금속의 결정 입자가 미세할수록 기계적 성질이 좋고, 조대할수록 기계적 성질이 나빠진다.

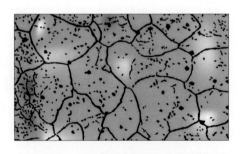

〈그림 1-10〉 순철의 현미경 조직

3-3 ⊙ 금속의 결정 구조

금속의 결정을 구성하는 원자는 핵과 전자로 되어 있으며, 금속의 성질은 핵에 강하게 결합되어 있는 전자와 비교적 자유롭게 결정 내에서 움직이고 있는 전자로 구성되어 있다. 원자들 사이에서의 결합력인 쿨롱(coulomb)의 힘에 의해 원자 간의 평형 위치가 보존된다.

(1) 결정체

금속은 다양한 크기의 결정립이 무질서한 상태로 집합되어 있는 다결정체이다. 이 결정립의 경계를 결정입계라 하고, 결정립 내에서는 원자가 규칙적으로 배열되어 있다. 이것을 결정격자(crystal lattice) 또는 공간격자(space lattice)라 한다. 〈그림 1-11〉에 결정립 내의 원자 배열을 나타내었고, 〈그림 1-12〉에 공간격자를 나타내었다.

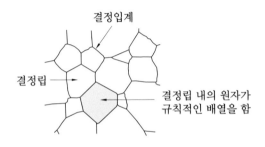

〈그림 1-11〉 결정립 내의 원자 배열

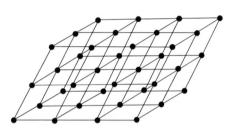

〈그림 1-12〉 공간격자

공간격자를 구성하는 최소 단위를 단위격자 또는 단위포(unit cell)라 한다. 〈그림 1-13〉은 단위격자를 나타낸 것이다.

〈그림 1-13〉과 같이 3개의 좌표축 x, y, z 축을 결정축(crystallographic axis)이라 한다. 축 간의 사잇각 α, β, γ 각을 축각(axial angle)이라 하고, 축에 대한 단위길이 a, b, c를 격자상수(lattice constant)라 한다.

격자상수의 크기는 $1\,\text{Å} = 10^{-8}\,\text{cm}$의 수 배 정도이다. 공간격자는 기본적으로 공간의 점을 연결한 배열이지만 그림으로 표시할 때는 각각의 점을 선으로 연결하여 생각하는 것이 이해하기 쉽다.

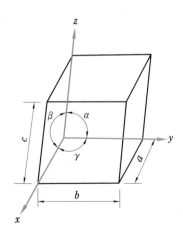

〈그림 1-13〉 단위격자

(2) 결정계와 결정격자

단위격자의 결정축과 축 간의 사잇각 사이의 관계에 따라 결정되는 격자를 결정계(crystal

system)라 한다. 금속의 결정계는 7종이 있고, 14종의 결정격자가 있다. 〈그림 1-14〉는 14종의 브라베(Bravais) 격자를 나타낸 것이다.

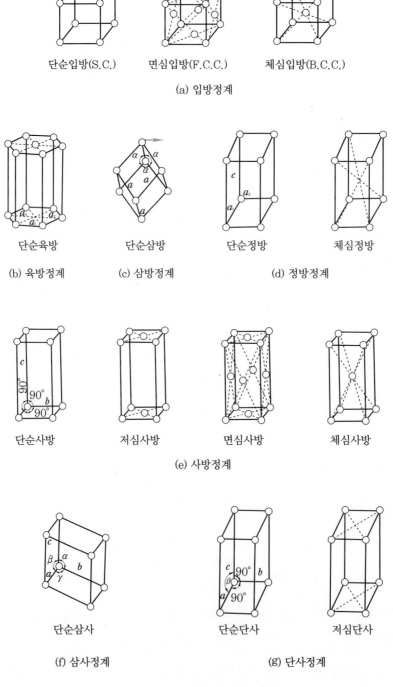

단순입방(S.C.)   면심입방(F.C.C.)   체심입방(B.C.C.)

(a) 입방정계

단순육방   단순삼방   단순정방   체심정방

(b) 육방정계   (c) 삼방정계   (d) 정방정계

단순사방   저심사방   면심사방   체심사방

(e) 사방정계

단순삼사   단순단사   저심단사

(f) 삼사정계   (g) 단사정계

〈그림 1-14〉 14종의 브라베 격자

〈표 1-4〉에 결정계와 결정격자를 나타내었다.

〈표 1-4〉 결정계와 결정격자

결정계	축 길이와 사잇각	결정격자
입방정계 (cubic system)	$a = b = c$ $\alpha = \beta = \gamma = 90°$	(1) 단순입방격자 (2) 면심입방격자 (3) 체심입방격자
육방정계 (hexagonal system)	$a = b \neq c$ $\alpha = \beta = 90°,\ \gamma = 120°$	(4) 단순육방격자
삼방정계 (trigonal system)	$a = b = c$ $\alpha = \beta = \gamma \neq 90°$	(5) 단순삼방격자
정방정계 (tetragonal system)	$a = b \neq c$ $\alpha = \beta = \gamma = 90°$	(6) 단순정방격자 (7) 체심정방격자
사방정계 (orthorhombic system)	$a \neq b \neq c$ $\alpha = \beta = \gamma = 90°$	(8) 단순사방격자 (9) 저심사방격자 (10) 면심사방격자 (11) 체심사방격자
삼사정계 (triclinic system)	$a \neq b \neq c$ $\alpha \neq \beta \neq \gamma \neq 90°$	(12) 단순삼사격자
단사정계 (monoclinic system)	$a \neq b \neq c$ $\alpha = \gamma = 90°,\ \beta \neq 90°$	(13) 단순단사격자 (14) 저심단사격자

순금속의 결정 구조는 비금속에 가까운 특수 원소 In, Sn, Te, Tl, Bi 등을 제외하고, 비교적 간단한 단위격자로 되어 있다.

〈표 1-5〉에 주요 금속의 결정격자와 성질을 나타내었다.

〈표 1-5〉 주요 금속의 결정격자와 성질

결정격자	금 속	일반적 성질
체심입방격자(bcc)	Li, Na, K, α-Ti, V, Mo, W, α-Fe, δ-Fe, Nb, β-Zr	면심입방격자보다는 전연성이 적으나 금속 자체는 강하다.
면심입방격자(fcc)	Ca, Sc, γ-Fe, Ni, Pt, Cu, Ag, Au, Al	전연성이 크고 가공성이 좋다.
조밀육방격자(hcp)	Mg, Zn, Be, Cd, Ti, Te	취약하며 전연성이 적다.

(3) 결정 구조 해석

〈그림 1-15〉는 연못에 던진 돌멩이가 만든 파문이 나란히 세운 말뚝에 반사되어 파문이 강하게 일어나는 곳과 약하게 일어나는 곳이 생겨서 기하학적인 원리에 의해 발생하는 회절 현상을 나타낸 것이다.

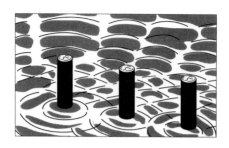

〈그림 1-15〉 회절 현상

결정은 기계 가공이나 가열에 의해 변하지만 그 본질을 형성하고 있는 원자는 규칙성 있게 일정한 간격으로 배열되어 있다. 원자에 X선을 쬐이면 궤도 전자와 상호작용으로 X선이 산란된다. 원자가 규칙적으로 배열하고 있으면 산란된 X선 사이에는 회절 현상이 발생한다. 이 원리에 의하여 결정 구조를 해석하는데, 이것을 X선 회절(X-ray diffraction)이라 한다.

X선 회절 현상으로부터 결정 내의 면간거리, 단위격자의 모양, 원자배치 및 격자상수 등이 결정된다. 또한 격자상수와 근접 원자간 거리의 관계로부터 원자 반지름을 구할 수 있다.

〈그림 1-16〉에 결정면의 X선 회절을 나타내었다. 〈그림 1-16〉과 같이 원자열에 X선이 입사할 때 각 방향으로 산란된 X선 중 입사각과 같은 각도로 반사된 방향에 대하여 생각하면 제1열에서 반사된 X선과 제2열에서 반사된 X선 사이에는 $\overline{AB}+\overline{BC}$의 행로 차가 생긴다. X선의 입사각을 θ, 면간거리를 d라 하면 〈식 1-2〉와 같이 된다.

$$\overline{AB}+\overline{BC}=2d\sin\theta \quad\text{〈식 1-2〉}$$

이 행로 차가 파장의 정수배이면 제1열에서 반사된 X선의 위상이 일치하여 X선의 강도는 커진다. 이러한 조건에서 X선의 파장을 λ라고 하면 〈식 1-3〉과 같이 된다.

$$n\lambda=2d\sin\theta \ (n\text{은 정수}) \quad\text{〈식 1-3〉}$$

이 식을 브래그 법칙(Bragg's law)이라 한다. X선은 대략 $10^{-6}\sim10^{-10}$cm 정도의 파장을 가진 전자파이므로 금속의 결정 구조 연구에 적합하다.

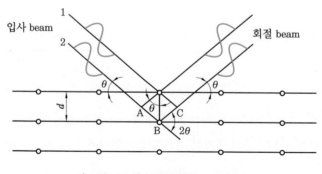

〈그림 1-16〉 결정면의 X선 회절

(4) 순금속의 결정 구조

순금속의 결정 구조는 체심입방격자, 면심입방격자, 조밀육방격자 중 하나에 속하는 것이 대부분이다.

① 체심입방격자

체심입방격자(body-centered cubic lattice : bcc)는 입방체의 각 꼭짓점에 8개의 원자가 배열하고, 중심에 1개의 원자가 배열된 결정 구조이다. 〈그림 1-17〉에 체심입방격자의 단위격자와 원자 배열을 나타내었다.

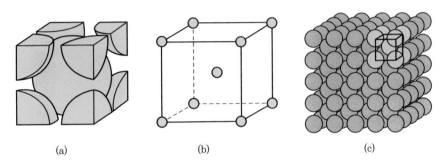

〈그림 1-17〉 체심입방격자의 단위격자와 원자 배열

입방체 1변의 길이를 격자상수라 하고, 서로 접촉하고 있는 원자를 최근접 원자(nearest neighbor)라 한다. 그 중심간의 거리를 근접 원자간 거리(interatomic distance), 중심에 있는 1개의 원자를 생각할 때 그 원자 주위에 있는 최근접 원자의 수를 배위수(coordination number)라 한다. 체심입방격자의 최근접 원자의 배위수는 〈그림 1-17〉의 (a)와 같이 8개이다.

이 단위격자에 속하는 원자는 8개의 꼭짓점에 $\frac{1}{8}$만이 속해 있고, 중심에 완전한 1개의 원자가 들어 있으므로 전체의 원자수는 $\frac{1}{8} \times 8 + 1 = 2$개이다.

〈그림 1-18〉에 체심입방격자의 근접 원자간 거리를 나타내었다. 〈그림 1-18〉과 같이 원자의 격자상수를 a, 원자 반지름을 R이라 하면, 대각선의 길이는 $4R$이므로

$$(4R)^2 = (\sqrt{2}a)^2 + a^2$$

$$R = \frac{\sqrt{3}}{4}a 가 된다.$$

단위격자 내에 원자가 차지하는 부피를 격자의 부피로 나눈 체적비의 백분율을 원자 충전율(atomic packing factor)이라 한다. 원자 충전율은 다음과 같다.

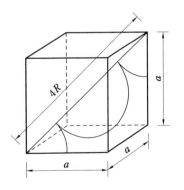

〈그림 1-18〉 체심입방격자의 근접 원자간 거리

$$원자 충전율 = \frac{원자부피 \times 원자수}{단위격자 부피} \times 100 = \frac{\frac{4}{3}\pi\left(\frac{\sqrt{3}}{4}a\right)^3 \times 2}{a^3} = \frac{\sqrt{3}}{8}\pi \times 100 \fallingdotseq 68\%$$

원자 충전율은 68%이고, 격자 공간은 32%가 된다.

② 면심입방격자

면심입방격자(face-centered cubic lattice : fcc)는 입방체의 각 꼭짓점과 각 면의 중심에 각각 1개의 원자가 배열된 결정 구조이다. 〈그림 1-19〉에 면심입방격자의 단위격자와 원자 배열을 나타내었다.

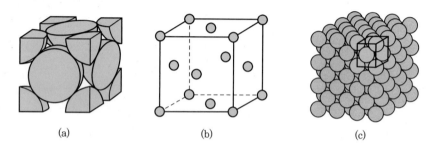

〈그림 1-19〉 면심입방격자의 단위격자와 원자 배열

이 단위격자에 속하는 원자는 8개의 꼭짓점에 $\frac{1}{8}$만이 속해 있고, 6개의 면 중심에 $\frac{1}{2}$이 들어 있으므로 전체의 원자수는 $\frac{1}{8} \times 8 + \frac{1}{2} \times 6 = 4$개이다.

〈그림 1-20〉에 면심입방격자의 인접 원자를 나타내었고, 〈그림 1-21〉에 면심입방격자의 근접 원자간 거리를 나타내었다. 원자의 배위수는 〈그림 1-20〉과 같이 바닥면의 중심에 있는 원자 주위에 인접 격자 내의 꼭짓면과 바닥면과의 중간에 있는 원자 4개를 포함하여 12개가 있다.

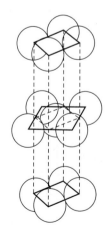

〈그림 1-20〉 면심입방격자의 인접 원자

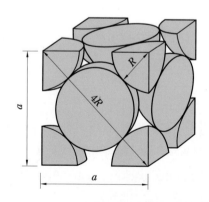

〈그림 1-21〉 면심입방격자의 근접 원자간 거리

또, 〈그림 1-21〉과 같이 단위격자에는 격자면 대각선상의 3개의 원자가 서로 접하므로 격자상수 a와 원자 반지름 R 사이에는

$$(4R)^2 = a^2 + a^2$$

$$R = \frac{\sqrt{2}}{4} a$$ 가 된다.

면심입방격자의 원자 충전율은 다음과 같다.

$$원자\ 충전율 = \frac{원자부피 \times 원자수}{단위격자\ 부피} \times 100 = \frac{\frac{4}{3}\pi\left(\frac{\sqrt{2}}{4}a\right)^3 \times 4}{a^3} = \frac{\sqrt{2}}{6}\pi \times 100 \fallingdotseq 74\%$$

원자 충전율은 74%이고, 격자 공간은 26%이다. 따라서 체심입방격자보다 면심입방격자가 원자 충전율이 크므로 면심입방격자 결정 구조를 갖는 Cu, Ag, Au, Al 등은 적은 에너지로 변형이 쉽게 된다.

③ 조밀육방격자

조밀육방격자(hexagonal close-packed lattice : hcp)는 〈그림 1-22〉와 같이 육면체 형태로 원자가 배열된 결정 구조이다. 〈그림 1-22〉에 조밀육방격자의 단위격자와 원자 배열을 나타내었고, 〈그림 1-23〉에 조밀육방격자의 인접 원자를 나타내었다.

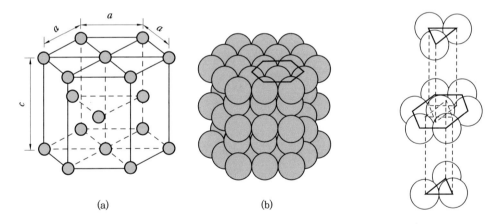

(a)	(b)

〈그림 1-22〉 조밀육방격자의 단위격자와 원자 배열   〈그림 1-23〉 조밀육방격자의 인접 원자

육각기둥 상하면의 각 꼭짓점과 그 중심에 1개씩 원자가 있고, 육각기둥을 구성하는 6개의 삼각기둥 중에서 1개씩 띄어서 삼각기둥의 중심에 1개씩 원자가 배열된 결정 구조이다.

원자의 배위수는 〈그림 1-23〉과 같이 바닥면의 중심에 있는 원자 주위의 인접 원자 6개와 중간에 있는 원자 상하 각각의 3개를 포함하여 12개가 있다.

격자상수는 한 변의 길이를 a로, 육각기둥의 높이를 c로 나타낸다. 격자상수 a, c 및 원자 반지름 R과의 관계는 $a = 2R$이다. 〈그림 1-24〉에 조밀육방격자의 축비 관계를 나타내었다.

c값은 〈그림 1-24〉와 같이 상하육면체 중심에 있는 원자와 인접한 원자의 정사면체 높이의 2배이므로

$$\frac{c}{2} = \sqrt{a^2 - \left(\frac{2}{3} \times \frac{\sqrt{3}}{2}a\right)^2} = \sqrt{\frac{2}{3}}\,a$$

$$c = 2 \times \sqrt{\frac{2}{3}}\,a = \sqrt{\frac{8}{3}}\,a$$

$$\therefore \frac{c}{a} = \sqrt{\frac{8}{3}} \fallingdotseq 1.633 \text{ 가 된다.}$$

이 c와 a와의 비를 축비라 하며, 이상적인 경우에는 약 1.633으로 되지만 실제 금속의 축비는 이 값과 차이가 있다.

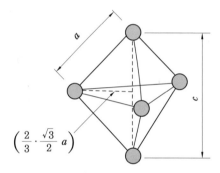

〈그림 1-24〉 조밀육방격자의 축비 관계

조밀육방격자의 원자 충전율은 다음과 같다.

$$원자\ 충전율 = \frac{\frac{4}{3}\pi\left(\frac{a}{2}\right)^3 \times 2}{2 \times \frac{1}{2}a^2 \sin 60° \times \sqrt{\frac{8}{3}}a} \times 100 = \frac{\sqrt{2}}{6}\pi \times 100 \fallingdotseq 74\%$$

원자 충전율은 74%이고, 격자 공간은 26%이다.

Q 예제

순금속의 대표적인 결정구조에는 어떠한 것이 있는지 설명하시오.

해설 ① 체심입방격자(BCC)
② 면심입방격자(FCC)
③ 조밀육방격자(HCP)

Q 예제

체심입방격자(BCC), 면심입방격자(FCC), 조밀육방격자(HCP)의 원자 충전율은 몇 %인가?

해설 ① 체심입방격자(BCC) : 68%
② 면심입방격자(FCC) : 74%
③ 조밀육방격자(HCP) : 74%

3-4 ○ 금속 결정의 면과 방향

〈그림 1-25〉에 원자 위치의 좌표를 나타내었다. 입방정의 단위격자와 만나는 한 점을 원점으로 하여 3차원의 좌표계를 생각하고, 격자상수를 단위로 하여 길이를 나타내면 각 원자의 위치는 〈그림 1-25〉와 같다.

금속의 결정 구조를 생각할 때에는 각각의 원자 위치를 나타내는 것보다는 원자로 구성된 면(plane)이나 원자 배열의 방향(direction)을 상대적으로 나타내는 것이 편리하다. 면이나 방향의 표시에는 결정학에서 쓰이는 밀러지수(Miller index)를 사용한다.

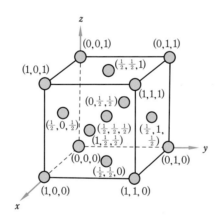

〈그림 1-25〉 원자 위치의 좌표

이 표시법에 의하면 결정면은 그 면에 의한 좌표축의 각 절편 길이의 역수를 최소 정수비로 나타내며, 결정 방향은 방향을 나타내는 직선이 원점을 지난다고 할 때 그 직선상의 임의의 한 점의 좌표의 최소 정수비로 나타낸다.

그리고 이와 같이 결정면의 지수를 h, k, l, 방향의 지수를 u, v, w라고 하면 면은 $(h\,k\,l)$, 방향은 $[u\,v\,w]$라고 표시한다. 또한 지수가 음(−)인 경우에는 $(h\,k\,\bar{l})$, $(u\,v\,\bar{w})$ 등과 같이 숫자 위에 − 부호를 붙인다.

(1) 입방정계의 밀러지수

금속 결정에 대한 입방정계의 면과 방향은 다음과 같이 나타낼 수 있다.

① 면의 밀러지수

〈그림 1-26〉은 면의 밀러지수를 나타낸 것으로, 다음과 같이 표시한다.

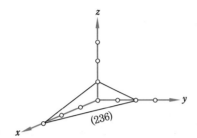

- x, y, z축의 절편의 길이 : 3, 2, 1
- 그 역수 : $\dfrac{1}{3}$, $\dfrac{1}{2}$, 1
- 최소정수비 : 2, 3, 6

〈그림 1-26〉 면의 밀러지수

따라서 이 면의 밀러지수는 (2, 3, 6)이 된다.

〈그림1-27〉과 〈표 1-6〉에 같은 3개의 평행한 면의 밀러지수를 나타내었다. 결국 평행한 면은 같은 지수로 표시된다.

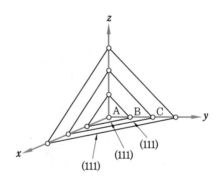

〈그림 1-27〉 평행한 면의 밀러지수

〈표 1-6〉 평행한 A, B, C면의 밀러지수

구 분	A면	B면	C면
절편의 길이	1, 1, 1	2, 2, 2	3, 3, 3
역수	1, 1, 1	$\dfrac{1}{2}$, $\dfrac{1}{2}$, $\dfrac{1}{2}$	$\dfrac{1}{3}$, $\dfrac{1}{3}$, $\dfrac{1}{3}$
면의 밀러지수	(1 1 1)	(1 1 1)	(1 1 1)

면이 1개의 좌표축에 평행한 경우는 그 좌표축의 절편은 ∞가 되므로, 그 역수는 1/∞이 되고, 밀러지수는 0이 된다. 2개의 좌표축에 평행한 면의 경우는 2개의 밀러지수가 0이 된다.

〈그림 1-28〉에 주요한 입방정계의 면의 밀러지수를 나타내었다.

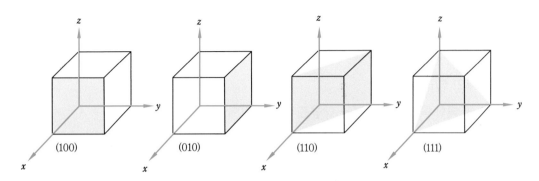

〈그림 1-28〉 주요한 입방정계의 면의 밀러지수

② **방향의 밀러지수**

〈그림 1-29〉에 입방정계의 방향의 밀러지수를 나타내었다. 〈그림 1-29〉와 같이 원점을 지나는 직선을 생각하고, 그 위에 적당한 점 A를 선택한다. 〈그림 1-29〉에서 이 점의 좌표는 1, 2, 1이 된다. 따라서 이 방향의 밀러지수는 [1 2 1]이 된다. 만일 직선 위의 한 점 B를 선택하면 밀러지수는 [2 4 2]가 되고, 최소 정수비로 고치면 [1 2 1]이 된다. 즉 이 지수의 결정법으로 알 수 있듯이, 이 직선에 평행한 방향은 모두 같은 지수로 표시된다. 방향을 표시할 경우는 좌표 값을 그대로 표시한다.

〈그림 1-30〉에 주요한 입방정계의 방향의 밀러지수를 나타내었다.

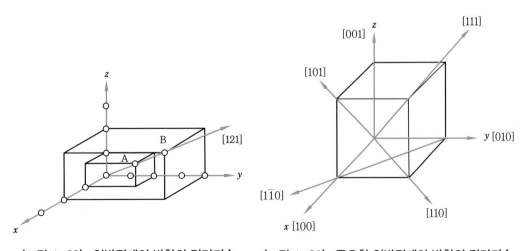

〈그림 1-29〉 입방정계의 방향의 밀러지수   〈그림 1-30〉 주요한 입방정계의 방향의 밀러지수

(100), (010), (001) 등의 면과 [100], [010], [001] 등의 방향은 좌표축에 대하여 상대적인 대칭성이 같다. 이러한 면이나 방향을 등가(equivalent)라 한다. 등가인 면이나 방향을 일괄하여 표시할 경우에는 등가인 면은 $\{hkl\}$, 등가인 방향은 $\langle uvw \rangle$로 표시한다.

예를 들어 (100), (010), (001), ($\overline{1}$00), (0$\overline{1}$0), (00$\overline{1}$)의 6개의 면은 좌표축에 대한 상대적인 대칭성을 갖고 있어 $\{100\}$으로 표시하고, [100], [010], [001], [$\overline{1}$00], [0$\overline{1}$0], [00$\overline{1}$]의 방향은 $\langle 100 \rangle$으로 표시한다.

(2) 육방정계의 밀러지수

금속 결정에 대한 육방정계의 면과 방향은 다음과 같이 나타낼 수 있다.

① 면의 밀러지수

〈그림 1-31〉에 육방정계의 좌표축을 나타내었다. 육방정계의 바닥면은 120°를 가진 3개의 축, 즉 a_1, a_2, a_3 축과 수직인 c축으로 표시하므로 4개의 지수가 필요하다. 그러므로 면에 대한 밀러지수는 $(hkil)$로 나타낸다. 그러나 평면상에서 a_1, a_2, a_3 3축의 기하학적인 관계로부터 $h + k = -i$라는 관계가 얻어진다. 따라서 i는 h와 k의 값으로부터 얻어진다.

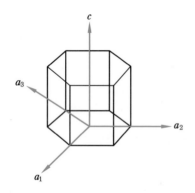

〈그림 1-31〉 육방정계의 좌표축

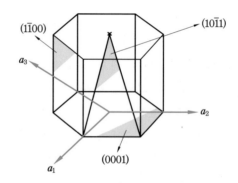

〈그림 1-32〉 주요한 육방정계의 면

〈그림 1-32〉에 주요한 육방정계의 면을 나타내었다. (0001)면의 밀러지수는 a_1, a_2, a_3축에 평행하므로 $a_1 = \infty$, $a_2 = \infty$, $a_3 = \infty$이고, c축과는 단위거리에서 교차하므로 $c = 1$이다. 따라서 교점의 역수를 취하면, $h = 0$, $k = 0$, $i = 0$, $l = 0$이 되므로 (0001)면이 된다.

육방정계의 대표적인 면은 다음과 같다.

- 기저면(basal plane) : (0001)
- 각통면(prismatic plane) : (1$\overline{1}$00)
- 각추면(pyramidal plane) : (10$\overline{1}$1)

② 방향의 밀러지수

〈그림 1-33〉에 육방정계의 방향의 밀러지수를 나타내었다. 육방정계의 방향도 4개의 지수가 필요하므로 방향의 밀러지수는 $[uvsw]$로 나타낸다. 방향에 대한 밀러지수는 저면의 원점으로부터 출발하여 a_1축, a_2축, a_3축, c축의 순서로 각각의 방향에 u, v, s, w만큼 이동한 점과 원점을 연결하면 된다.

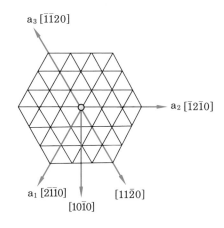

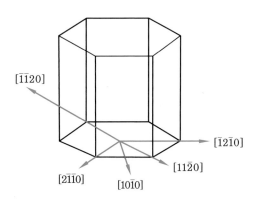

〈그림 1-33〉 육방정계 방향의 밀러지수

Q 예제

조밀육방정계의 대표적인 면에는 어떠한 것이 있는지 설명하시오.

해설 ① 기저면(basal plane) : (0001)
② 각통면(prismatic plane) : $(1\bar{1}00)$
③ 각추면(pyramidal plane) : $(10\bar{1}1)$

4. 금속의 변태 및 상률

4-1 ⊙ 동소변태

순금속 및 합금을 가열하거나 냉각하면 같은 물질이 다른 상으로 변화하는데, 이것을 변태(transformation)라 하며, 변태가 일어나는 온도를 변태점(transformation point)이라 한다. 용융점 및 응고점은 변태점이다.

고체 상태에서 원자 배열이 변화하여 서로 다른 결정 구조를 갖는 경우를 동소변태(allotropic transformation)라 한다. 〈그림 1-34〉에 순철의 변태를 나타내었다.

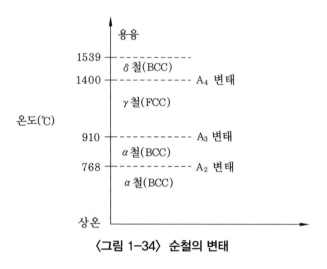

〈그림 1-34〉 순철의 변태

〈그림 1-34〉와 같이 순철은 온도 변화에 따라 용융점 이하 약 1,400℃까지는 체심입방격자 구조의 δ철, 약 910℃까지는 면심입방격자 구조의 γ철, 상온에 이르는 구역에서는 체심입방격자 구조의 α철로 변태한다. 고체 상태에서 순철은 α-Fe, γ-Fe, δ-Fe 등의 동소체(allotropy)가 있다.

A_2 변태 : α-Fe의 자기변태
A_3 변태 : γ-Fe $\rightleftarrows$ α-Fe의 동소변태
A_4 변태 : δ-Fe $\rightleftarrows$ γ-Fe의 동소변태

이러한 변화는 X선 회절 사진 등으로 알 수 있다.

Q 예제

순철에서 면심입방격자를 이루는 철은 무엇인가?

해설　γ-Fe

4-2 ◉ 자기변태

자기변태는 결정 구조의 변화는 없고 자성 변화만을 가져오는 변태이다. 예를 들면 철은 상온에서 강자성이지만 약 768℃ 부근에서 급격히 자성을 잃어버리고 상자성체로 된다. 이러한 변화를 자기변태(magnetic transformation)라 한다. 강자성을 잃는 온도를 퀴리점(curie point)이라 한다. 자기변태에서 강자성체에 속하는 금속은 Fe, Co, Ni 등이 있다.

금속 내부에서 일어나는 동소변태와 자기변태는 변태점을 경계로 하여 성질이 변화한다. 동소변태는 성질 변화가 일정한 온도에서 불연속적으로 일어나고, 자기변태는 일정한 온도 범위 안에서 연속적으로 일어난다. 〈그림 1-35〉에 변태에 따른 성질과 온도 관계를 나타내었다.

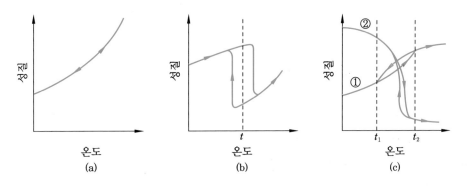

〈그림 1-35〉 변태에 따른 성질과 온도 관계

(a)는 변태가 없을 때의 성질과 온도 관계로 변화는 있으나 극히 단순한 비례 관계의 가역 변화이다. (b)는 동소변태가 생길 때에 팽창과 수축의 성질과 온도 변화이다. 변태점 t[℃]에서 수직적으로 성질이 변화하고, 가열 시에는 약간 높은 온도에서 냉각 시에는 약간 낮은 온도에서 일어나는 현상을 이력(hysteresis) 현상이라 한다. 이 현상은 변태온도에서 원자의 배열이 변화하는 시간이 필요하기 때문이다.

(c)는 자기변태가 생길 때의 성질과 온도의 관계이다. 변태가 t_1에서 시작하여 t_2 부근에서 끝날 때까지 오랜 시간 동안 온도를 유지하여도 연속적으로 변화한다. (c)에서 ①은 전기 저항 및

부피의 변화, ②는 자기강도의 변화를 나타낸 것이다. 〈표 1-7〉에 주요 금속의 동소변태와 자기변태를 나타내었다.

〈표 1-7〉 주요 금속의 동소변태 및 자기변태

변 태	원 소	결정격자의 변화	변태온도(℃)
동소변태	Co	α − Co(조밀육방) $\rightleftarrows$ β − Co(면심입방)	477
	Fe	α − Fe(체심입방) $\rightleftarrows$ γ − Fe(면심입방)	910
	Fe	γ − Fe(면심입방) $\rightleftarrows$ δ − Fe(체심입방)	1,400
	Sn	α − Sn(다이아몬드 격자) $\rightleftarrows$ β − Sn(체심입방)	18
	Ti	α − Ti(조밀육방) $\rightleftarrows$ β − Ti(체심입방)	833
	Tl	α − Tl(조밀육방) $\rightleftarrows$ β − Tl(면심입방)	232
	Zr	α − Zr(조밀육방) $\rightleftarrows$ β − Zr(체심입방)	865
	Ce	α − Ce(조밀육방) $\rightleftarrows$ β − Ce(면심입방)	−
자기변태	Fe	α − Fe(체심입방)	768
	Ni	Ni(면심입방)	358
	Co	Co(면심육방)	1,160

4-3 ● 변태점 측정법

순금속 또는 합금을 연속적으로 가열, 냉각하면 성질의 변화를 알 수 있다. 변태점 측정은 상태도를 만드는 데 중요하다. 일반적으로 금속의 변태를 측정하는 방법에는 열분석법이 가장 많이 사용되고, 그 외에 다음과 같은 방법 등으로 변태점을 측정한다.

① 열분석법(thermal analysis method)
② 시차열분석법(differential thermal analysis method)
③ 전기 저항법(electric resistance analysis method)
④ 열팽창법(thermal expansion analysis method)
⑤ 자기분석법(magnetic analysis method)

(1) 열분석법

열분석법은 도가니에 적당량의 금속을 넣어 일정한 속도로 가열하거나 냉각하면서 온도와 시간과의 관계 곡선으로 만들어 변태점을 측정하는 방법이다. 열분석에서 온도와 시간 곡선을 작성하기 위해서 시험편을 가열 또는 냉각하여 변화하는 온도와 시간을 좌표에 표시한 것을 열분석 곡선(thermal analysis curve)이라 한다.

온도 측정에 사용되는 온도계는 백금-백금로듐(87% Pt, 12% Rh 합금선)이 일반적으로 사용되며, 크로멜(10% Cr, 90% Ni 합금선)-알루멜(94.5% Ni, 2.5% Mn, 2% Al, 1% Si 합금선), 구리-콘스탄탄(constantan) 등이 있다. 〈그림 1-36〉에 온도와 시간에 따른 냉각과 가열의 관계를 나타내었다.

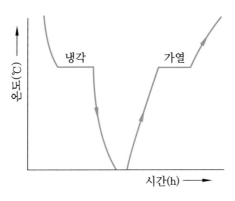

〈그림 1-36〉 순철의 변태

(2) 시차열분석법

고체의 동소변태나 자기변태와 같은 경우에는 열의 흡수, 방출이 작으므로 열분석곡선으로는 분명하게 나타나지 않을 때가 있다. 이러한 경우에 열 변화를 확대하여 측정하는 방법으로 시차열분석법이 있다. 〈그림 1-37〉에 시차열분석법의 원리를 나타내었고, 〈그림 1-38〉에 시차 곡선을 나타내었다.

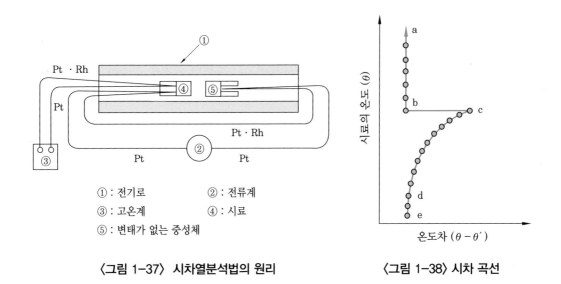

① : 전기로   ② : 전류계
③ : 고온계   ④ : 시료
⑤ : 변태가 없는 중성체

〈그림 1-37〉 시차열분석법의 원리   〈그림 1-38〉 시차 곡선

(3) 전기 저항법

순금속 및 합금의 전기 저항은 온도 상승과 함께 증가하지만 변태점에서는 불연속적으로 변화한다. 전기 저항에 의해서 변태를 측정하는 방법에서는 변태가 완료될 때까지 가열과 냉각을 서서히 할 수 있기 때문에 동소변태나 자기변태를 측정하는 데 적합하다. 〈그림 1-39〉에 용융점에서 금속의 전기 비저항의 변화를 나타내었다.

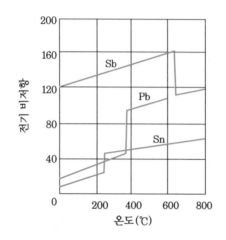

〈그림 1-39〉 용융점에서 전기 비저항의 변화

(4) 열팽창법

순금속 및 합금은 온도가 상승하면 팽창되고, 온도가 강하하면 수축한다. 열팽창 측정에는 선팽창을 사용한다. 널리 사용되는 측정법에는 측정 온도 범위가 넓은 열팽창법이 있다.

(5) 자기분석법

α-Fe과 같은 강자성체는 온도가 상승하면 강도는 감소하여 상자성체로 변화한다. 이 변태점을 측정하는 것이 자기분석법이다. 특히, 변태점에서는 자력이 급격히 감소하므로 자력계를 이용하여 온도 구간의 자기강도 곡선으로부터 변태점을 측정한다.

4-4 ◎ 물의 변태

〈그림 1-40〉에 물의 상태도를 나타내었다. 〈그림 1-40〉과 같이 TL선은 물의 비등점, TS선은 얼음의 용융점, TV선은 얼음이 수증기로 승화하는 점으로, 이 점들이 온도와 압력에 의하여 변화하는 모양을 나타내었다. TV선은 고체의 증기압 곡선, TL선은 액체의 증기압 곡선

이라 하며, 선 위의 온도에서 얼음 또는 물은 항상 그 점에서 나타나는 압력의 수증기와 공존한다.

따라서 어떤 온도에서 수증기압이 증기압 곡선에 의해 나타난 압력보다도 높을 때에는 과포화 수증기라 하며 불안정하다. 이것은 물과 얼음으로 쉽게 변화하며, 안정하게 되려고 한다. 증기압 곡선에 표시된 압력보다 낮을 때에는 불포화 수증기라 하며, 물 또는 얼음은 증발하여 안정하게 되려고 한다.

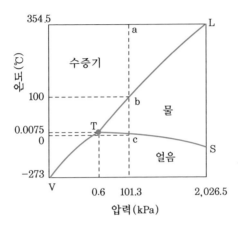

〈그림 1-40〉 물의 상태도

〈그림 1-40〉에 나타낸 바와 같이, 물은 수증기 구역에서 기체, 물 구역에서 액체, 얼음 구역에서 고체 상태로 항상 존재한다. 점 T는 수증기, 물, 얼음의 3가지 상태가 공존하는 점으로 온도는 0.0075℃, 압력은 0.6kPa인데, 이 점을 삼중점(triple point)이라 한다.

점 L은 온도가 354.5℃, 압력은 2,026.5kPa이 되는 점으로 이 이상의 온도와 압력에서는 수증기와 물이 구별되지 않는 임계점(critical point)이다.

4-5 ◉ 상률

(1) 계

한 물질 또는 몇 개의 물질의 집합이 외부와 분리되어 하나의 상태를 취할 때 이것을 계(system)라 한다. 계의 상태는 한 종류의 상태로 공존할 때는 균일계(homogeneous system) 또는 단상계(single phase system), 다른 종류의 상태가 공존할 때는 불균일계(heterogeneous system) 또는 다상계(polyphase system)라 한다.

(2) 상

계 내부에 있는 모든 물질들이 어느 부분이나 구별되고, 균일하게 되어 있는 물질의 집합 상태를 상(phase)이라 한다. 기체, 액체, 고체는 각각 하나의 상이며, 기체의 상태는 몇 개의 물질이 존재해도 거의 균일하게 분산되어 있으므로 1상(단상)으로 볼 수 있다. 물과 알코올과의 혼합물은 1상으로 볼 수 있으나, 물과 기름은 2상이 된다. 계는 단상, 2상, 3상, 다상 등으로 분류할 수 있다.

(3) 성분과 조성

계를 구성하는 물질을 성분(component)이라 한다. 성분을 구성하는 물질의 양의 비를 조성(composition) 또는 한쪽의 성분을 기본으로 하여 그 농도(concentration)라고 한다. 50%의 소금물은 소금과 물의 두 성분으로 구성되고, 소금 50%와 물 50%의 조성비로 혼합되어 있는 상태이다.

상과 성분 사이의 관계를 예를 들어 설명하면 얼음, 물, 수증기가 공존하는 경우 성분은 1성분이나 상은 고상, 액상, 기상 3상이다. 성분의 수에 따라서 계를 1성분계(one component system), 2성분계(binary system), 3성분계(ternary system) 등으로 분류한다.

(4) 상률

2개 이상의 상이 존재하는 불균일계에서 상들이 안정한 상태에 있을 때 평형 상태(equilibrium state)라 하고, 이 평형을 지배하는 법칙을 깁스(Gibbs)의 상률(phase rule)이라 한다.

상률이란 계 중의 상이 평형을 유지하기 위한 자유도(degree of freedom)를 규정하는 법칙이다. 자유도란 계에 존재하는 상의 수를 변화시키지 않고 독립적으로 변화시킬 수 있는 변수의 수를 말한다. 자유도를 결정하는 변수는 온도, 압력, 조성 등이 있다.

성분 수를 n, 상의 수를 P, 자유도를 F로 표시하면, 자유도는 〈식 1-4〉와 같이 표시된다.

$$F = n + 2 - P \quad\text{〈식 1-4〉}$$

〈그림 1-40〉 물의 상태도를 보면 물, 얼음, 수증기의 각 구역에서는 1상이므로, $F = 1 + 2 - 1 = 2$ 가 되어 자유도는 2가 된다.

그러므로 물, 얼음, 수증기인 1상이 존재하기 위해서는 온도, 압력 두 가지를 다 변화시켜도 존재할 수가 있다.

같은 방법으로 〈그림 1-40〉에서 TL, TS, TV선 위에서는 수증기와 물, 물과 얼음, 얼음과 수증기의 2상이 공존하므로, $F = 1 + 2 - 2 = 1$ 이 되어 자유도는 1이 된다.

그러므로 2상이 공존하기 위해서는 온도 또는 압력 중에서 하나만을 변경할 수 있다. 즉, 대기압력 하에서는 비등점, 용융점은 일정하다.

T 점에서 자유도는 $F=1+2-3=0$ 이 되어 자유도는 0이 된다.

즉, 변화시킬 수 있는 변수가 없는 불변계가 된다. 이것은 온도, 압력 등의 변수가 고정된다는 의미이다. 일반적으로 용융점이 높으면 비등점도 높다.

금속은 일반적으로 대기압 상태에서 취급하고 고체 및 액체의 평형상태에서 압력의 영향을 거의 받지 않기 때문에 압력의 변수를 제외한다. 따라서 금속의 경우 자유도는 〈식 1-5〉와 같이 표시된다.

$$F=n+1-P \text{─────────────────────────} \langle 식\ 1-5 \rangle$$

Q 예제

압력의 영향을 거의 받지 않는 금속의 경우 자유도는 어떻게 표시하는지 설명하시오.

해설 $F=n+1-P$
　　자유도 : F, 성분 수 : n, 상의 수 : P

5. 합금의 평형상태도

5-1　　농도표시법

물질이 온도, 압력, 성분의 조성이 같은 조건에서 평형 상태에 있을 때, 기체, 액체, 고체가 존재하는 구역을 곡선으로 구분하여 표시하는 방법을 평형상태도(equilibrium diagram)라 한다. 금속은 대기 중에서 압력이 일정하기 때문에 온도와 조성에 관한 관계로 나타낸다. 상태도는 2원 합금계, 3원 합금계 등이 있다.

(1) 2성분계의 농도표시법

2원 합금에서 상태 변수는 온도와 조성 두 가지이다. 〈그림 1-41〉에 2성분계의 농도표시법을 나타내었다.

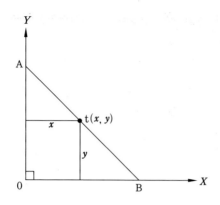

〈그림 1-41〉 2성분계의 농도표시법

〈그림 1-41〉에서 AB선 위에 임의의 t점(x, y)은 B의 농도(%)와 A의 농도(%) 비를 $\overline{At} : \overline{Bt}$ 로 나타낼 수 있으므로, $\overline{At} : \overline{Bt} = x : y$, $\overline{At} \times y = \overline{Bt} \times x$ 가 된다.

여기서, x는 B성분의 농도(%), y는 A성분의 농도(%)이다. 임의의 t점이 A점에 가까워지면 A 의 농도는 증가하고, B의 농도는 감소한다. 반대로 B점에 가까워지면 B의 농도는 증가하고, A 의 농도는 감소하므로, t점의 위치에서 A, B의 농도를 알 수 있다.

즉, A의 농도는 $\overline{Bt}$ 이고, B의 농도는 $\overline{At}$ 으로 나타낸다. 이 관계를 지렛대 법칙(lever relation)이라 한다.

(2) 3성분계의 농도표시법

3성분계의 조성은 정삼각형 내의 한 개의 점으로 표시된다. 예를 들면 A, B, C 3원 합금의 성분을 P라고 하면, P는 정삼각형 ABC 안의 한 점으로 표시되고, 이 경우에 P의 농도를 표시 하는 방법을 〈그림 1-42〉에 나타내었다.

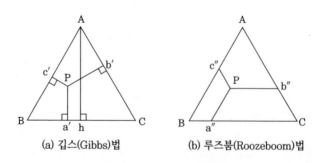

(a) 깁스(Gibbs)법   (b) 루즈붐(Roozeboom)법

〈그림 1-42〉 3성분계의 농도표시법

① 깁스의 3성분계 농도표시법

정삼각형의 한 변의 길이를 100%로 나타내는 방법이다. 〈그림 1-42〉의 (a)와 같이 높이 가

100%가 되도록 정삼각형을 그리고 P점에서 각 변에 수직선을 그리면 각 변의 길이가 각 성분의 조성 %가 된다.

$$\overline{Pa'} = A[\%], \ \overline{Pb'} = B[\%], \ \overline{Pc'} = C[\%]$$

$$\overline{Pa'} + \overline{Pb'} + \overline{Pc'} = \overline{Ah} = \overline{100\%}$$

② 루즈붐의 3성분계 농도표시법

정삼각형의 각 변에 평행하게 그은 선분의 길이를 100%로 나타내는 방법이다. P점에서 평행선을 그리면 각 변의 길이가 각 성분의 조성 %가 된다.

$$\overline{Pa''} = A[\%], \ \overline{Pb''} = B[\%], \ \overline{Pc''} = C[\%]$$

$$\overline{Pa''} + \overline{Pb''} + \overline{Pc''} = \overline{AB} + \overline{BC} + \overline{CA} = 100\%$$

5-2 ◉ 2원 합금 평형상태도

두 종류 이상의 금속 또는 비금속 원소가 혼합되어 금속의 성질을 가지는 것을 합금이라 한다. 합금의 상태로 존재하는 방법은 다음과 같다.

① 두 종류의 금속이 미세한 결정으로 결합된 상태

② 원자 상태로 고용된 고용체 상태

③ 금속간 화합물을 형성한 상태

합금은 금속과 금속, 금속과 비금속을 용융 상태에서 융합시키거나, 압축, 소결에 의해서 또는 침탄 처리나 질화 처리와 같이 고체 상태에서 확산을 이용하여 합금을 부분적으로 만드는 방법이 있다. 〈그림 1-43〉에 합금의 현미경 사진을 나타내었다.

(a) 황동 합금　　　　　　(b) 인청동 합금

〈그림 1-43〉 합금의 현미경 사진

합금의 제조는 원자 간의 친화력에 의해서 결정된다. 친화력이 강하면 화합물이 조성되고, 친화력이 약하면 서로 고용하게 된다. 친화력이 아주 약하면 혼합물이 되고, 친화력이 없으면 합금을 만들지 못한다. 따라서 합금에 나타나는 조직의 상태는 화합물, 미세결정의 혼합물 및 고용체로 나타난다.

(1) 고용체

두 성분의 금속을 액체 상태에서 융합하여 응고시키면 균일한 조성의 고체가 된다. 금속은 고체 상태에서 결정 구조를 가지므로 용매인 금속 결정 중에 용질인 금속 또는 비금속 원자가 들어간 상태를 고용체(solid solution)라 한다.

고용체를 만들 때 용질 원자가 들어가는 방식에는 치환형과 침입형의 두 가지가 있다. 〈그림 1-44〉에 치환형 고용체를 나타내었고, 〈그림 1-45〉에 침입형 고용체를 나타내었다.

〈그림 1-44〉와 같이 치환형 고용체(substitutional solid solution)는 용매 원자의 결정 격자점에 있는 원자가 용질 원자에 의하여 치환된 것이다.

치환형 고용체를 만드는 금속에는 Si-Ge, Au-Ni, Cu-Ni 등이 있고, 화합물 간에는 $Al_2O_3-Cr_2O_3$, NaCl-KCl 등이 있다.

〈그림 1-45〉와 같이 침입형 고용체(interstitial solid solution)는 용질 원자가 용매 원자의 결정격자 사이에 있는 빈 공간에 들어간 것이다. 침입형 고용체는 빈 공간에 원자가 들어가는 것으로 원자 반지름이 1Å 이하인 H, B, C, O 등의 원자에 한정된다. Fe 속에 C가 들어가는 경우가 치환형 고용체를 만드는 대표적인 예이다.

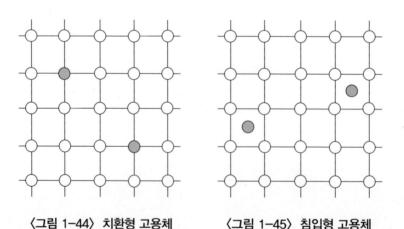

〈그림 1-44〉 치환형 고용체   〈그림 1-45〉 침입형 고용체

금속 원자 상호간에 고용체를 만드는 경우에는 원자 반지름의 차가 작으면 침입형이 될 수 없고 모두 치환형 고용체가 된다. 이때에 용질 원자와 용매 원자의 크기가 같지 않으므로 결정격자에 변형(strain)이 생긴다. 이 현상은 침입형 고용체의 경우도 마찬가지이다. 〈그림 1-46〉에 치환형 고용체에 일어나는 결정격자의 변형을 나타내었다.

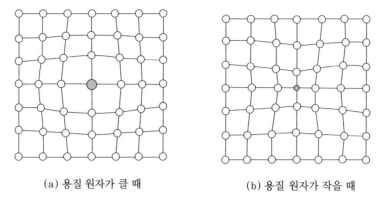

(a) 용질 원자가 클 때   (b) 용질 원자가 작을 때

〈그림 1-46〉 치환형 고용체에 일어나는 결정격자의 변형

　결정격자에 변형이 생기면 전도전자가 산란되어 그 이동이 방해되거나 또는 원자면에 따른 슬립이 일어나기 어렵게 되기도 한다. 이 때문에 전기 저항과 강도가 증가한다. 이와 같이 만들어진 합금은 금속의 성질을 적합한 용도로 변경할 수 있다. 두 종류의 금속이 50 : 50의 비율로 합금이 되었을 때 전기 저항과 강도의 증가는 최대가 된다.

　〈그림 1-47〉에 Ag-Au 합금의 전기 저항 변화를 나타내었다.

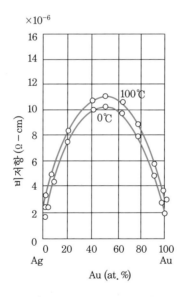

〈그림 1-47〉 Ag-Au 합금의 전기 저항 변화

치환형 고용체를 형성하는 인자는 다음과 같다.

① 용질과 용매 원자의 지름 차가 용매 원자 지름의 15% 이내이어야 한다. 용매 원자와 용질 원자의 크기가 비슷하면 고용체를 만들기 쉽고, 그 차가 15% 이하이면 광범위한 조성의 고용체를 형성한다.

② 결정격자형이 동일해야 한다. 용질과 용매의 결정격자형이 같거나 비슷하면 역시 넓은 범위의 고용체를 만든다.

③ 용질 원자와 용매 원자의 전기 저항 차가 작아야 한다. 성분 금속의 이온화 경향이 작아야 한다는 것으로 합금을 만드는 성분 금속의 전극 전위차 등이 크면 서로 안정된 금속간 화합물을 만드는 경향이 있다. 그러므로 고용체 영역이 좁아지는 것이 일반적이다.

④ 용질의 원자가가 용매의 원자가보다 커야 한다. 원자가가 높은 금속은 원자가가 낮은 금속의 고용체에 들어가기 쉽다.

이와 같은 인자들은 2원 합금과 3원 합금에서 고용 범위를 결정하는 데에 큰 영향을 미친다.

치환형 고용체의 경우 용질 원자와 용매 원자의 치환이 복잡하게 일어난다고 하면 고용체의 격자상수의 값은 용질 원자의 농도에 비례하게 된다. 이 법칙을 베가드의 법칙(Vegard's law)이라 한다.

(2) 전율고용체

두 성분 금속이 전체 농도에 걸쳐 액상과 고상에서 어떠한 비율로도 고용체를 만들 때 이것을 전율고용체(homogeneous solid solution)라 한다. 〈그림 1-48〉에 전율고용체의 상태도를 나타내었다.

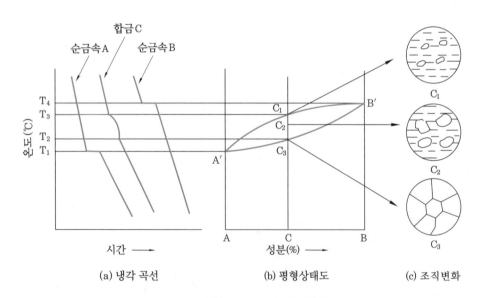

〈그림 1-48〉 전율고용체의 상태도

전율고용체의 상태도는 (b)와 같이 액상선이나 고상선이 연속한 하나의 곡선으로 되어 있다. 여기서 A′C₁B′ 곡선은 용액에서 초정으로 고용체의 결정이 정출되기 시작하는 변태 개시 온도 곡선으로 액상선(liquidus line)이라 한다. 그리고 A′C₃B′ 곡선은 용액이 응고를 완료하는 변태

완료 온도 곡선으로 고상선(solidus line)이라 한다.

(a)와 같이 냉각 곡선 중 수평 부분은 순금속의 용융점이다. 순금속은 일정한 온도에서 용융 또는 응고되지만 고용체에서는 이러한 특정 온도는 존재하지 않는다.

액상선과 고상선 상의 온도 간격은 액상과 고상이 공존하는 영역으로 응고 구간(solidi-fication range)이라 한다. 전율고용체를 갖는 합금에는 Ag-Au, Ag-Pd, Cu-Ni, Bi-Sb, Co-Ni 등 그 종류가 대단히 많다.

〈그림 1-49〉에 80% Cu-20% Ni 고용체 합금의 응고 과정을 나타내었다.

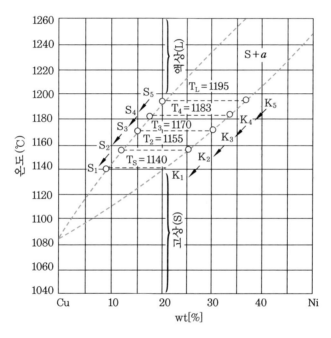

〈그림 1-49〉 80% Cu-20% Ni 고용체 합금의 응고 과정

〈그림 1-49〉에서 80% Cu-20% Ni의 조성을 갖는 합금을 균일한 액상으로부터 냉각하여 액상선과 만나는 점 $T_L = 1,195℃$에 이르면 63% Cu+37% Ni 조성을 갖는 K_5 고용체가 정출하기 시작하고, 이에 따라 잔류 용액은 Ni이 적어지고 Cu가 많아진다.

$T_4 = 1,183℃$에서 잔류 용액 S_4의 조성은 82.4% Cu-17.5% Ni이 되며, 정출한 고상의 조성 $T_4 = 66.5% Cu-33.5% Ni$로 이동한다. 즉 잔류 용액의 조성은 $S_5 \rightarrow S_4 \rightarrow S_3 \rightarrow S_2 \rightarrow S_1$을 따라 변화하고, 정출하는 고용체의 조성은 $K_5 \rightarrow K_4 \rightarrow K_3 \rightarrow K_2 \rightarrow K_1$으로 변화한다. 온도가 더욱 강하하여 T_s점에 이르면 $K_1 = 0$이 되어 응고가 완료된다.

〈그림 1-50〉에 전율고용체의 형태를 나타내었다. (a)는 양곡선이 A, B의 중간에 있는 것으로, 가장 일반적인 형태이다. (b)는 곡선이 극대점을 가질 때, (c)는 극소점을 가질 때이다.

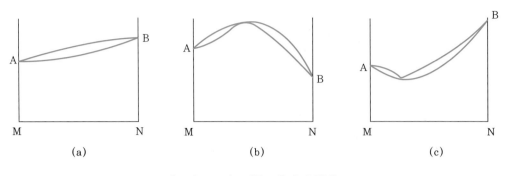

〈그림 1-50〉 전율고용체의 형태

(3) 공정계 합금

두 성분 금속이 용해 상태에서는 균일한 용액으로 되나, 응고 후에는 성분 금속의 결정이 분리되어 두 성분 금속이 전율고용체를 만들지 않고 기계적으로 혼합된 조직이 될 때 공정 (eutectic)이라 하고, 이 조직을 공정 조직(eutectic structure)이라 한다.

〈그림 1-51〉에 공정계 합금의 냉각 곡선과 상태도를 나타내었다.

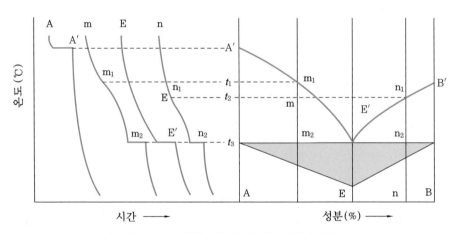

〈그림 1-51〉 공정계 합금의 냉각 곡선과 상태도

〈그림 1-51〉에서 합금 m을 냉각시키면 온도 t_1, 즉 m_1에서 응고가 시작되고 금속 A의 초정 (primary crystal)이 정출되며, 온도가 내려감에 따라 차차 고용체의 양이 증가한다. 잔류 용액은 이 온도 이하에서 금속 A, B를 동시에 정출하고 응고가 끝난다.

즉, 잔류 용액에서 두 금속이 동시에 정출하는 반응을 공정 반응(eutectic reaction)이라 한다. 점 E′를 공정점(eutectic point), 합금 E를 공정 합금이라 한다. 공정 반응은 다음과 같다.

$$\text{액상(E')} \rightleftarrows \text{고상(A)} + \text{고상(B)}$$

실용 합금 중에서 공정계 합금을 만드는 합금계에는 Cu-Au, Al-Si, Ag-Si, Bi-Sn, Ag-Cu, Au-Co, Cd-Sn, Pb-Sb 등이 있다. Pb-Sb 합금은 베어링 합금, 활자 합금 및 내산 합금 등으로 사용된다. 공정계 합금은 용융점이 낮고, 일정한 온도에서 용해되므로 연납(soft solder), 저융점 합금(fusible alloy) 등에 사용된다.

(4) 포정계 합금

〈그림 1-52〉는 포정계 합금의 냉각 곡선과 상태도를 나타낸 것이다.

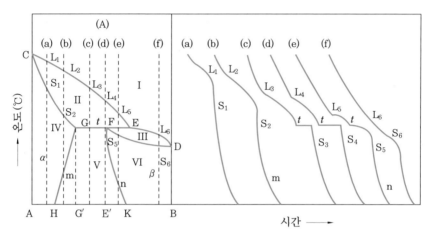

C점 : A의 응고점　　　　　　　　　　D점 : B의 응고점
F점 : 포정 온도에 대한 β의 포화점　　G점 : 포정 온도에 대한 α의 포화점
GE선 : 포정 온도선　　　　　　　　　구역 Ⅰ : 용액
구역 Ⅱ : α 고용체 + 용체　　　　　구역 Ⅲ : β 고용체 + 용체
구역 Ⅳ : α　　　　　　　　　구역 Ⅴ : $\alpha+\beta$　　　　구역 Ⅵ : β

〈그림 1-52〉 포정계 합금의 냉각 곡선과 상태도

〈그림 1-52〉에서와 같이 금속 A에 금속 B를 첨가하였을 때, 그 용융점은 점차로 내려간다. 반대로 금속 B에 금속 A를 첨가하면, 그 응고점은 점차로 높아져서 E점에서 마주친다. E점 이상의 온도에서는 α 고용체가 안정되고, E점 이하에서는 β 고용체가 안정하다.

즉, 이 합금은 E점의 온도에서 양쪽 고용체의 안정도가 다르게 된다. 그러므로 냉각할 때에는 E점에서 용액 E와 동시에 공존하는 α 고용체(G)가 서로 반응을 일으켜 새로운 β 고용체(F)를 형성한다.

반대로 가열할 때에는 β 고용체가 α 고용체(G)와 용액(E)의 2개의 상으로 분리된다. 즉, GFE 선의 t온도에서의 반응은 다음과 같다.

$$액상(E) + \alpha고상(G) \rightleftarrows \beta고상(F)$$

이와 같은 합금은 용융 상태에서 냉각하면 어떤 일정한 온도에서 정출된 고용체와 함께 이와 공존된 용액이 서로 반응을 일으켜 새로운 다른 고용체를 만든다. 이 반응을 포정 반응(peritectic reaction)이라 하고, 이때 서로 만들어진 고체를 포정이라 한다.

포정계 합금을 만드는 합금계에는 Ag-Cd, Ag-Pt, Fe-Au, Ag-Sn, Al-Cu 등이 있다.

(5) 편정계 합금

합금계의 모든 금속은 일반적으로 액체에서 완전히 용해하나 물과 기름은 액체에서나 고체에서 전혀 용해하지 않는 경우도 있다. 이때에는 각 성분이 따로 고유의 응고점에서 응고한다. 〈그림 1-53〉에 서로 용해하지 않는 합금을 나타내었다. 〈그림 1-53〉과 같이 단지 2개의 수평선을 갖는 상태도가 된다. 이것이 완전 분리형인데 이와 같은 형태의 합금은 비교적 적으며, 별로 실용되지 않는다.

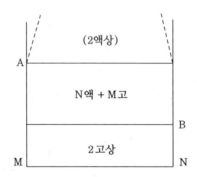

〈그림 1-53〉 서로 용해하지 않는 합금

〈그림 1-54〉에 편정계 합금의 상태도를 나타내었다. (a)와 같이 액상 분리 곡선이 순공정형의 액상선과 L점에서 만난다. 액상 L은 공정액상선에 관하여 고상 G와 공액하고, 액상분리곡선에 관하여 액상 H와 공액한다.

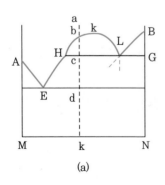
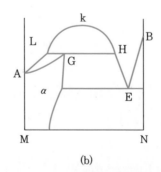
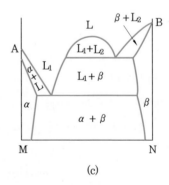

〈그림 1-54〉 편정계 합금의 상태도

따라서 이 온도에서는 2액상, 1고상의 3상이 공존하며 L을 통하는 불변계의 편정수평선 HLG
가 얻어진다. 구역 HkL 내에 있어서는 2종의 융액이 공존하며, k점은 임계점(critical point)이
고, 이 이상의 온도에서는 균일한 액체이다. 수평선 HLG에서의 반응은 다음과 같다.

$$액상(L) \rightleftarrows 고상(G) + 액상(H)$$

이와 같이 액상에서 고상과 다른 종류의 액상을 동시에 생성하는 반응을 편정 반응
(monotectic reaction)이라 한다.

편정계 합금을 만드는 합금계에는 Cr-Cu, Bi-Zn, Ag-Ni 등이 있다.

(6) 고상변태

〈그림 1-55〉에 고상변태의 상태도를 나타내었다. (a)와 같이 1고상이 변태하여 2개의 다른
고상이 석출되는 반응을 공석 반응(eutectoid reaction)이라 하고, 반응은 다음과 같다.

$$고상(\beta) \rightleftarrows 고상(\alpha) + 고상(\gamma)$$

(b)와 같이 2고상이 변태하여 1개의 다른 고상이 석출되는 반응을 포석 반응(peritectoid
reaction)이라 하고, 반응은 다음과 같다.

$$고상(\alpha) + 고상(\gamma) \rightleftarrows 고상(\beta)$$

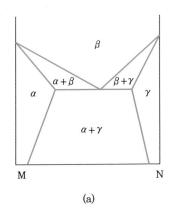

(a)

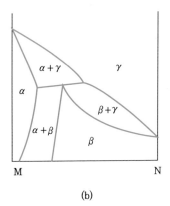

(b)

〈그림 1-55〉 고상변태의 상태도

(7) 금속간 화합물

금속과 금속 사이의 친화력이 클 때 2종 이상의 금속 원소가 간단한 원자비로 결합되어 성분 금속과는 다른 성질을 가지는 독립된 화합물을 금속간 화합물(intermetallic compounds)이라 하며, 일반적으로 A_mB_n의 화학식으로 표시한다.

금속간 화합물에는 Fe_3C, Cu_4Sn, Cu_3Sn, $CuAl_2$, Mg_2Si, $MgZn_2$ 등이 있다. 금속간 화합물은 취약(brittle)하며 견고하고, 보통은 융점이 비교적 높으나 성분의 융점보다도 낮은 온도에서 분해하는 불안정한 것도 있다. 즉 금속간 화합물을 만드는 상태도에는 금속간 화합물이 자기의 융점을 가진 경우와 금속간 화합물이 그 융점 이하에서 분해하기 때문에 자기의 융점을 갖지 않는 경우가 있다.

Q 예제

공정 반응(eutectic reaction)이란 무엇이며 반응식은 어떻게 표시하는지 설명하시오.

해설 ① 잔류 용액(L)에서 서로 다른 두 금속(A, B)이 동시에 정출하는 반응
② 액상(L) ⇄ 고상(A) + 고상(B)

5-3 ● 3원 합금 평형상태도

3원 합금의 조성 표시는 평면을 필요로 하므로 온도 축을 세우면 그 상태는 공간으로 표시된다. 상태도의 표시 방법에는 투영법, 단면법, 모형법 등을 이용한다.

〈그림 1-56〉에 3원 공정 합금 상태도를 나타내었다. 〈그림 1-56〉은 A, B, C 3성분 중 A-B, B-C, C-A 각 2원계가 모두 공정형을 취하고, 하나의 액상으로부터 3가지 종류의 고상이 동시에 정출하는 반응이다. 2원계의 공정점 E_1, E_2, E_3에서 2원 공정선이 중앙으로 나가 3 선분이 한 점 O에서 만나 3원 공정으로 되어 있다.

예를 들면 a_1 성분의 합금을 서랭하면 액상면과 교차되는 b_1 온도에서 초정이 나타나면서 C 성분을 정출하기 시작하며, 용액의 조성은 액상면의 화살표 방향으로 변한다. 온도 강하가 계속되면 A-C 2원 공정선 E_3O와 교차하는 온도 C_2점에서 2차 정출로 C 및 A 성분을 정출한다. 이때 A상·C상과 용액의 3상이 공존하므로 $F=1$로 되기 위하여 온도는 일정하게 되지 않지만 온도가 강하하여 C_2로부터 O에 이르면 거기서 B성분도 정출하므로 $F=0$으로 된다. 이때 온도는 일정해지고 각 상의 조성도 불변으로 되는 불변계 반응이 된다.

그 후에는 온도 강하에 의한 변화는 나타나지 않고, 상온에서의 조성은 초정 C와 공정 정출

C, A로 이루어진 2원 공정과 3원 공정 반응에 의해 A, B, C로 되는 3원 공정으로 된다. 일반적으로 3원 공정점은 각 성분의 2원계 공정점의 어느 것보다도 낮은 온도로 되므로 저융점의 합금을 용제로 사용하는 경우에 이용한다.

〈그림 1-57〉은 3원 공정 합금 상태도의 전개도를 나타낸 것으로 〈그림 1-56〉에서 설명한 변화를 농도삼각형의 각 저변상에 투영한 것이다. 〈그림 1-57〉에 표시한 X′ Y′에서의 단면 상태도로 각 합금에 따른 온도 및 공정상의 변화를 알 수 있다.

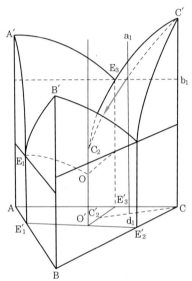

〈그림 1-56〉 3원 공정 합금 상태

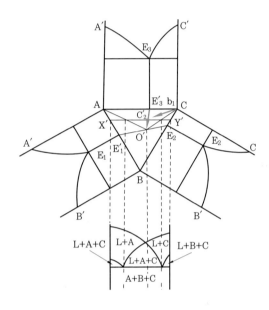

〈그림 1-57〉 3원 공정 합금 상태도의 전개도

6. 금속의 가공

6-1 ◉ 탄성 변형 및 소성 변형

물체에 하중이 작용할 때, 그 내부에 생기는 응력(stress)과 변형(strain)과의 관계를 나타내는 곡선을 응력-변형 곡선(stress-strain curve)이라 한다. 〈그림 1-58〉에 응력-변형 곡선을 나타내었다. 일반적으로 x축에는 변형량(ε)을 나타내고, y축에는 응력(σ)을 나타낸다. 이 곡선은 일정한 속도로 재료를 변형시킬 때에 힘을 측정하는 경우가 많으며, 인장 시험이나 압축 시험 등에서 사용한다.

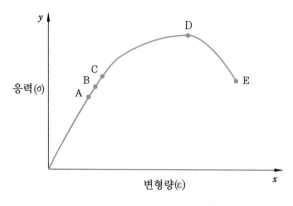

〈그림 1-58〉 응력-변형 곡선

　인장응력(tensile stress)은 시험편의 단위면적당 하중의 크기로 나타내고, 연신율(elongation)은 처음 길이에 대한 늘어난 길이의 백분율로 표시한다.

　응력은 외력에 대하여 물체 내부에 생긴 저항의 힘을 의미하며, 시험편의 원단면적을 A_0, 표점거리를 l_0, 외력을 P, 변형 후의 길이를 l이라고 할 때, 응력은 1-6〉, 변형량은 〈식 1-7〉과 같이 표시한다.

$$응력(\sigma_0) = \frac{P}{A_0} \qquad\qquad\qquad \text{〈식 1-6〉}$$

$$변형량(\varepsilon) = \frac{l-l_0}{l_0} = \frac{\Delta l}{l_0} \qquad\qquad\qquad \text{〈식 1-7〉}$$

　〈그림 1-58〉의 응력-변형 곡선을 설명하면 다음과 같다.

　　A : 비례한도(proportional limit) ; 응력과 변형량이 정비례의 관계를 유지하는 한계
　　B : 탄성한도(elastic limit) ; 하중을 제거하면 시험편이 원형으로 돌아오는 한계
　　C : 항복점(yield point) ; 하중을 제거한 후에 명백한 영구변형이 인정되기 시작하는 점
　　D : 최대 하중점(point of maximum load) ; 곡선 위에서 최대의 응력에 해당하는 점
　　E : 파단점(fracture point) ; 시험편이 절단되는 점

이 곡선은 외력을 제거하면 원상태로 돌아오는 탄성 변형(elastic deformation) 구역과 영구변형이 일어나는 소성 변형(plastic deformation) 구역으로 나눈다.

(1) 탄성 변형

비례한도 내에서는 응력-변형 곡선은 직선이고, 다음 식과 같은 관계가 성립된다.

$$\sigma = E\varepsilon, \ E = \frac{\sigma}{\varepsilon} \qquad\qquad\qquad \text{〈식 1-8〉}$$

여기서, E는 탄성률(young's modulus)이며, 훅(Hook)의 법칙이 성립하는 범위이다. 일반적으로 탄성률은 온도가 상승하면 감소한다.

〈그림 1-59〉에 온도 변화에 따른 탄성률을 나타내었다.

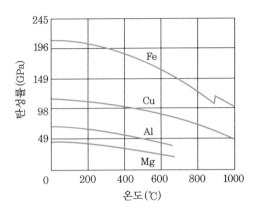

〈그림 1-59〉 온도 변화에 따른 탄성률

정밀한 계기에 쓰이는 스프링과 같은 금속은 탄성률이 온도에 따라 변화하지 말아야 한다. 이럴 때는 합금을 만들어서 온도에 의한 변화를 줄일 수 있다.

대표적인 합금으로는 Fe-Ni 합금인 엘린바(elinvar)가 있다. 〈표 1-8〉에 주요 금속의 탄성적 성질을 나타내었다.

〈표 1-8〉 주요 금속의 탄성적 성질

금 속	탄성률(E) [GPa]	강성률(G) [GPa]	푸아송비(ν)
Al	68.9	24.8	0.33
Cu	110.3	44.1	0.36
Ni	206.8	79.3	0.30
Pb	15.9	6.2	0.40
Fe	206.8	76.5	0.28
W	389.6	157.2	0.27
Ti	115.8	44.8	0.31

탄성 구역에서 변형은 세로 방향에 연신이 생기면 가로 방향에는 수축이 생긴다. 그리고 각 방향의 치수 변화의 비는 그 재료의 고유한 값을 나타낸다. 이것을 푸아송비(poisson's ratio)라고 부르며, 다음 식과 같이 표시한다.

$$\nu = \frac{-\varepsilon'}{\varepsilon} \quad\text{〈식 1-9〉}$$

여기서 ε는 세로 방향의 변형량이고 ε'는 가로 방향의 변형량이며, 한쪽이 +가 되면 다른 쪽은 -가 된다. 푸아송비는 금속의 경우 0.2~0.4이다. 〈표 1-8〉에 주요 금속의 푸아송비를 나타내었다.

물체에 외력이 가해지는 방식은 인장, 압축 외에 전단적으로 가해지는 경우가 있다. 〈그림 1-60〉에 전단변형량을 나타내었다.

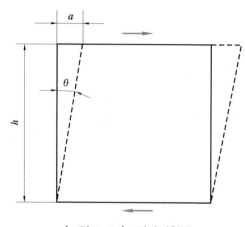

〈그림 1-60〉 전단변형량

〈그림 1-60〉에서 전단적인 외력이 가해져서 a만큼 변형되었다고 하면, 그 a에 대한 응력을 전단응력(shear stress)이라 한다.

이때의 변형량을 전단변형량(shear strain)이라 부르고, 일반적으로 전단응력을 τ, 전단변형량을 γ로 표시하면 전단변형량은 다음 식과 같다.

$$\gamma = \frac{a}{h} = \tan\theta \quad\text{〈식 1-10〉}$$

그리고 탄성 변형의 구역에서는 다음 식과 같은 관계가 성립된다.

$$\tau = G\gamma \quad\text{〈식 1-11〉}$$

여기서, G를 강성률(modulus of rigidity, shear modulus)이라 부르며, 〈표 1-8〉에 주요 금속의 강성률을 나타내었다. 탄성률, 강성률, 푸아송비 사이에는 다음 식과 같은 관계가 성립된다.

$$G = \frac{E}{2(1+\nu)} \quad\text{〈식 1-12〉}$$

(2) 소성 변형

물체에 외력을 가하면 재료 내부에 응력이 생긴다. 이때 외력이 제거되면 재료가 원형으로 복구되는 현상을 탄성 변형(elastic deformation)이라 하고, 외력이 제거되어도 재료에 영구변형이 남아 있는 현상을 소성 변형(plastic deformation)이라 한다. 〈그림 1-61〉에 Al의 변형 전·후의 결정 조직을 나타내었다.

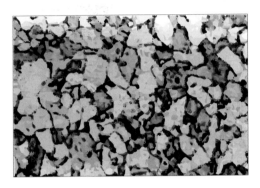

(a) 변형 전

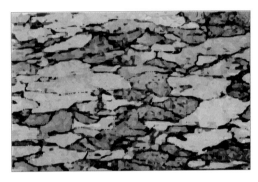

(b) 변형 후

〈그림 1-61〉 Al의 변형 전·후의 결정 조직

Q 예제

탄성한도(elastic limit)와 항복점(yield point)이 무엇인지 설명하시오.

해설 ① 탄성한도(elastic limit) : 하중을 제거하면 시험편이 원형으로 돌아오는 한계
② 항복점(yield point) : 하중을 제거한 후에 명백한 영구변형이 인정되기 시작하는 점

Q 예제

탄성 변형(elastic deformation)과 소성 변형(plastic deformation)의 차이점이 무엇인지 설명하시오.

해설 탄성 변형(elastic deformation)은 외력이 제거되면 재료가 원형으로 복구되는 현상이고, 소성 변형(plastic deformation)은 외력이 제거되어도 재료에 영구변형이 남아 있는 현상이다.

6-2 ● 소성 변형의 기구

금속 재료의 소성 변형은 결정의 변형에 원인이 있다. 외력이 가해지면 결정 내에서 인접하여 있는 평행한 격자면에 서로 미끄러짐이 일어나며, 이러한 현상이 여러 개 중복되어 소성 변형이 일어난다. 이러한 변형 기구는 슬립과 쌍정에 의하여 일어난다.

(1) 단결정의 소성 변형

결정 전체가 일정한 결정축을 따라 규칙적으로 되어 있는 고체를 단결정(single crystal)이라 한다. 보통 금속 재료는 다결정(polycrystal)으로 이루어져 있다.

① 슬립 변형

〈그림 1-62〉는 단결정의 슬립 변형을 나타낸 것이다. (a)에 소성 변형 전의 원자 배열을 나타내었다. (b)에서와 같이 외력이 화살표 방향으로 가해질 때 결정층이 연속적으로 미끄럼을 일으키는데, 이러한 현상을 슬립(slip)이라 한다.

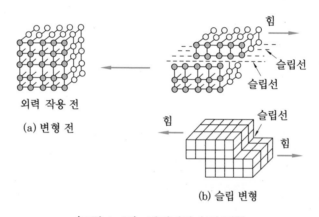

외력 작용 전
(a) 변형 전
(b) 슬립 변형

〈그림 1-62〉 단결정의 슬립 변형

결정의 슬립은 같은 결정 내에서도 격자면에 따라 슬립이 잘 일어나는 면이 있는데, 원자가 최대로 충전된 면에서 가장 잘 일어난다. 또, 원자가 최대로 충전된 방향에서 슬립이 가장 잘 일어난다. 이와 같이 원자가 최대로 충전된 면을 슬립면(slip plane)이라 하고, 원자가 최대로 충전된 방향을 슬립 방향(slip direction)이라 하며, 이 조합을 슬립계(slip system)라 한다. 슬립이 일어나는 금속을 현미경으로 보면 결정 입자 표면에 많은 미세한 평행선이 관찰되는데, 이것을 슬립선(slip line)이라 한다. 〈그림 1-63〉에 Cu의 슬립선 조직을 나타내었다.

전자현미경으로 슬립선을 관찰하면 슬립선의 세밀한 구조를 관찰할 수 있다. 한 점이 한 개의 슬립면에서 슬립할 수 있는 길이는 대체적으로 일정한 한계가 있고, 또 슬립선의 간격에도 대체적으로 일정한 최소치가 있음을 알았다.

〈그림 1-63〉 Cu의 슬립선 조직

〈표 1-9〉는 각종 금속의 슬립면과 방향을 나타낸 것이다.

〈표 1-9〉 각종 금속의 슬립면과 방향

결정 구조	금 속	순도(%)	슬립면	슬립 방향	임계전단응력 (MPa)
BCC	Fe	99.96	{110}	⟨111⟩	27.46
	Fe	99.96	{112}	⟨111⟩	27.46
	Fe	99.96	{123}	⟨111⟩	27.46
	Mo	99.96	{110}	⟨111⟩	49.00
FCC	Ag	99.99	{111}	⟨110⟩	0.47
	Ag	99.97	{111}	⟨110⟩	0.72
	Ag	99.93	{111}	⟨110⟩	1.28
	Cu	99.999	{111}	⟨110⟩	0.64
	Cu	99.98	{111}	⟨110⟩	0.92
	Al	99.99	{111}	⟨110⟩	1.02
	Au	99.9	{111}	⟨110⟩	0.90
	Ni	99.8	{111}	⟨110⟩	5.69
HCP	Cd(c/a=1.886)	99.996	{0001}	⟨2$\bar{1}\bar{1}$0⟩	0.57
	Zn(c/a=1.856)	99.999	{0001}	⟨2$\bar{1}\bar{1}$0⟩	0.17
	Mg(c/a=1.623)	99.996	{0001}	⟨2$\bar{1}\bar{1}$0⟩	0.76
	Ti(c/a=1.587)	99.99	{0001}	⟨2$\bar{1}\bar{1}$0⟩	13.73

BCC 금속은 {110}면에서 ⟨111⟩방향으로, FCC 금속은 {111}면에서 ⟨110⟩방향으로, HCP 금속은 {0001}면에서 ⟨2$\bar{1}\bar{1}$0⟩ 방향으로 슬립이 일어난다. 〈그림 1-64〉에 FCC, HCP의 슬립면과 슬립 방향을 나타내었다.

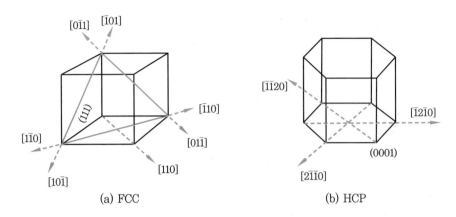

(a) FCC   (b) HCP

〈그림 1-64〉 슬립면과 슬립 방향

(a)에서 (111)면에 있는 슬립 방향은 [1$\bar{1}$0], [$\bar{1}$10], [10$\bar{1}$], [$\bar{1}$01], [01$\bar{1}$], [0$\bar{1}$1] 6개의 방향 뿐이다. 예를 들어 [110] 방향은 이 (111)면에 대하여 슬립 방향이 되지 못한다는 것을 알 수 있다. 따라서 {111}의 등가한 면은 4개이고, 한 개의 면에 대하여 3개의 슬립 방향이 있으므로 FCC 금속의 슬립계는 4×3=12개이다.

(b)에 나타낸 것과 같이 HCP 금속에서는 (0001)면에 포함되는 슬립 방향은 [2$\bar{1}$$\bar{1}$0], [$\bar{1}2\bar{1}$0], [$\bar{1}$$\bar{1}$20]의 3개이다. 그리고 (0001)에 포함되는 등가면은 (0001)밖에 없으므로 슬립계는 1×3=3개이다.

이와 같이 1개의 결정에는 몇 개의 슬립계가 있으므로 반드시 1개의 슬립계만이 작용하여 슬립이 일어난다고 말할 수 없다. 슬립계가 많은 금속은 소성 변형하기 쉽고, HCP와 같이 슬립계가 적은 금속은 가공하기가 어렵다.

육방정계에서 볼 수 있는 특징적인 변형에는 킹크 밴드(kink band)가 있다. 〈그림 1-65〉에 킹크 밴드를 나타내었다.

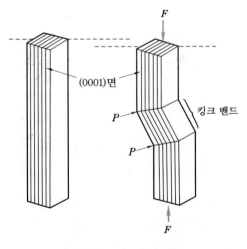

〈그림 1-65〉 킹크 밴드

Cd, Zn과 같은 육방계 금속을 슬립면에 수직으로 압축하면 슬립이 일어나기 곤란하므로 〈그림 1-65〉와 같이 변형한다. 이와 같은 변형을 킹크(kink)라 하고, 킹크에 의해 생긴 변형 부분을 킹크 밴드라 한다. 킹크 밴드는 변형대의 특별한 경우이다. 그림에서 P를 킹크면(kink plane)이라 하고, 이 면에서 결정의 방향이 급격히 변하고 있다.

② 쌍정 변형

쌍정(twin)이란 특정한 평면을 경계로 처음의 결정과 경면대칭의 관계에 있는 원자 배열을 가지는 결정의 부분을 말한다. 이와 같이 경계가 되는 면을 쌍정면(twining plane)이라고 한다. 쌍정은 원자의 전단적인 이동에 의해서 형성되며, 이때 전단이 일어나는 방향을 쌍정 방향(twining direction)이라 한다.

〈그림 1-66〉에 쌍정 중에 원자의 이동을 나타내었다. 〈그림 1-66〉에서 화살표를 한 면이 쌍정면이고, 이것은 지면에 대하여 수직이고, 원자는 화살표 방향의 쌍정면에 대하여 평행하게 이동하여 쌍정을 형성하는데, 그 이동거리는 쌍정면에서의 거리에 비례하여 증가한다. 이것이 전단적인 이동의 특징이다.

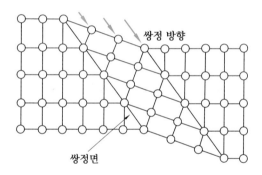

〈그림 1-66〉 쌍정 중에 원자의 이동

Cu와 Al과 같은 FCC 금속에서 쌍정응력은 슬립에 필요한 응력보다 훨씬 크므로 쌍정은 일반적으로 일어나지 않고, Zn, Mg, Be 등과 같은 HCP 금속은 대부분의 온도에서 쌍정에 의해 쉽게 변형한다. 쌍정에는 기계적 쌍정(mechanical twin)과 풀림쌍정(annealing twin)이 있다.

〈표 1-10〉에 결정격자의 쌍정면과 쌍정 방향을 나타내었고, 〈그림 1-67〉에 황동의 풀림쌍정 조직을 나타내었다.

〈표 1-10〉 결정격자의 쌍정면과 쌍정 방향

결 정	쌍정면	쌍정 방향
bcc	{112}	〈111〉
fcc	{111}	〈112〉
hcp	{10$\bar{1}$2}	〈10$\bar{1}\bar{1}$〉

〈그림 1-67〉 황동의 풀림쌍정 조직

③ 전위

금속 결정에 외력을 가하면 슬립 또는 쌍정 변형이 일어난다. 슬립을 일으키는 데 필요한 힘은 슬립면에 따라서 원자의 위치를 상대적으로 이동시키는 데 필요한 힘이다. 이 힘은 슬립면 위에서 원자가 어느 안정한 위치에서 옆의 안정한 위치로 이동하는 사이에 작용하는 힘이다. 슬립이 일어날 때에는 원자면 전체가 동시에 이동하는 것이 아니고, 1개의 원자가 이동하여 간다고 생각한다.

〈그림 1-68〉에 전위 이동에 의한 슬립 변형의 형성 과정을 나타내었다.

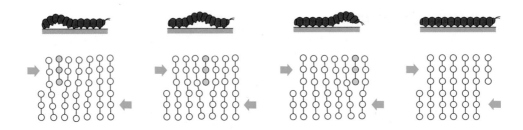

〈그림 1-68〉 전위 이동에 의한 슬립 변형의 형성 과정

〈그림 1-68〉과 같이 외력이 증가하여 어느 한 곳에 슬립이 생기면 다음 차례로 슬립이 전달되고, 나중에는 다른 쪽 끝에 이르러 1개의 원자 간 거리의 이동을 일으킨다. 즉 슬립면의 위와 아래에서 하나의 원자면이 불일치가 생기는 결함을 전위(dislocation)라 한다. 전위의 이동에 따른 방향과 크기를 표시하는 격자 변위를 버거스 벡터(Burgers vector)라 한다. 전위의 종류에는 버거스 벡터와 전위선이 수직인 칼날 전위(edge dislocation), 버거스 벡터와 전위선이 평행인 나사 전위(screw dislocation), 칼날 전위와 나사 전위가 혼합된 혼합 전위(mixed dislocation)가 있다.

금속 결정이 큰 외력을 받으면 소성 변형이 생기고, 이것으로 재료에는 잔류응력(residual

stress)이 생긴다. 이와 같이 슬립을 일으키는 외력이 크면 가공 경화의 정도가 크게 되어 재료의 슬립면을 따라서 파단이 일어난다.

④ 격자 결함

금속의 원자 배열은 이상적인 상태로 존재하는 것보다는 어느 정도 불규칙적인 상태로 존재한다. 예를 들면 잘못된 위치에 원자가 있기도 하고, 때로는 격자점에 원자가 비어 있거나 다른 원자가 들어가 있는 경우와 같이 불규칙적인 배열을 하고 있다. 이것을 격자 결함(lattice defect)이라 한다.

결함에는 제조 과정 중에 형성되는 균열(crack), 개재물(inclusion) 또는 기포(blow hole) 등과 같이 결정 구조와 관계없는 결함과 공공(vacancy)이나 전위 등과 같이 결정 내부에서 원자들이 불규칙하게 배열하고 있는 격자 결함이 있다. 격자 결함을 분류하면 점 결함(point defect), 선 결함(line defect), 면 결함(plane defect), 부피 결함(bulk defect) 등이 있다. 이들 격자 결함은 재료의 기계적, 물리적 성질에 커다란 영향을 미치게 된다.

㈎ 점 결함

점 결함은 한 개의 원자 또는 몇 개의 원자 범위에 걸친 국부적인 흐트러짐이다. 점 결함의 종류에는 격자점으로부터 원자가 하나 빠져나간 상태의 원자공공인 쇼트키 결함(Schottky defect), 공공과 침입형 원자가 한 쌍으로 되어 있는 프렌켈 결함(Frenkel defect), 공공이 2개 있는 복공공(divacancy), 원자가 없어야 할 위치 또는 원자의 틈 사이에 원자 하나가 침입하여 생긴 침입형 원자(interstitial atom), 원자가 있던 자리에 다른 종류의 원자가 들어가는 치환형 원자(substitutional atom) 등의 결함이 있다.

이러한 결함들은 원자가 이동할 만한 열에너지를 얻었을 때나 또는 가공 시에 형성되기도 하고, 합금을 만들기 위하여 첨가된 합금 원소에 의해 생기기도 한다. 〈그림 1-69〉에 점 결함의 종류를 나타내었다.

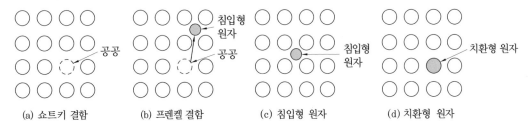

(a) 쇼트키 결함   (b) 프렌켈 결함   (c) 침입형 원자   (d) 치환형 원자

〈그림 1-69〉 점 결함의 종류

㈏ 선 결함

금속 결정에 외부의 힘을 가하면 소성 변형이 생긴다. 이 기본이 되는 요소로서 결정 내에서 선을 중심으로 하여 그 주위의 격자에 변형을 만드는 전위를 선 결함이라 한다.

㈜ 면 결함

금속 결정의 결정립계와 같은 바깥 표면에 있는 원자의 결합을 면 결함이라 한다. 즉 표면에 있는 원자는 결정 내부에 있는 원자와는 그 배열 위치가 다르며, 외부에 노출되기 때문에 높은 에너지를 갖는다. 따라서 외부의 산소와 결합되어 산화막을 형성하기가 쉽다.

㈜ 부피 결함

부피 결함은 철광석에서 철을 생성하는 과정이나 제조 과정, 즉 주조, 단조, 압연 등을 통해서 나타난다. 재료의 생성 과정 시 가장 일반적인 부피 결함은 개재물이라는 원하지 않는 제2상의 입자들이다. 개재물은 다양한 모양과 크기로 나타나는데, 거의 모든 금속에서 찾아볼 수 있다.

금속 재료의 개재물은 산화물(oxides), 유화물(sulfides), 수소화물(hydrides) 등의 입자들이다. 이러한 개재물은 재료의 기계적 강도에 큰 영향을 미친다.

재료의 제조 과정에서 생기는 부피 결함의 형태에는 수축공(shrinkage cavity), 기포, 균열, 용접 결함 등이 있다.

Q 예제

점 결함(point defect)의 종류에는 어떠한 것이 있는지 설명하시오.

해설 ① 쇼트키 결함(Shottky defect)
② 프렌켈 결함(Frenkel defect)
③ 복공공(divacancy)
④ 침입형 원자(interstitial atom)
⑤ 치환형 원자(substitutional atom) 등

---

(2) 다결정의 소성 변형

다결정을 소성 변형하면 각 결정 입자 내부에 슬립선이 발생한다. 다결정체인 금속을 가공할 때에는 금속 결정의 방향이 각각 다르므로, 서로 인접한 결정에서는 슬립면, 슬립 방향들이 일치하지 않는다. 그러므로 결정계에 있는 결정 입자는 슬립 요소의 간섭으로 인하여 변형이 방해된다.

결정 입자가 미세한 다결정 금속일수록 슬립 변형이나 쌍정 변형이 일어나기 어렵고, 재질이 경하고 강도가 높다. 다면체 결정은 결정입계의 영향을 받으면서 슬립이 생기며, 점차로 그 방향으로 변하게 되므로 나중에는 일정한 방향을 갖게 된다. 이것을 선택방향성(preferred orientation)이라 하며, 이것은 다결정체의 소성 변형에서 나타나는 가장 특징 있는 현상이다.

〈표 1-11〉에 압연 가공에서의 방향성을 나타내었다.

<표 1-11> 압연 가공에서의 방향성

금속명	압연면에 평행된 방향	압연 방향에 평행된 방향
Ag, α-황동	[110]	[112]
Fe, W, Mo	[100]	[110]
Al, Cu, Au, Ni, Pt,Fe-Ni	[110] 및 [112]	[112] 및 [111]
Pb	[110]	[110]

결정 방향이 서로 다른 다결정 금속에 같은 방향의 변형을 가하면 동일 방향으로 배열되려고 한다. 결정의 집합 상태의 모양이 섬유와 비슷하여 이것을 섬유 조직(fiber structure)이라 하고, 가공 방향에 일치되는 결정 입자의 방향을 섬유축(fiber axis)이라 한다. Al을 인장 가공하면 결정 입자는 [111] 및 [112] 방향으로 배열하고, 압축하면 [110], 비틀면 [111]로 된다.

6-3 ◉ 소성 가공과 금속의 성질 변화

금속 재료는 연성과 전성이 있으며, 금속 자체의 가소성(plasticity)에 의하여 형상을 변화할 수 있는 성질이 있다. 즉, 외력의 크기가 탄성한도 이상이 되면 외력을 제거하여도 재료의 원래 형태로 돌아오지 않는 영구 변형이 남아있게 된다. 이와 같이 응력이 잔류하는 소성 변형의 성질을 가소성이라 한다. 소성 변형을 이용한 가공 방법에는 단조(forging), 압연(rolling), 인발(drawing), 프레스(press) 등이 있다.

소성 가공(plastic working)에는 금속을 재결정 온도 이하에서 가공하는 상온 가공 또는 냉간 가공(cold working)과 재결정 온도 이상에서 가공하는 고온 가공 또는 열간 가공(hot working)으로 구분한다.

(1) 냉간 가공

공업적인 소성 가공은 일반적으로 열간 가공을 한 후, 냉간 가공을 한다. 냉간 가공의 장점은 다음과 같다.

① 재료에 큰 변형이 없다.

② 가공비와 연료비가 적게 든다.

③ 제품 표면이 미려하다.

④ 공정 관리가 쉽다.

가공도의 증가에 따라 결정 입자의 응력이나 결정면의 슬립 변형에 대한 저항력이 커지고 기계적 성질도 변화한다.

〈그림 1-70〉에 냉간 가공 전·후의 기계적 성질 변화를 나타내었다. 〈그림 1-70〉에 표시된 바와 같이 가공도가 증가하면 경도 및 인장강도, 항복점은 증가하고, 단면수축률, 연신율은 감소한다. 이러한 현상을 가공 경화(work hardening)라 한다. 가공 경화의 정도는 가공하는 온도에 따라 달라지며, 온도가 높아지면 작아진다. 그러므로 가공 경화는 냉간 가공에서 생긴다.

기계적 성질 이외도 물리적, 화학적 성질도 변화한다. 도전율은 가공에 의하여 2~3% 감소하고, 심할 경우는 10% 이상도 감소한다. 전기화학적으로는 내식성이 감소하며, 자기적 성질은 어느 정도까지는 감소한다.

금속 재료를 냉간 가공하면 내부응력(internal stress), 즉 잔류응력(residual stress)이 생긴다. 내부응력은 가공도에 의해 증가되나 가공도가 너무 크면 중심층의 가공성은 안쪽보다 더욱 빨리 피로되어 균열이 생기게 된다. 내부에 응력이 있는 재료는 부분적인 가열을 하거나 부식성 용액 및 액상 금속과 접촉할 때 응력에 의한 균열이 발생한다.

예를 들면 프레스로 가공한 황동 제품, 콘덴서 및 소총 탄피 등에서 자연 균열(season crack)이 나타나고, 연한 부식성 용액에 의한 응력 부식 균열(stress corrosion crack)로 리벳 구멍 주위의 파열 등이 나타난다. 이외의 응력 부식은 스테인리스강, β-황동, Al-Mg 합금 등에서 볼 수 있다.

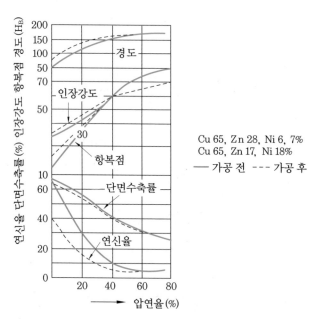

〈그림 1-70〉 냉간 가공 전·후의 기계적 성질 변화

(2) 열간 가공

열간 가공은 변형을 쉽게 하기 위하여 재결정 온도 이상의 고온 상태에서 행한다. 열간 가공의 주된 목적은 주조 조직이 완전히 파괴되어 냉간 가공에 적합한 조직을 얻는 데 있다. 열간 가공은

재료의 가소성이 크고, 가공하기 쉬운 것을 이용한다. 열간 가공의 장점은 다음과 같다.

① 가공속도와 변형량이 크다.

② 결정 입자를 미세화할 수 있다.

③ 방향성이 있는 주조 조직을 제거할 수 있다.

④ 재질의 균일화를 얻을 수 있다.

⑤ 강괴 내부의 미세 균열 및 기공을 제거할 수 있다.

⑥ 연신율, 단면수축률, 충격치 등의 기계적 성질을 개선할 수 있다.

열간 가공에서 주의할 점은 가공 완료 온도(finishing temperature)를 잘 지키는 것이다. 마무리 온도가 너무 높으면 결정 성장이 일어나 단면수축률과 충격치를 감소시키고, 마무리 온도가 너무 낮으면 취성이 생겨 단조 균열 등이 발생하는 경우가 있다.

따라서, 마무리 온도는 재결정 온도보다 약간 높은 온도로 설정하고, 강은 임계 온도보다 높은 온도로 설정한다. 예를 들면 두랄루민(duralumin)은 450℃에서 가공을 시작하여 350℃에서 마무리하고, 고탄소강은 725~900℃, 모넬메탈은 1,040~1,150℃로 열간 가공 온도를 설정하는 것이 좋다.

6-4 ● 소성 가공의 응용

소성 가공의 목적은 금속에 외력을 가하여 변형시켜 여러 가지 형태의 물체를 만들고, 기계적 성질 및 물리적 성질을 향상시키는 데 있다. 소성 변형을 이용한 가공 방법에는 단조, 압연, 인발, 압출, 프레스, 전조 등이 있다. 〈그림 1-71〉에 소성 가공법을 나타내었다.

① **단조 가공** : 해머나 프레스 등을 사용하여 재료에 정적 또는 동적 압력을 가하여 결정립을 미세화하고, 조직을 균일화하여 성형하는 가공법이다. 성형 방법으로는 자유단조(free forging)와 형단조(die forging)가 있다.

② **압연 가공** : 상온 또는 고온에서 회전하는 롤(roll) 사이에 금속 소재를 통과시켜 판재, 형재, 관재, 선재 등을 만드는 가공법이다.

③ **인발 가공** : 금속 소재에 다이(die)를 통과시켜 다이 구멍의 형상과 같은 단면의 봉재, 관재, 선재를 만드는 가공법이다.

④ **압출 가공** : 소성 변형이 큰 금속 소재에 강한 압력을 가하여 다이를 통과시켜 소재의 단면적을 작게 하고, 원하는 치수와 형태로 만드는 가공법이다. 성형 방법으로는 전방압출과 후방압출이 있다.

⑤ **프레스 가공** : 금속 판재를 인장, 압축, 굽힘, 전단 등의 응력 상태를 일으켜 원하는 치수로 만드는 가공법이다.

⑥ **전조 가공** : 한 쌍의 전조 공구를 이용하여 볼트, 기어 등을 성형하는 가공법이다.

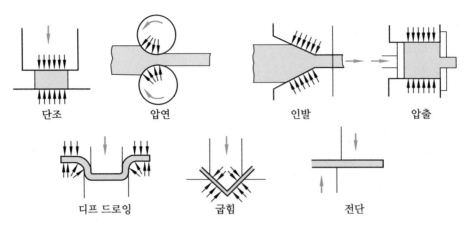

〈그림 1-71〉 소성 가공법

6-5 ◉ 회복과 재결정

냉간 가공된 금속을 가열하면 가공으로 변화한 기계적, 물리적 성질이 가공 전의 상태로 돌아가려는 경향이 있다. 이러한 가열 방법을 풀림(annealing)이라 한다.

(1) 회복

냉간 가공된 금속을 풀림 처리하면 결정립의 모양이나 결정의 방향에는 변화를 일으키지 않지만 가공으로 발생된 결정 내부의 변형 에너지와 항복강도 등은 감소하여 기계적, 물리적 성질만이 변화한다. 이와 같은 현상을 회복(recovery)이라 한다.

융점이 낮은 금속의 경우에는 가공 후 특별히 가열하지 않고 상온에 놓아두기만 하여도 회복이 일어나기도 한다. 냉간 가공에 소비된 에너지는 대부분이 열로 변화하지만 일부는 금속 내부에 변형 에너지로 축적되고, 가열하면 회복에 의해 축적 에너지는 감소하게 된다. 그 이유는 금속의 경우 가공하였을 때 발생된 많은 각종 격자 결함이 생김으로써 변형 에너지가 축적되기 때문이다.

격자 결함은 어느 것이나 열적으로 불안정한 것이므로 소멸하려는 경향이 있다. 이러한 경향을 이용해서 재료에 열을 가하면 주변의 전위와 결합한다. 이와 같은 이유로 결합 에너지에 상당한 열을 방출하므로 가공에 의한 축적 에너지가 감소하게 된다. 축적 에너지의 크기에 영향을 주는 인자는 다음과 같다.

① **합금 원소** : 주어진 변형에서 불순물 원자를 첨가할수록 축적 에너지의 양은 증가하고, 불순물 원자는 전위 이동을 방해하며 전위의 증식을 조장한다.

② **가공도** : 가공도가 클수록 변형이 복잡하고, 내부 변형이 복잡할수록 축적 에너지는 더욱
　　증가한다.

③ **가공 온도** : 가공 온도가 낮으면 축적 에너지의 양은 증가한다.

④ **결정 입도** : 축적 에너지의 양은 결정 입도가 미세할수록 증가한다. 결정입계가 전위 이동

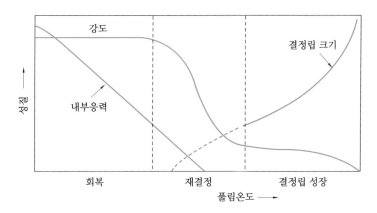

〈그림 1-72〉 소성 변형한 재료의 가열에 의한 성질 변화

　　을 방해하여 입자가 작을수록 축적 에너지의 양은 증가한다. 변형에 의해서 발생된 전위
　　밀도는 결정 입도에 반비례한다.

　　회복에 의한 변화는 가열을 통하여 이루어지며 재료 내부에 있는 침입형 원자의 소멸, 원자
공공의 소멸, 전위의 소멸 등에 의해 내부응력이 감소한다. 〈그림 1-72〉에 소성 변형한 재료
의 가열에 의한 성질 변화를 나타내었다.

(2) 재결정

　　냉간 가공된 금속의 결정은 회복 단계를 거쳐 재결정이 생기고 결정립은 성장한다. 〈그림
1-73〉에 재결정에서 핵 생성과 결정립 성장 과정을 나타내었다.

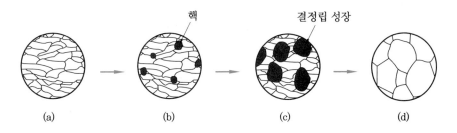

〈그림 1-73〉 재결정에서 핵 생성과 결정립 성장 과정

　　(a)와 같이 결정립은 냉간 가공으로 변형을 일으키게 되고 소성 변형된 금속을 가열하면 (b)
와 같이 그 내부에 새로운 결정립의 핵이 생기며, 이것이 성장하여 전체가 변형이 없는 결정

립으로 바뀐다. 이와 같은 과정을 재결정(recrystallization)이라 하고, 그 온도를 재결정 온도 (recrystallization temperature)라고 한다. 결정핵이 처음으로 발생하는 부분은 결정 경계 또는 결정 내의 슬립과 같이 국부적으로 내부응력이 큰 부분이다. 재결정된 재료의 성질은 냉간 가공 전의 상태에 가까워진다.

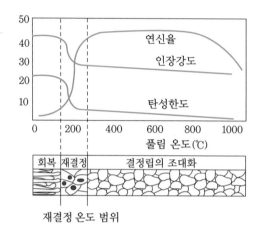

〈그림 1-74〉 구리의 재결정에 의한 기계적 성질 변화

〈그림 1-74〉에 구리의 재결정에 의한 기계적 성질 변화를 나타내었고, 〈표 1-12〉에 금속의 재결정 온도를 나타내었다.

〈표 1-12〉 금속의 재결정 온도

금 속	재결정 온도(℃)	금 속	재결정 온도(℃)
Au	약 200	Al	150~240
Ag	200	Zn	7~75
Cu	200~230	Sn	-7~25
Fe	330~450	Cd	7
Ni	530~660	Pb	-5
W	약 1200	Pt	약 450
Mo	900	Mg	약 150

재결정의 결정 입자 크기는 주로 가공도에 의하여 변화되고, 가공도가 낮을수록 조대한 결정 입자가 된다. 가공된 금속을 재가열할 때 성질 및 조직 변화의 순서는 다음과 같다.
① 내부응력 제거 ② 연화 ③ 재결정 ④ 결정 입자 성장
풀림 온도가 너무 높고 가열 시간이 길면, 소수의 결정립이 다른 결정립과 합해져서 크게 성장한다. 이와 같은 현상을 2차 재결정(secondary recrystallization)이라 한다.

〈그림 1-75〉에 1시간 풀림으로 재결정이 끝나는 온도와 가공도 관계를 나타내었다.

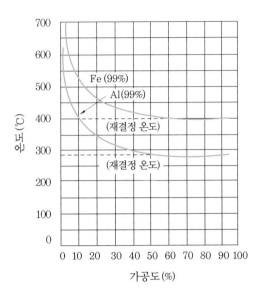

〈그림 1-75〉 1시간 풀림으로 재결정이 끝나는 온도와 가공도 관계

Q 예제

가공된 금속을 재가열할 때 성질 및 조직변화의 순서를 쓰시오.

해설 내부응력 제거 → 연화 → 재결정 → 결정 입자 성장

1. 금속의 일반적 특성을 설명하시오.

2. 강도를 외력의 작용 방법에 따라 분류하시오.

3. 크리프란 무엇인지 설명하시오.

4. 용융잠열이란 무엇인지 설명하시오.

5. 도전율이란 무엇인지 설명하시오.

6. 주요한 금속 원소의 이온화 경향을 큰 순서로 나열하시오.

7. 결정립 크기(S)는 성장 속도(G) 및 생성 속도(N)와 어떤 관계가 있는지 설명하시오.

8. 주상 조직(columnar structure)이란 무엇인지 설명하시오.

9. 체심입방격자(bcc)에 속하는 금속을 나열하시오.

10. 육방정계의 대표적인 면을 설명하시오.

11. 계란 무엇인지 설명하시오.

12. 고용체란 무엇인지 설명하시오.

13. 공정 조직이란 무엇인지 설명하시오.

14. 소성 변형이란 무엇인지 설명하시오.

15. 전위의 종류에는 어떠한 것이 있는지 설명하시오.

16. 격자 결함에는 어떠한 것이 있는지 설명하시오.

17. 냉간 가공의 장점을 설명하시오.

18. 회복이란 무엇인지 설명하시오.

철강 재료

철강 재료

1. 철강 재료의 분류 및 제조법

1-1 ◉ 철강 재료의 분류

금속 생산량의 95% 이상을 차지하는 철강(iron and steel)은 금속 재료 중에서 가장 널리 사용하는 기계 재료이다. 철강은 다른 금속 재료에 비하여 기계적 성질이 우수하고, 열처리에 의해서 강도 및 경도, 연성 등의 성질을 개선할 수 있다. 철강은 순철(pure iron), 강(steel), 주철(cast iron)로 분류할 수 있다.

공업용 철강 재료는 Fe 중에 C, Si, Mn, P, S 등이 함유되어 있으며, C의 함유량에 따라 분류한다. 〈표 2-1〉에 탄소 함유량에 따른 철강 재료를 분류하였다.

〈표 2-1〉 탄소 함유량에 따른 철강 재료의 분류

명 칭	탄소 함유량(%)	주용도
순철	0.01~0.02	변압기 철심, 발전기용 박철판
특별극연강	0.08 이하	박판, 전신선
극연강	0.08~0.12	섀시, 용접관
연강	0.12~0.20	철근, 선박, 차량용판
반연강	0.20~0.30	교량, 보일러용판
반경강	0.30~0.40	차축, 볼트, 스프링
경강	0.40~0.50	실린더, 레일
최경강	0.50~0.90	나사, 레일, 축
고탄소강	0.90~1.60	공구 재료, 스프링,게이지류
가단주철	2.0~2.5	소형 주철품
고급주철	2.5~3.2	강력 기계 주물, 수도관
보통주철	3.2~3.5	수도관, 기타 일반 주물

철강 재료는 2.0% C 이하를 강(鋼)이라 하고, 2.0% C 이상을 주철(鑄鐵)이라 규정하고 있으나, 1.5~2.5% C 범위의 철강 재료는 실용성이 적어 공업적으로 거의 생산하지 않는다. 또 탄소강에 Ni, Cr, Mo, W, Al 등의 원소를 한 가지 이상 첨가하여 특수한 성질을 부여한 합금강(alloy steel) 또는 특수강(special steel)이 있다.

광석에서 직접 제조한 철을 선철(pig iron)이라 하고, 선철을 용해하여 주조 재료로 사용될 때에는 주철이라 한다.

〈그림 2-1〉은 선철을 파면, 제조법, 용도에 따라 분류한 것이고 〈그림 2-2〉는 강을 함유 성분, 제조법, 용도에 따라 분류한 것이다.

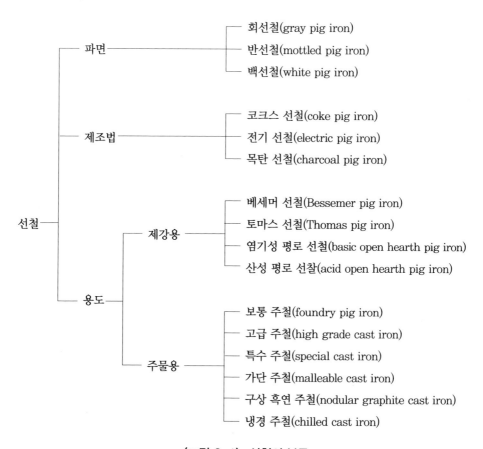

〈그림 2-1〉 선철의 분류

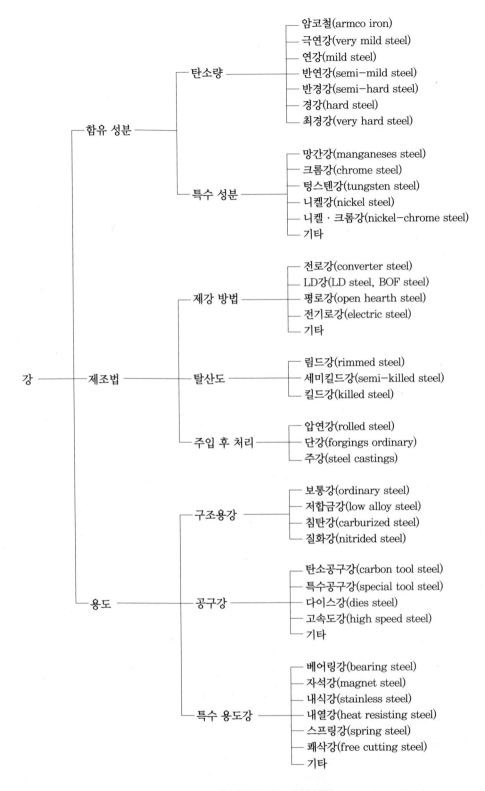

〈그림 2-2〉 강의 분류

1-2 ○ 선철의 제조법

선철의 제조 공정은 고로상부에 철광석, 코크스, 석회석 등을 장입하고, 노체 하부의 풍구로부터 열풍을 흡입하여 코크스를 연소시켜 얻어지는 고온의 CO 가스에 의하여 철광석을 환원하여 철을 제조하는 환원 제련(reducing smelting)이다. 환원된 철은 탄소를 흡수하여 융점이 1,150℃로 낮아지고, 고로부 장입물에서 환원된 Si, Mn, P, S 등을 용해하여 선철을 제조한다.

〈그림 2-3〉은 선철의 제조 공정도를 나타낸 것이고, 〈표 2-2〉는 철광석의 종류와 주성분을 나타낸 것이다.

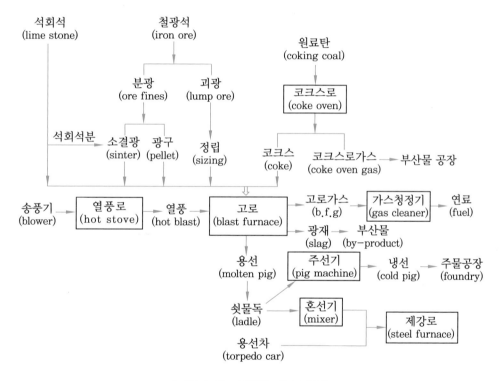

〈그림 2-3〉 선철의 제조 공정도

〈표 2-2〉 철광석의 종류와 주성분

명칭	주성분	Fe 성분(%)
적철광(hematite)	Fe_2O_3	40~60
자철광(magnetite)	Fe_3O_4	50~70
갈철광(limonite)	$Fe_2O_3 \cdot 3H_2O$	30~40
능철광(siderite)	Fe_2CO_3	30~40

1-3 ● 강의 제조법

선철 중에 있는 C, Si, Mn, P, S 등의 5대 원소를 함유하고 있어서 주조성(castability)은 양호하나 가단성(malleability)이 없고, 인성(toughness)이 부족하다. 선철을 용해하여 산화제를 첨가해서 산화 정련(oxidizing refining)하면 불순 원소들은 CO, SiO_2, MnO, P_2O_5 등으로 산화된다. S는 CaS로 제거되어 가단성과 인성이 있는 강이 된다. 따라서 강의 제조 공정은 선철 중에 있는 불순 원소를 산화 제거하는 산화 정련이다.

〈그림 2-4〉에 강의 제조 공정도를 나타내었다. 제강법에는 전로 제강법, 평로 제강법, 전기로 제강법, 도가니 제강법 등이 있다.

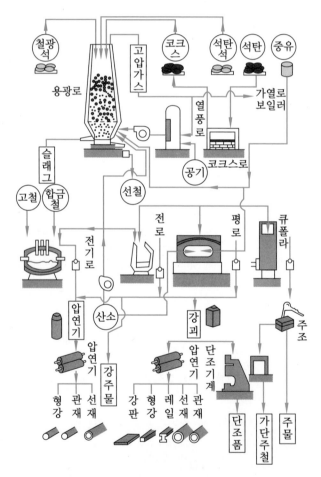

〈그림 2-4〉 강의 제조 공정도

(1) 전로 제강법

원료를 가경식 전로에 넣고 공기 또는 산소를 불어 넣어 함유된 불순물을 신속하게 산화 제거시키는 방법이다. 이 방법은 자체에서 발생되는 산화열을 이용하므로 외부로부터 열을 공급

받지 않고 정련한다. 강 중에는 N, O, P 등의 함량이 많아 강의 재질이 나빠 특수한 경우 이외에는 이용하지 않는다. 전로는 1855년 영국의 베세머(Henry Bessemer)가 발명한 것으로, 노 내에 산성 내화재료를 사용한 산성법(Bessemer process)과 염기성 내화재료를 사용한 염기성법(Thomas process)이 있다.

(2) 평로 제강법

축열식 반사로를 사용하여 선철을 용해 및 정련하는 방법으로 시멘스마틴법(Siemens-Martins process)이라 한다. 연료는 가스 또는 중유가 사용되며, 축열실을 통해 예열시켜 사용한다. 평로의 용량은 25~400ton의 범위이고, 노 내의 온도는 1,700~1,800℃ 정도이며, 고급강 제조에 사용된다. 노상의 내화재료에 따라 산성 평로법과 염기성 평로법으로 구분한다.

(3) 전기로 제강법

전기 에너지를 열원으로 사용하여 강을 제조하는 방법으로 저항식, 유도식, 아크식 등의 전기로가 있다. 노 내의 라이닝은 마그네시아 벽돌 위에 MgO 또는 백운석의 소성 분말을 사용하므로 원료선의 제한을 받지 않는 특징이 있다. 전기로의 용량은 1~70ton 범위이고, 특수강 제조에 사용된다.

(4) 도가니 제강법

전기로법보다 연료비가 많이 소요되고, 대량 생산에 부적합하여 현재에는 별로 사용하지 않고 있다.

1-4 ◉ 강괴의 종류 및 특징

제강로에서 정련된 용강을 탈산시킨 후, 주형에 주입하여 응고한 강을 강괴(ingot)라 한다. 탈산 정도에 따라 림드강, 킬드강, 세미킬드강, 캡드강으로 분류한다. 〈그림 2-5〉에 강괴의 종류를 나타내었다.

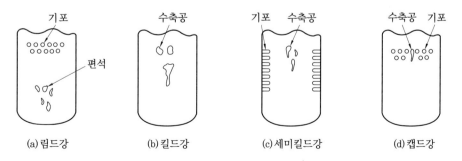

(a) 림드강　　(b) 킬드강　　(c) 세미킬드강　　(d) 캡드강

〈그림 2-5〉 강괴의 종류

(1) 림드강(rimmed steel)

노 내에서 페로망간(Fe-Mn)으로 불완전하게 탈산시킨 강이다. 이 강괴는 탈산 및 가스 처리가 불충분한 상태로 과잉 산소와 탄소가 반응하여 주형 내에서 비등하여 표면에 기포가 발생한다. 내부에는 편석이 존재하여 재질이 균일하지 못하므로 압연하여 표면의 순도를 좋게 한다. 0.3% C 이하의 저탄소강으로 사용한다.

(2) 킬드강(killed steel)

Fe-Mn, 페로실리콘(Fe-Si), Al 등으로 완전하게 탈산시킨 강이며, 기포 및 편석은 적으나, 강괴의 중앙 상부에 수축공이 생긴다. 이 부분은 산화되어 단조 및 압연 시에 압착되지 않으므로 제거하여야 한다. 킬드강의 탄소 함유량은 0.3% 이상으로, 고급강으로 사용한다.

(3) 세미킬드강(semi-killed steel)

킬드강과 림드강의 중간 정도의 것으로 Fe-Mn, Fe-Si으로 탈산시킨 강이며, 적은 양의 수축공과 기포가 존재하여 0.15~0.3% C 이하의 저탄소강으로 사용한다.

(4) 캡드강(capped steel)

림드강을 변형시킨 것으로 내부의 편석을 적게 만든 강으로, 내부 결함은 적으나 표면 결함이 많다. 강괴의 결함으로는 수축공, 기포, 편석, 백점(flake), 강괴 표면의 흠(scab) 등이 있다.

이와 같은 강괴는 연속 주조 및 압연 공정을 거쳐 형상과 용도에 따라 강재의 재료가 되는 강편(bloom), 빌릿(billet)으로 사용하고, 강판의 재료인 슬래브(slab), 시트바(sheet bar), 주석바(tin bar), 스켈프(skelp), 바(bar), 대강(hoop) 등으로 사용한다.

Q 예제

제강법의 종류를 나열하시오.

해설 전로 제강법, 평로 제강법, 전기로 제강법, 도가니 제강법 등

2. 순 철

2-1 ○ 순철의 종류

순철에는 미량의 탄소 및 그 밖의 불순물 원소가 혼입되어서 100%의 순철을 얻을 수 없다. 고주파 전기로를 이용하여 불순물이 0.0013% 이하인 고순도 순철을 얻을 수 있다. 공업용 순철에는 고순도철, 암코(armco)철, 전해철, 카르보닐(carbonyl)철 등이 있다. 〈표 2-3〉에 주요한 순철의 화학 성분 및 조성을 나타내었다.

암코철은 박강판으로 사용되고, 전해철은 수용액에서 전착시킨 것으로 탄소 %는 극히 낮으나 0.08% 정도의 수소를 함유하고 있어 취약하므로 고급철이나 합금강의 원료철로 사용한다. 카르보닐철은 소결재의 원료로 사용된다.

〈표 2-3〉 주요한 순철의 화학 성분 및 조성(%)

순철의 종류	C	Si	Mn	P	S
고순도철	0.001	0.003	–	0.0005	0.0026
암코철	0.015	0.010	0.020	0.010	0.020
전해철	0.008	0.007	0.002	0.006	0.003
카르보닐철	0.020	0.010	–	tr	0.004

2-2 ○ 순철의 변태

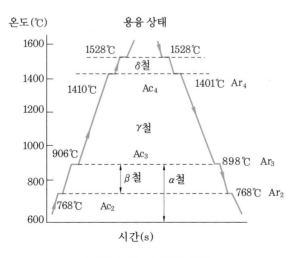

〈그림 2-6〉 순철의 변태

순철은 가열하면 768℃, 910℃, 1,400℃ 부근에서 성질이 변화하고, 고온으로부터 냉각할 때에도 같은 온도에서 성질이 변화하는 변태가 일어난다. 〈그림 2-6〉에 순철의 변태를 나타내었다.

〈그림 2-6〉에서 A₃, A₄점의 동소변태는 원자 배열의 변화가 생기므로 변태에 어느 정도의 시간이 필요하다. 가열할 때에는 A₃, A₄점의 온도는 높아지고, 냉각할 때에는 낮아진다. A₂점의 자기변태는 원자 배열의 변화가 없으므로 온도 변화는 없다. 동소변태에서는 가열할 때에는 변태점에 c(불어 ; chauffage)를 붙여 Ac₃, Ac₄로 표시하고, 냉각할 때에는 r(불어 ; refroidissement)를 붙여 Ar₃, Ar₄로 표시한다.

순철의 동소변태는 온도 변화에 따라 다음과 같이 나타낸다.

$$\underset{\text{BCC}}{\alpha\text{-Fe}} \xrightleftharpoons[910℃]{A_3} \underset{\text{FCC}}{\gamma\text{-Fe}} \xrightleftharpoons[1,400℃]{A_4} \underset{\text{BCC}}{\delta\text{-Fe}} \xrightleftharpoons[1,539℃]{\text{용융점}} \text{융체}$$

Q 예제

순철의 자기변태점(A₂)은 몇 도인가?

해설 768℃

2-3   순철의 성질 및 용도

〈그림 2-7〉에 0.03% C 순철의 조직을 나타내었다. 순철의 조직은 〈그림 2-7〉과 같이 다수의 결정 입자가 있다.

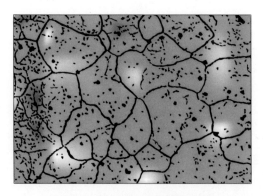

〈그림 2-7〉 순철의 조직(×100)

결정 입자들이 서로 명암에 차이가 있는 것은 결정의 방향이 다르고, 결정에 따라 부식되는 정도가 다르기 때문이다. 결정입계에는 불순물이 모이기 쉽고, 부식되기 쉬우며 흰색 바탕의 검은 점은 비금속 개재물이다. 순철의 성질은 순도에 따라서 물리적, 기계적 성질 등이 달라진다.

(1) 물리적 성질

순철이 변태할 때에는 물리적 · 기계적 성질이 변화한다. 물리적 성질은 변태점에서 불연속적으로 변화한다. 〈그림 2-8〉에 온도 변화에 따른 순철의 물리적 성질 변화를 나타내었다. 그림에서 ②는 자기의 강도 변화, ①은 길이의 변화를 표시하였다.

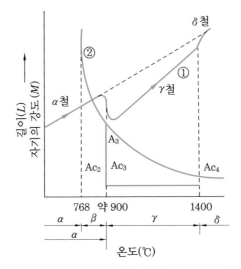

〈그림 2-8〉 온도 변화에 따른 순철의 물리적 성질 변화

길이(L)의 변화를 보면 Ac_3점에서 체심입방격자가 면심입방격자로 변화할 때 격자상수는 커지므로 수축을 일으키고, Ac_4점에서는 면심입방격자가 체심입방격자로 변화할 때 격자상수는 작아지므로 팽창한다.

자성(M)의 변화를 보면 온도가 상승함에 따라 Ac_2점에서 상자성체로 되고, 자기의 강도는 급속히 감소한다.

〈표 2-4〉에 순철의 물리적 성질을 나타내었다.

〈표 2-4〉 순철의 물리적 성질

항 목	물리적 값	항 목	물리적 값
융점(℃)	1,539	전기비저항(상온)(Ωm)	10×10^{-6}
비중	7.86~7.88	등온도계수(0~100℃)	6.2×10^{-3}
비열(0~100℃)	0.1107	최대투자율	14,400
팽창계수(0~100℃)	1.116×10^{-5}	잔류자기(가우스)	7,606~9,200
열전도도(상온)	0.159	항자력(에르스테드)	0.37~0.93

(2) 기계적 성질

순철은 상온에서 연성 및 전성이 우수하고, 용접성도 좋다. 〈표 2-5〉에 순철의 기계적 성질을 나타내었다.

〈표 2-5〉 순철의 기계적 성질

탄성률(GPa)	인장강도(MPa)	항복점(MPa)	연신율(%)	경도(H_B)
206	245~255	118~137	80~858	60~65

(3) 화학적 성질

고온에서 산화작용이 심하며, 산화 피막이 이탈된다. 습기와 산소가 있으면 상온에서도 부식된다. 해수, 화학 약품 등에 내식성이 약하며, 산성 분위기에서는 부식이 잘되나 알칼리성에는 영향을 받지 않는다.

(4) 순철의 용도

순철은 투자율이 높아 변압기 철심, 발전기용 박철판 등의 재료로 사용되고, 카르보닐 철은 소결하여 고주파용 압분철심 등에 사용한다. 그러나 기계적 강도가 낮아 기계 재료로는 사용하지 않는다.

3. 탄소강

Fe-C계 평형상태도

철강 재료는 기계·구조용 재료, 공구 재료 등의 여러 분야에서 사용한다. 공업용으로 사용하는 철은 탄소를 함유한 합금으로 탄소강(carbon steel) 또는 강(steel)이라 한다. 강의 조직과 성질에 영향을 주는 원소는 탄소이며, 탄소는 보통 탄화물인 Fe_3C로 존재하고, 이것이 흑연강(graphite steel)으로 분해되는 일은 적다. 〈그림 2-9〉에 Fe-C계 평형상태도(equilibrium diagram)를 나타내었다.

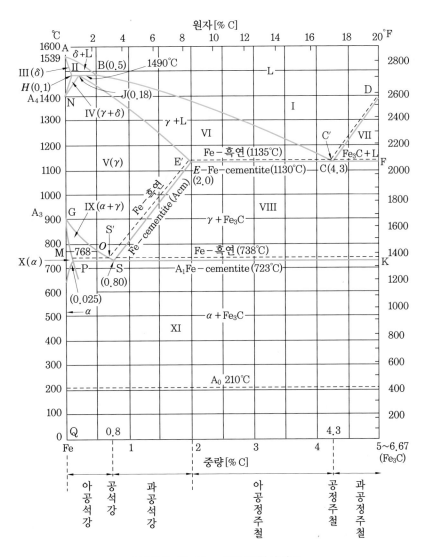

〈그림 2-9〉 Fe-C계 평형상태도

　평형상태도는 철-탄소 합금을 온도 변화에 따라서 나타낸 선도이다. 가로축은 철과 탄소의 2원 합금 조성으로 하고, 세로축은 온도로 하여, 각 조성의 비율에 따라 나타나는 합금의 변태점을 연결한 것이다.

　이것은 Fe-C계와 $Fe-Fe_3C$계 두 종류로 나눈다. 〈그림 2-9〉에서 점선은 Fe-C의 안정선도를 나타낸 것이고, 실선은 $Fe-Fe_3C$의 준안정선도(meta stable diagram)를 나타낸 것이다.

　〈표 2-6〉은 철-탄소 평형상태도에서 각 점과 선의 의미를 나타낸 것이다.

〈표 2-6〉 철-탄소 평형상태도에서 각 점과 선의 의미

구분	각 점과 선의 의미
A점	순철의 응고점, 온도(1539℃)
AB선	δ고용체의 액상선 또는 초정선, 용액에서 δ고용체가 정출하기 시작하는 온도
AH선	δ고용체의 고상선, 탄소 함유량 0.1% 이하의 강에서 δ고용체의 정출 완료 온도
BC선	γ고용체의 액상선, 용액에서 γ고용체가 정출하기 시작하는 온도
JE선	γ고용체의 고상선, γ고용체의 정출 완료 온도
HJB선	포정선, 일정 온도(1490℃)에서 탄소 함유량 0.1~0.5%의 강, 자유도(F)=0 포정 반응 : $(\delta$고용체$)_H$+(용액)$_B$ ⇌ (γ고용체)$_J$
N점	순철의 A_4 변태점, 반응 : $(\delta)_N$ ⇌ $(\gamma)_N$, 온도(1400℃), 자유도(F)는 0
NH선	δ고용체가 γ고용체로 변태하는 시작 온도
NJ선	δ고용체가 γ고용체로 변태하는 완료 온도, 탄소 함유량의 증가에 따라서 A_4 변태 개시점과 완료점이 상승
CD선	시멘타이트(Fe_3C)의 액상선, 용액에서 Fe_3C가 정출하기 시작하는 온도
E점	γ고용체에 대한 C의 포화량 2.0%를 표시, 온도(1130℃), 오스테나이트(γ고용체)
C점	공정점, 탄소 함유량 4.3%, 온도(1130℃)
ECF선	공정선, 탄소 함유량 2.0~6.67%, 용액에서 레데부라이트(γ고용체+Fe_3C), 자유도(F)=0 공정 반응 : (용액)$_C$ ⇌ (γ고용체)$_E$+(Fe_3C)$_F$
ES선	Fe_3C의 초석선, γ고용체에서 Fe_3C가 석출하는 시작 온도, Acm선
G점	순철의 A_3 변태점, 반응 : $(\gamma)_G$ ⇌ $(\alpha)_G$, 온도(910℃), 자유도(F)=0
GS점	α고용체의 초석선, 냉각 시에 γ고용체에서 α고용체가 석출 시작 이 점들은 탄소 함유량의 증가에 따라서 강하하여 0.8% C에서 A_1점(723℃)과 합치
GP선	C 0.025% 이하의 합금에서 γ고용체에서 α고용체가 석출 완료하는 온도
M점	순철의 A_2 자기변태점
MO선	강의 A_2 변태선, 변태 온도는 768℃
S점	공석점, 탄소 함유량 약 C 0.8%, 온도(723℃), 펄라이트(α고용체+Fe_3C), 자유도(F)=0 공석 반응 : (γ고용체)$_S$ ⇌ (α고용체)$_P$+(Fe_3C)$_K$
P점	α고용체의 탄소 포화점, 탄소 함유량 0.025%, 페라이트(α고용체)
PSK선	A_1 변태선 또는 공석선, 온도(723℃), 탄소 함유량 0.025~6.67%,
PQ선	α고용체의 탄소 용해도 곡선, α철 중에 고용할 수 있는 C의 양은 온도 강하에 따라 감소하여 상온에서 0.008% 정도의 탄소 함유

〈표 2-7〉에 철-탄소계 평형상태도에서 각 구역의 조직 성분을 나타내었고, 〈표 2-8〉에 조직과 결정 구조를 나타내었다.

〈표 2-7〉 철-탄소계 평형상태도에서 각 구역의 조직 성분

구 역	조직 성분	구 역	조직 성분	구 역	조직 성분
I	융액	V	γ고용체	IX	α고용체+γ고용체
II	δ고용체+융액	VI	γ고용체+융액	X	α고용체
III	δ고용체	VII	Fe_3C+융액	XI	α고용체+Fe_3C
IV	δ고용체+γ고용체	VIII	γ고용체+Fe_3C		

〈표 2-8〉 철-탄소계 평형상태도에서 조직과 결정 구조

기 호	명 칭	결정 구조
α	α-페라이트(ferrite)	체심입방격자
γ	오스테나이트(austenite)	면심입방격자
δ	δ-페라이트(ferrite)	체심입방격자
Fe_3C	시멘타이트(cementite) 또는 탄화물	금속간 화합물
α+Fe_3C	펄라이트(pearlite)	α와 Fe_3C의 기계적 혼합물
γ+Fe_3C	레데부라이트(ledeburite)	γ와 Fe_3C의 기계적 혼합물

Q 예제

Fe-C계 평형상태도(equilibrium diagram)를 그려보고 각 점과 선의 의미를 설명하시오.

해설 그림 2-9, 표 2-6, 2-7, 2-8 참조

3-2 ◎ 탄소강의 조직

철 중에 0.025~2.0% 정도의 탄소가 함유된 합금을 탄소강이라 한다. 강에는 아공석강(hypo-eutectoid steel), 공석강(eutectoid steel), 과공석강(hyper-eutectoid steel)이 있다. 아공석강은 페라이트와 펄라이트의 혼합 조직이며, 공석강은 100% 펄라이트, 과공석강은 펄라이트와 시멘타이트의 혼합 조직(dual phase)이다.

이들 강을 900℃ 부근에서 서랭하여 얻은 조직을 표준 조직(normal structure)이라 한다. 표준 조직에는 페라이트, 펄라이트, 시멘타이트가 있다. 이 조직 중에 나타나는 페라이트와 펄라이트 및 시멘타이트의 체적비는 탄소량에 따라 결정된다.

예를 들면 0.2% C 강의 상온에서의 초석 페라이트와 펄라이트의 양적비는 〈식 2-1〉에서부터 〈식 2-4〉와 같다.

$$\text{초석 페라이트} = \frac{0.8-0.2}{0.8-0.025} \times 100 \fallingdotseq 77\%(\text{공석선 직하}) \quad\text{〈식 2-1〉}$$

$$\text{페라이트} + \text{펄라이트} = 100\%$$

$$\text{펄라이트} = 100 - 77 = 23\% \quad\text{〈식 2-2〉}$$

23% 펄라이트 중의 페라이트와 시멘타이트의 양은 다음과 같다.

$$\text{페라이트} = 23 \times \frac{6.67-0.8}{6.67-0.025} \fallingdotseq 20\%(\text{펄라이트 중의 } \alpha\text{-Fe}) \quad\text{〈식 2-3〉}$$

$$\text{시멘타이트} = 23 - 20 = 3\%(\text{펄라이트 중의 } Fe_3C) \quad\text{〈식 2-4〉}$$

그러므로 전체 페라이트의 양은 97%이며, 시멘타이트는 3%이다.

〈표 2-9〉에 표준 조직의 기계적 성질을 나타내었다. 아공석강과 같이 페라이트와 펄라이트가 혼합 조직으로 있을 때에는 체적비를 알면 〈식 2-5〉, 〈식 2-6〉, 〈식 2-7〉로부터 강도, 연신율, 경도 등을 계산할 수 있다.

〈표 2-9〉 표준 조직의 기계적 성질

성 질 \ 조 직	페라이트	펄라이트	Fe₃C
인장강도(MPa)	281	820	34 이하
연신율(%)	40	15	0
경도(H_B)	90	200	600

$$\text{인장강도} = \frac{(28 \times F) + (280 \times P)}{100} \quad\text{〈식 2-5〉}$$

여기서, F : 페라이트%, P : 펄라이트%, $F+P=100\%$

$$\text{연신율} = \frac{(40 \times F) + (15 \times P)}{100} \quad\text{〈식 2-6〉}$$

$$\text{경도} = \frac{(90 \times F) + (200 \times P)}{100} \quad\text{〈식 2-7〉}$$

〈그림 2-10〉에 Fe-C계 탄소강의 조직을 나타내었고, 〈그림 2-11〉에 탄소강의 표준 조직을 나타내었다. 〈그림 2-11〉의 현미경 조직에서 아공석강의 페라이트는 흰색, 펄라이트는 흑색으로 나타난다.

〈그림 2-11〉에서와 같이 0.03% C 조직은 다각형의 결정 입자로 나타나고, 탄소량이 증가함에 따라 펄라이트 양이 증가한다. 0.85% C 조직에서는 100% 펄라이트가 나타나고, 탄소량이 0.85% C 이상이 되면 망상 시멘타이트가 나타난다.

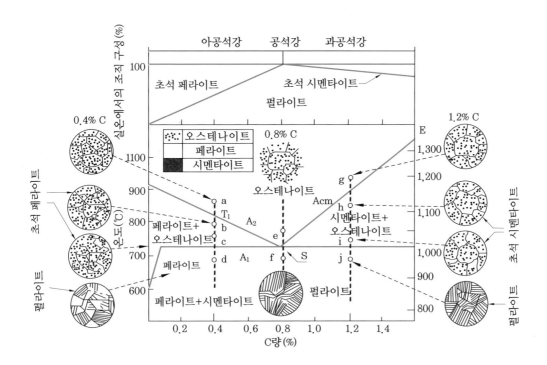

〈그림 2-10〉 Fe-C계 탄소강의 조직

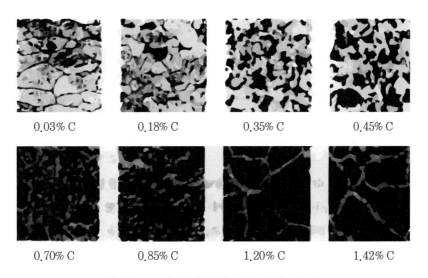

| 0.03% C | 0.18% C | 0.35% C | 0.45% C |

| 0.70% C | 0.85% C | 1.20% C | 1.42% C |

〈그림 2-11〉 탄소강의 표준 조직(×200)

3-3 ◉ 탄소강의 성질

탄소강은 함유된 원소 및 열처리 상태, 가공 방법 등에 따라 물리적 · 기계적 성질이 달라지며, 표준 상태에서는 탄소 함유량에 따라 성질이 달라진다.

(1) 물리적 성질

탄소강은 α-Fe와 Fe_3C의 혼합물로, 물리적 성질은 탄소 함유량의 증가에 따라 거의 직선적으로 변한다. 〈그림 2-12〉에 탄소강의 물리적 성질을 나타내었다.

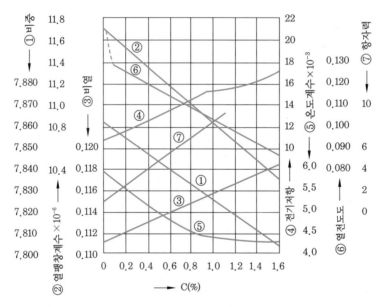

〈그림 2-12〉 탄소강의 물리적 성질

〈그림 2-12〉와 같이 탄소 함유량의 증가에 따라 비중, 열팽창계수, 열전도도는 감소하고, 비열, 전기 저항, 항자력은 증가한다. 내식성은 탄소 함유량이 증가할수록 감소하고, 소량의 구리가 첨가되면 현저하게 좋아진다.

(2) 기계적 성질

〈그림 2-13〉은 탄소강의 탄소 함유량에 따른 기계적 성질을 나타낸 것이다.

0.86% C 이하의 아공석강에서는 탄소 함유량의 증가에 따라 거의 직선으로 변한다. 〈그림 2-13〉과 같이 인장강도, 경도는 탄소 함유량이 증가함에 따라 증가하고, 공석강에서 인장강도가 최대로 되며, 연신율은 감소한다. 동일 성분의 탄소강이라도 온도에 따라 기계적 성질이 매우 달라진다.

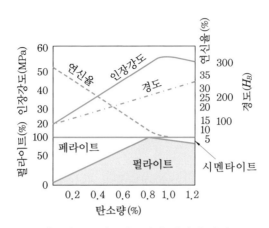

〈그림 2-13〉 탄소강의 기계적 성질

〈그림 2-14〉에 0.25% C 탄소강의 온도와 기계적 성질과의 관계를 나타내었다.

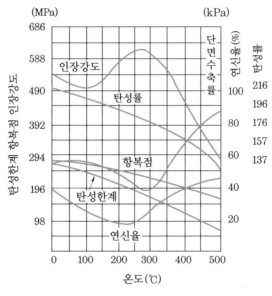

〈그림 2-14〉 탄소강의 온도와 기계적 성질과의 관계

〈그림 2-14〉에서와 같이 탄성계수, 탄성한계, 항복점 등은 온도가 상승함에 따라 감소한다. 인장강도는 200~300℃까지는 상승하여 최대가 되고, 연신율과 단면수축률은 감소하며, 인장강도가 최대가 되는 점에서 최소값을 나타내고 온도 상승에 따라 다시 점차 증가한다.

충격값은 200~300℃ 구간에서 최저가 되어 가장 취약하게 되는데 이것을 청열 취성(blue shortness)이라 한다. 탄소강은 청열 취성 구간에서 가공을 하지 않는 것이 좋다.

탄소강은 실온보다 온도가 저온으로 강하되면 인장강도, 경도, 탄성계수, 항복점, 피로한계 등은 점차 증가하나 연신율, 단면수축률, 충격값 등은 감소하여 취약하게 된다.

충격값은 재질에 따른 어떤 한계 온도, 즉 천이 온도(transition temperature)에 도달하면 급격히 감소되어 −70℃ 부근에서 충격값이 0에 가깝게 되는 저온 취성(low temperature brittleness) 현상이 나타난다.

(3) 기계적 성질에 미치는 다른 원소의 영향

탄소강에는 탄소 이외에 Mn, Si, P, S, Cu 등과 O_2, H_2, N_2 등의 가스가 함유되어 이것들이 기계적 성질에 영향을 미친다.

① **망간의 영향** : Mn은 강 중에 0.2~0.8% 정도 함유되어 있으며 Mn의 일부는 강 중에 용해되고, 나머지는 S와 결합하여 황화망간(MnS), 황화철(FeS)로 혼재한다. 고탄소강이나 공구강에서는 담금질 균열이 발생하기 쉬우므로, 함유량을 0.2~0.4% 정도로 제한한다.

  (개) 연신율은 감소시키지 않고 강도, 경도, 강인성을 증대시켜 기계적 성질이 좋아진다.

  (내) S의 해를 감소시켜 주조성을 좋게 한다.

  (대) 고온에서 결정립 성장을 억제시킨다.

  (래) 담금질 효과를 증대시켜 경화능이 좋아진다.

  (매) 강의 점성을 증가시키고 고온 가공성을 향상시킨다.

② **규소의 영향** : Si은 강 중에 0.1~0.35% 정도 함유하고 있다.

  (개) 페라이트 중에 고용하여 인장강도, 탄성한계, 경도를 상승시킨다.

  (내) 연신율과 충격값을 감소시킨다.

  (대) 결정립을 조대화시키고 가공성을 감소시킨다.

  (래) 용접성을 저하시킨다.

③ **인의 영향** : P는 철의 일부분과 결합하여 인화철(Fe_3P)로 석출하여 혼재하며, 강 중에는 0.03% 이하로 제한한다.

  (개) 결정립을 조대화시킨다.

  (내) 강도와 경도를 증가시키고 연신율을 감소시킨다.

  (대) 상온에서는 충격치를 저하시켜 상온 취성(cold shortness)의 원인이 된다.

  (래) Fe_3P로 응고하여 결정입계에 편석하여 고스트선(ghost line)을 형성한다. 이것은 강의 파괴 원인이 된다. P는 탄소 함유량이 많을수록 해가 크므로 공구강에서는 0.025% 이하, 주강에서는 0.03% 이하로 제한한다.

④ **황의 영향** : S는 Mn과 결합하여 MnS가 되어 제거되고, 잔류한 S는 FeS로 Fe와 공정을 만들어 결정입계에 망상으로 분포한다.

  (개) S의 함유량이 0.02% 이하일지라도 강도, 연신율, 충격값을 감소시킨다.

  (내) FeS는 융점이 낮아 고온에서 가공할 때에 균열을 발생시킨다. 1,193℃ 부근에서 S의 영향으로 취성이 나타나 파괴의 원인이 된다. 이것을 고온 취성(hot shortness)이라 한다.

  (대) 공구강에서는 0.03% 이하, 연강에서는 0.05% 이하로 제한한다.

⑤ **구리의 영향** : Cu는 극소량이 철 중에 고용한다.

    ㈎ 강도, 경도, 탄성한계를 증가시킨다.

    ㈏ 부식에 대한 저항을 증가시켜 내식성을 향상시킨다.

    ㈐ 융점이 낮아 함유량이 많으면 압연할 때에 균열의 원인이 된다.

⑥ **가스의 영향** : 강 중에 함유된 가스는 O_2, H_2, N_2 등이며 그 양의 총합은 0.01~0.05% 정도이다.

    ㈎ O_2는 페라이트 중에 고용되는 것 외에 FeO, MnO, SiO_2의 산화물로 존재한다. FeO는 적열 취성의 원인이 된다.

    ㈏ H_2는 강을 여리게 하고, 산이나 알칼리에 약하며 백점(flake)이나 헤어크랙(hair crack)의 원인이 된다.

    ㈐ N_2는 페라이트 중에 석출하여 강도, 경도를 증가시킨다. 가스의 양이 많으면 기계적 성질이 불량하게 된다.

⑦ **비금속 개재물(non-metallic inclusion)의 영향** : 강 중에 Fe_2O_3, FeO, MnS, MnO_2, Al_2O_3, SiO_2 등으로 존재한다.

    ㈎ 인성을 감소시켜 취성의 원인이 된다.

    ㈏ 열처리할 때에 균열의 원인이 된다.

    ㈐ FeO, Al_2O_3, SiO_2 등은 단조나 압연할 때에 적열 취성의 원인이 된다.

Q 예제

탄소강에서 탄소 이외에 기계적 성질에 영향을 미치는 원소들의 종류를 나열하시오.

해설 Mn, Si, P, S, Cu 등과 O_2, H_2, N_2 등의 가스, 비금속 개재물

3-4 ◉ 탄소강의 가공

탄소강의 가공은 재결정 온도를 기준으로 열간 가공과 냉간 가공으로 구분한다.

(1) 열간 가공

열간 가공은 재결정 온도 이상에서 가공하는 것으로 가열 온도는 탄소 함유량에 따라 다르며, 1,050~1,250℃에서 가공을 시작하여 850~900℃에서 완료하는 것이 가장 적당하다. 가공 완료 온도가 낮으면 가공 경화와 내부 변형이 발생하여 균열이 생긴다. 가공 완료 온도가 높으면 결정 입자가 성장하여 재질이 약하게 된다.

(2) 냉간 가공

냉간 가공은 재결정 온도 이하에서 가공하는 것으로 청열 취성 구역에서는 가공을 피한다. 냉간 가공의 목적은 열간 가공을 한 후, 치수 조절, 표면의 미려화, 가공 경화 등에 있다. 탄소 함유량, 가공도의 증가에 따라 강도, 항복점, 경도 등은 증가하고, 연신율, 단면수축률은 감소하여 섬유 조직이 나타난다.

3-5 ◉ 탄소강의 용도

공업용으로 사용되는 탄소강의 탄소 함유량은 0.05~1.7% C 정도이다. 탄소 함유량에 따라 용도별로 분류하면 구조용 탄소강, 강판용 탄소강, 선재용 탄소강, 탄소공구강, 스프링용강, 쾌삭강, 레일강, 주강 등이 있다.

(1) 구조용 탄소강

구조용강(structural steel)은 일반 구조용강과 기계 구조용강으로 구분할 수 있다. 건축, 토목, 교량, 철도 차량 등의 구조물에 쓰이는 판, 봉, 관, 형강 등의 강을 일반 구조용강이라 하고, 자동차, 항공기 등의 각종 기계 부품 구조에 쓰인 강을 기계 구조용강이라 한다.

구조용 탄소강은 0.05~0.6% C를 함유하며, 〈표 2-10〉에 각종 탄소강의 화학 성분을 나타내었고, 〈표 2-11〉에 각종 탄소강의 기계적 성질과 용도를 나타내었다.

일반 구조용으로 가장 많이 사용하는 강재는 일반 구조용 압연강재로 인장강도에 의해 분류하고, 기계 구조용은 탄소 함유량을 기준으로 분류한다.

〈표 2-10〉 각종 탄소강의 화학 성분

종 류	화학 성분(%)				
	C	Si	Mn	P	S
특별극연강	<0.08	<0.05	0.24~0.40	<0.05	<0.05
극연강	0.08~0.12	<0.05	0.30~0.50	<0.05	<0.05
연강	0.12~0.2	<0.02	0.23~0.50	<0.05	<0.05
반연강	0.2~0.3	<0.02	0.40~0.60	<0.05	<0.05
반경강	0.3~0.4	0.15~0.25	0.40~0.60	<0.05	<0.05
경강	0.4~0.5	0.15~0.25	0.50~0.70	<0.05	<0.05
최경강	0.5~0.9	0.15~0.25	0.60~0.80	<0.05	<0.05

〈표 2-11〉 각종 탄소강의 기계적 성질과 용도

종 류	화학 성분(%)				용 도
	인장강도 (MPa)	항복점 (MPa)	연신율 (%)	경도 (H_B)	
특별극연강	314~350	177~270	40~80	70~90	전선
극연강	350~412	195~284	30~40	80~120	용접관
연강	373~470	215~294	24~36	100~130	일반구조용강재
반연강	432~540	235~350	22~32	120~145	차축, 볼트, 너트
반경강	490~590	294~390	17~30	140~170	차축, 철골
경강	569~690	333~451	14~26	160~200	실린더
최경강	638~980	345~360	11~20	186~235	외륜, 축

(2) 강판용 탄소강

강판은 용도와 제조법에 따라 두께가 6mm 이상은 후판, 3~6mm는 중판, 3mm 이하는 박판으로 분류한다. 박판은 흑강판과 마강판으로 분류한다. 흑강판은 열간압연과 조질압연에 의해서 제조한 강판으로 양철판이나 함석판 등의 재료로 사용한다. 마강판은 열간압연 후, 냉간압연한 강판으로 표면이 미려하여 자동차 차체용, 전기 부품, 기계 부품 등으로 사용한다. 〈표 2-12〉에 냉간압연 강판의 화학 성분을 나타내었다.

〈표 2-12〉 냉간압연 강판의 화학 성분(KS D 3512)

기 호	화학 성분(%)			
	C	Mn	P	S
SCP 1	0.12 이하	0.50 이하	0.040 이하	0.45 이하
SCP 2	0.10 이하	0.45 이하	0.035 이하	0.035 이하
SCP 3	0.08 이하	0.40 이하	0.030 이하	0.030 이하

(3) 선재용 탄소강

선재용 강은 연강선, 경강선, 피아노 선재로 대별한다. 연강 선재는 탄소 함유량이 0.06~0.25% C이고, 인장강도는 343~686MPa 정도의 보통 철선이다. 경강 선재는 탄소 함유량이 0.25~0.85%이고, 인장강도는 294~785MPa 정도이다.

피아노 선재는 탄소 함유량이 0.55~0.95%이고, 열처리 조직은 소르바이트(sorbite)로 강인한 탄소강 선재이다. 피아노 선재는 탄소 함유량이 많고 P, S 등의 불순물이 적은 강재로서 인장강도가 3,432MPa 이상인 것도 있다. 〈표 2-13〉에 선재용 탄소강의 화학 성분을 나타내었다.

〈표 2-13〉 선재용 탄소강의 화학 성분(KS D 3554, 3559, 3509)

종류	기호	화학 성분(%)					용도
		C	Si	Mn	P	S	
연강 선재	SWRM 6	0.08 이하	–	0.60 이하	0.040 이하	0.040 이하	외강선
	SWRM 8	0.10 이하	–	0.60 이하	0.040 이하	0.040 이하	전신선
경강 선재	HSWR 27	0.24~0.31	0.15~0.35	0.30~0.60	0.030 이하	0.030 이하	나사류
	HSWR 37	0.34~0.41	0.15~0.35	0.30~0.60	0.030 이하	0.030 이하	경강연선
피아노 선재	PWR 62A	0.60~0.65	0.12~0.32	0.30~0.60	0.025 이하	0.025 이하	일반 스프링, 와이어 로프, 코일 스프링
	PWR 62B	0.60~0.65	0.12~0.32	0.30~0.60	0.025 이하	0.025 이하	
	PWR 67A	0.65~0.70	0.12~0.32	0.30~0.60	0.025 이하	0.025 이하	
	PWR 67B	0.65~0.70	0.12~0.32	0.30~0.60	0.025 이하	0.025 이하	
	PWR 72A	0.70~0.75	0.12~0.32	0.30~0.60	0.025 이하	0.025 이하	
	PWR 72B	0.70~0.75	0.12~0.32	0.60~0.90	0.025 이하	0.025 이하	

(4) 탄소공구강

탄소 함유량 0.60%까지를 구조용 탄소강이라 하고, 0.60~1.50%까지를 공구용 탄소강이라 한다. 탄소 함유량이 많으면 경도가 크고, 함유량이 적으면 강인성이 크다. 경도가 큰 것은 칼날, 드릴, 바이트와 같은 절삭공구 등에 사용하고, 단조용 공구와 같이 충격을 많이 받는 재료는 탄소 함유량이 적은 것을 사용한다.

탄소공구강은 주로 줄강(fill steel), 톱강(saw steel), 다이스강(dies steel) 등으로 사용하며, 탄소공구강의 구비 조건은 다음과 같다.

① 상온 및 고온에서 경도가 커야 한다.
② 내마모성이 커야 한다.
③ 강인성 및 내충격성이 커야 한다.
④ 내식성, 내산화성이 좋아야 한다.
⑤ 가공이 용이해야 한다.
⑥ 가격이 저렴해야 한다.

〈표 2-14〉에 탄소공구강의 종류 및 용도를 나타내었다.

〈표 2-14〉 탄소공구강의 종류 및 용도(KS D 3751)

기 호	화학 성분(%)					담금질, 뜨임 경도 (H_{RC})	용 도
	C	Si	Mn	P	S		
STC 1	1.30~1.50	0.10~0.35	0.10~0.50	0.030 이하	0.030 이하	63 이상	바이트, 면도날, 줄
STC 2	1.15~1.25	0.10~0.35	0.10~0.50	0.030 이하	0.030 이하	63 이상	드릴, 철공용 줄, 소형 펀치, 면도날, 쇠톱날
STC 3	1.00~1.10	0.10~0.35	0.10~0.50	0.030 이하	0.030 이하	63 이상	나사절삭용 다이스, 톱날, 끌, 게이지, 태엽
STC 4	0.90~1.00	0.10~0.35	0.10~0.50	0.030 이하	0.030 이하	61 이상	태엽, 목공용 드릴, 도끼, 끌, 띠톱
STC 5	0.80~0.90	0.10~0.35	0.10~0.50	0.030 이하	0.030 이하	59 이상	각인, 프레스 형틀, 태엽, 띠톱, 원형톱
STC 6	0.70~0.80	0.10~0.35	0.10~0.50	0.030 이하	0.030 이하	57 이상	각인, 스냅, 원형톱, 태엽, 프레스 형틀
STC 7	0.60~0.70	0.10~0.35	0.10~0.50	0.030 이하	0.030 이하	56 이상	각인, 스냅, 프레스 형틀, 나이프

(5) 스프링용강

스프링용강은 충격을 완화하고 에너지를 축적하기 위하여 사용되므로, 탄성한도가 높고 충격 및 피로에 대한 저항력이 커야 한다. 탄소 함유량은 0.47~0.90% C이고, 경도는 최저 H_B 340 이상으로 소르바이트 조직으로 만들어 사용한다.

〈표 2-15〉에 열처리 조건과 기계적 성질을 나타내었고, 〈표 2-16〉에 스프링용강의 화학 성분을 나타내었다.

〈표 2-15〉 열처리 조건과 기계적 성질

기 호	열처리 조건		기계적 성질				
	담금질(℃)	뜨임(℃)	내력0.2% (MPa)	인장강도 (MPa)	연신율(%) 4호 또는 7호 시험편	단면수축률 4호 시험편	경도(H_B)
SPS 1	830~860 유랭	450~500	834 이상	1079 이상	8 이상	–	341~401
SPS 3	830~860 유랭	480~530	1079 이상	1226 이상	9 이상	20 이상	363~429
SPS 4	830~860 유랭	490~540	1079 이상	1226 이상	9 이상	20 이상	363~429
SPS 5	830~860 유랭	460~510	1079 이상	1226 이상	9 이상	20 이상	363~429
SPS 5A	830~860 유랭	460~520	1079 이상	1226 이상	9 이상	20 이상	363~429
SPS 6	840~870 유랭	470~540	1079 이상	1226 이상	10 이상	30 이상	363~429
SPS 7	830~860 유랭	460~520	1079 이상	1226 이상	9 이상	20 이상	363~429
SPS 8	830~860 유랭	510~570	1079 이상	1226 이상	9 이상	20 이상	363~429
SPS 9	830~860 유랭	510~570	1079 이상	1226 이상	10 이상	30 이상	363~429

〈표 2-16〉 스프링용강의 화학 성분(KS D 3701)

기호	화학 성분(%)								
	C	Si	Mn	P	S	Cr	Mo	V	B
SPS 1	0.75~0.90	0.15~0.35	0.30~0.65	0.035 이하	0.035 이하	−	−	−	−
SPS 3	0.56~0.64	1.50~1.80	0.70~1.00	0.035 이하	0.035 이하	−	−	−	−
SPS 4	0.56~0.64	1.80~2.20	0.70~1.00	0.035 이하	0.035 이하	−	−	−	−
SPS 5	0.52~0.60	0.15~0.35	0.65~0.95	0.035 이하	0.035 이하	0.65~0.95	−	−	−
SPS 5A	0.56~0.64	0.15~0.35	0.70~1.00	0.035 이하	0.035 이하	0.70~1.00	−	−	−
SPS 6	0.47~0.55	0.15~0.35	0.65~0.95	0.035 이하	0.035 이하	0.80~1.10	−	0.15 ~0.25	−
SPS 7	0.56~0.64	0.15~0.35	0.70~1.00	0.035 이하	0.035 이하	0.70~1.00	−	−	0.0005 이상
SPS 8	0.51~0.59	1.20~1.60	0.60~0.90	0.035 이하	0.035 이하	0.60~0.90	−	−	−
SPS 9	0.56~0.64	0.15~0.35	0.70~1.00	0.035 이하	0.035 이하	0.70~1.00	0.25 ~0.35	−	−

(6) 쾌삭강

쾌삭강(free cutting steel)은 절삭성이 양호하여 고속절삭에 적합한 강이다. 일반 탄소강보다 P, S의 함유량을 많게 하거나 Pb, Se, Zr 등을 첨가하여 제조한다.

황 쾌삭강은 S의 함유량을 많게 하여 결정 경계에 취약한 MnS, FeS를 석출시켜 칩이 짧고 분리되기 쉽게 하여 절삭속도를 크게 할 수 있다. 납 쾌삭강은 Pb를 첨가하여 결정입계에 Pb를 석출시켜 피절삭성을 좋게 한다.

(7) 레일강

레일강은 운행 중에 하중을 받으므로 내마모성이 적고, 인성과 경도가 높아야 한다. 탄소 함유량은 0.35~0.6% C 정도이고, 소르바이트 조직으로 만들어 사용한다.

(8) 주강

주강은 기계 재료, 구조용 재료, 철도 차량, 자동차, 선박 등의 넓은 범위에 사용된다. 주강은 용도에 따라 보통 주강과 특수 주강으로 분류한다. 화학 성분은 0.1~0.6% C, 0.6~0.9% Mn, 0.2~0.6% Si, P 0.5% 이하, S 0.5% 이하로 전기로에서 제강한다.

① 보통 주강

보통 주강에는 탄소와 규소, 망간, 알루미늄 또는 티탄 등의 탈산제가 첨가되고, 특별히 다른 원소가 첨가되지 않는다. 보통 주강은 탄소 함유량에 따라 0.2% 이하는 저탄소 주강,

0.20~0.50%는 중탄소 주강, 0.5% 이상은 고탄소 주강으로 분류한다.

저탄소 주강은 전동기 발생기의 하우징 등에 사용하고, 고탄소 주강은 기어, 롤러, 실린더, 피스톤, 베어링 케이스, 터빈용 주물, 압연기 등에 사용한다.

주강은 제강 작업을 할 때에 다량의 페로망간, 페로실리콘과 같은 탈산제를 사용하여 기포, 기공, 수축공 등을 제거한다. 주입 온도는 1,530~1,560℃ 정도이고, 주조한 상태에서는 내부응력이 생기므로 조직이 조대화되고 취성이 발생한다. 이것을 억제시키기 위하여 오스테나이트의 온도까지 가열하고 서서히 냉각하는 완전풀림(full annealing) 처리를 한다.

보통 주강은 냉각 속도가 빠르면 페라이트가 망상 조직으로 되고, 느리면 페라이트가 결정면을 따라 석출된 침상의 비드만스테텐(Widmanstaten) 조직으로 되어 약하게 된다. 이와 같은 조직을 균일화하고 연화시키기 위하여 조질 처리(refining)를 한다.

② **특수 주강**

특수 주강은 강도를 특별히 필요로 할 때와 내식성, 내열성, 내마모성 등을 요구하는 경우 Ni, Mn, Cu, Mo 등을 첨가한 강이다. 특수 주강의 종류는 다음과 같다.

　㈎ **Ni 주강** : 0.1~0.6% C, 0.5~5% Ni의 강으로 차량, 펌프 등에 사용한다.

　㈏ **Ni-Cr 주강** : 0.2~0.3% C, 18% Cr, 8% Ni 강으로 내식용으로 사용한다.

　㈐ **Cr 주강** : 0.5~1.2% Cr 주강과 10% 이상의 고Cr 주강이 있으며 내마모성, 내식성이 좋아 기계 부품 등에 사용한다.

　㈑ **Mn 주강** : 0.9~1.2% Mn의 저망간 주강과 10~16% Mn의 고망간 주강이 있으며, 저망간 주강은 펄라이트 조직, 고망간 주강은 오스테나이트 조직으로 분쇄기, 롤러 등에 사용한다.

Q 예제

열간 가공과 냉간 가공을 구분하는 기준은 무엇인가?

해설 재결정 온도

Q 예제

공업용으로 사용되는 탄소강의 탄소 함유량이 얼마인지 쓰고, 탄소 함유량에 따른 용도를 나열하시오.

해설 ① 0.05~1.7% C
② 구조용 탄소강, 강판용 탄소강, 선재용 탄소강, 탄소공구강, 스프링용강, 쾌삭강, 레일강, 주강 등

4. 특수강

4-1 ◉ 합금 원소의 영향

특수강(special steel)이란 탄소강에 하나 또는 둘 이상의 원소를 첨가하여 탄소강에서는 얻을 수 없는 특별한 기계적, 물리적, 화학적 성질을 부여한 합금강(alloy steel)을 말한다. 특수강의 탄소 함유량은 0.25~0.55% 정도이고, 첨가 원소로는 니켈, 크롬, 몰리브덴, 망간, 텅스텐, 알루미늄, 실리콘 등이 있다. 첨가 원소는 다음과 같은 성질을 개선한다.

① 기계적, 물리적, 화학적 성질을 향상시킨다.
② 내식성, 내마모성을 향상시킨다.
③ 담금질성을 향상시킨다.
④ 전자기적 성질을 변화시킨다.
⑤ 결정 입자의 크기를 조절한다.
〈표 2-17〉에 첨가 원소의 특성을 나타내었다.

〈표 2-17〉 첨가 원소의 특성

첨가 원소	특 성
Ni	인성 증가, 저온충격저항 증가
Cr	내식성, 내마모성 향상
Mo	뜨임취성 방지
Mn, W	고온에서 경도, 강도 향상
Si	전자기적 특성 개선, 탈산, 내열성 증가
Al, V, Ti, Zr	결정입자 조절
Ti, Cr, W, Mo, V	탄화물 형성과 경도 증가
V, Mo, Mn, Cr, Ni, W, Cu, Si	담금질 효과 향상
P, Si, Mn, Ni, Cr, W, Mo, Cu	페라이트 조직의 강화성
V, Mo, W, Cr, Si, Mn, Ni	뜨임 저항성 향상
Al, V, Ti, Zr, Mo, Cr, Si, Mn	오스테나이트 결정 입자의 성장 방지

4-2 ◉ 구조용강

구조용강은 자동차, 항공기, 각종 기계 부품 및 구조물에 쓰인 강으로 니켈, 크롬, 몰리브덴 등의 원소를 첨가하여 기계적 성질 및 가공성을 개선할 수 있다.

(1) 니켈강

탄소강에 Ni이 첨가되면 인성이 증가되고, 담금질성 및 내식성이 향상된다. 〈그림 2-15〉에 Fe-Ni계 상태도를 나타내었다.

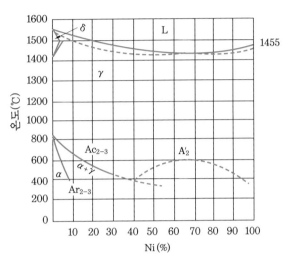

〈그림 2-15〉 Fe-Ni계 상태도

〈그림 2-15〉와 같이 γ-Fe와 Ni은 면심입방격자로서 모든 비율로 고용체를 만든다. Ni의 자기변태점은 Fe 30%까지는 증가하고, 600℃ 부근에서 최대가 된다. Ni은 인장강도, 항복점, 경도, 충격치 등을 상승시키면서 연신율이 감소하지 않으므로 강인한 강을 만든다. 또한, 탄소강의 저온 취성을 방지하는 효과가 있다.

0.2% C, 1.5~5% Ni강은 침탄강으로 사용하며, 0.25~0.35% C, 1.5~3% Ni강은 담금질하여 각종 기계 부품으로 사용한다.

침탄강은 자동차 축, 치차, 체인, 강력 볼트, 강력 너트, 크랭크 축 등의 강인성과 내마모성을 요구하는 재료로 사용한다. Ni의 함유량이 5% 이하인 강은 인장강도 490~690MPa, 내력 294~440MPa, 연신율 25~30%, 경도(H_B) 150~190, 단면수축률 55~60%의 기계적 성질을 나타낸다.

25~35% Ni강은 오스테나이트 조직으로 강도와 탄성 한계는 낮으나 압연성, 내식성 등이 좋고, 충격값이 크므로 기관용 밸브, 보일러관 등에 쓰이며, 비자성용 강으로도 사용한다.

〈그림 2-16〉에 Ni강의 조직을 나타내었다. (a)의 현미경 조직은 페라이트-펄라이트형 니켈강으로 비드만스테텐 조직을 나타낸 것이고, (b)는 실온에서 냉각한 오스테나이트 조직을 나타낸 것이다.

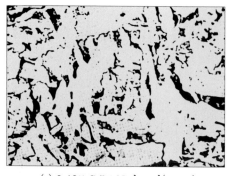
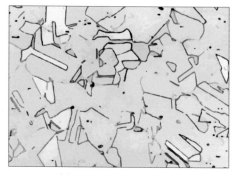

(a) 0.12% C 5% Ni강 조직(×500)   (b) 8% Ni강 조직(×100)

〈그림 2-16〉 Ni강 조직

(2) 크롬강

탄소강에 Cr이 첨가되면 내식성, 내마모성 및 담금질성이 향상된다. 〈그림 2-17〉에 Fe-Cr계 상태도를 나타내었다.

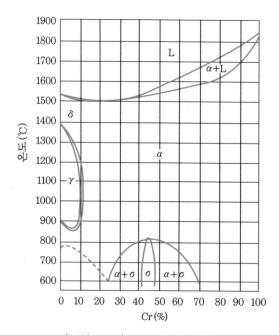

〈그림 2-17〉 Fe-Cr계 상태도

〈그림 2-17〉과 같이 Fe과 Cr은 모든 비율로 고용체를 만든다. Cr의 첨가로 A_4점은 강하하고, A_3점은 다소 강하하다가 다시 상승하여 A_4점과 합쳐진다. 탄소가 없는 Fe-Cr 합금에서는 15% Cr에 의하여 철의 α영역이 축소되며, 15% 이상 크롬을 함유한 합금은 저온으로부터 용융점까지 페라이트 조직이다.

Cr강은 Cr$_4$C$_2$, Cr$_7$C$_3$ 등의 탄화물을 형성하여 경도가 크고, 조직이 미세하고 강인하여 내식성 및 내열성이 높다. 구조용강에는 Ni, Mn, Mo, V 등을 첨가하고, 공구강에는 W, V, Co 등을 첨가하여 사용한다. 〈표 2-18〉에 Cr강의 화학 성분과 기계적 성질을 나타내었다.

〈표 2-18〉 Cr강의 화학 성분과 기계적 성질(KS D 3707)

기 호	화학 성분(%)			기계적 성질				
	C	Mn	Cr	인장강도 (MPa)	항복점 (MPa)	연신율 (%)	단면수축률 (%)	경도 (H_B)
SCr 415	0.13~0.18	0.60~0.85	0.90~1.20	785 이상	637 이상	15 이상	40 이상	217~302
SCr 420	0.18~0.23	0.60~0.85	0.90~1.20	834 이상	686 이상	14 이상	35 이상	235~321
SCr 430	0.28~0.33	0.60~0.85	0.90~1.20	785 이상	637 이상	18 이상	55 이상	229~285
SCr 435	0.33~0.38	0.60~0.85	0.90~1.20	883 이상	736 이상	15 이상	50 이상	255~311
SCr 440	0.38~0.43	0.60~0.85	0.90~1.20	932 이상	785 이상	13 이상	45 이상	269~321
SCr 445	0.43~0.48	0.60~0.85	0.90~1.20	989 이상	834 이상	12 이상	40 이상	285~341

1~1.2% C, 1~2% Cr강은 베어링, 단조용 롤러, 인발 다이스, 줄 등에 쓰이며 0.18% C 이하, 1~2% Cr강은 표면경화용 강으로 사용한다.

Cr강의 열처리는 830~880℃에서 담금질하여 유랭 처리를 한 후, 580~680℃에서 뜨임하여 수랭 처리를 하면 취성을 방지할 수 있다.

〈그림 2-18〉에 Cr강의 조직을 나타내었다. (a)의 현미경 조직은 50% Cr 및 50% Fe 합금으로 과포화된 페라이트 조직이다. (b)는 60% Cr 및 40% Fe 합금으로 기지는 페라이트 조직으로 되어 있고, 취성 있는 σ상이 석출되어 있다.

(a) 50% Cr강 조직(×200)   (b) 60% Cr강 조직(×200)

〈그림 2-18〉 Cr강 조직

(3) 니켈-크롬강

Ni-Cr강은 철, 탄소 이외에 여러 가지 비율로 니켈과 크롬을 첨가한다. 저크롬 및 니켈강은 페라이트-펄라이트 조직이며, 저크롬 함량에서부터 중간 정도의 함량까지 강의 조직은 니켈이 증가됨에 따라 마텐자이트-펄라이트, 마텐자이트-오스테나이트와 순수한 오스테나이트로 된다. 고크롬 함량에서 조직은 δ페라이트 또는 오스테나이트-δ페라이트로 된다.

크롬은 강도를 증가시키고 결정 입자를 미세화하며, 니켈은 강에 인성을 부여한다. 니켈-크롬강은 균열에 민감하여 뜨임취성이 생긴다. 뜨임취성은 크롬 탄화물이 석출하여 발생하는 것으로서, 이를 감소시키기 위하여 강에 0.15~0.30% Mo를 첨가한다. 〈표 2-19〉에 Ni-Cr강의 화학 성분과 기계적 성질을 나타내었다.

〈표 2-19〉 Ni-Cr강의 화학 성분과 기계적 성질(KS D 3708)

기 호	화학 성분(%)				기계적 성질				
	C	Mn	Ni	Cr	인장강도 (MPa)	항복점 (MPa)	연신율 (%)	단면수축률 (%)	경도 (H_B)
SNC 236	0.32~0.40	0.50~0.80	1.00~1.50	0.50~0.90	736 이상	588 이상	22 이상	50 이상	212~255
SNC 415	0.12~0.18	0.35~0.65	2.00~2.50	0.20~0.50	785 이상	588 이상	17 이상	45 이상	217~321
SNC 631	0.27~0.35	0.35~0.65	2.50~3.00	0.60~1.00	834 이상	686 이상	18 이상	50 이상	248~302
SNC 815	0.12~0.18	0.35~0.65	3.00~3.50	0.70~1.00	981 이상	785 이상	12 이상	45 이상	285~388
SNC 836	0.32~0.40	0.35~0.65	3.00~3.50	0.60~1.00	932 이상	785 이상	15 이상	45 이상	269~321

Ni-Cr강은 봉, 판, 관, 선재 및 단조품, 병기 재료, 볼트, 너트, 기어, 크랭크 축 등에 사용한다. 〈그림 2-19〉에 Ni-Cr강의 조직을 나타내었다.

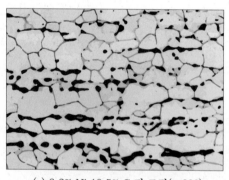
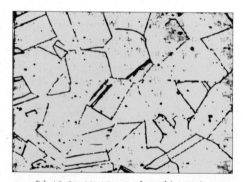

(a) 8.2% Ni 18.5% Cr강 조직(×200)　　　(b) 18.8% Ni 12% Cr강 조직(×500)

〈그림 2-19〉 Ni-Cr강 조직

(a)는 8.2% Ni 및 18.5% Cr 합금으로 페라이트 기지 내에 석출된 구상의 탄화물과 δ페라이트의 조직이다. (b)는 18.8% Ni 및 12% Cr 합금으로 오스테나이트계에서 가장 유명한 강인 고합금강이다.

(4) 니켈-크롬-몰리브덴강

Ni-Cr강에 1% 이하의 Mo을 첨가하여 강인성을 증가시키고, 뜨임취성을 감소시킨 강이다. 이 강은 크랭크 축, 터빈 날개, 기어, 축, 강력 볼트, 핀 등의 기계 부품에 사용한다. 〈표 2-20〉에 Ni-Cr-Mo강의 화학 성분과 기계적 성질을 나타내었다.

〈표 2-20〉 Ni-Cr-Mo강의 화학 성분과 기계적 성질(KS D 3709)

기 호	화학 성분(%)				기계적 성질				
	C	Ni	Cr	Mo	인장강도 (MPa)	항복점 (MPa)	연신율 (%)	단면 수축률(%)	경도 (H_B)
SNCM 1	0.27~0.35	0.60~2.00	0.60~1.00	0.15~0.30	834 이상	686 이상	20 이상	55 이상	248~302
SNCM 2	0.20~0.30	3.00~3.50	1.00~1.50	0.15~0.30	932 이상	834 이상	18 이상	50 이상	269~321
SNCM 5	0.25~0.35	2.50~3.50	2.50~3.50	0.15~0.30	1,079 이상	883 이상	15 이상	45 이상	302~352
SNCM 6	0.38~0.43	0.40~0.70	0.40~0.65	0.15~0.30	883 이상	785 이상	17 이상	50 이상	255~311
SNCM 8	0.36~0.43	1.60~2.00	0.60~1.00	0.15~0.30	981 이상	883 이상	16 이상	45 이상	293~352
SNCM 9	0.44~0.50	1.60~2.00	0.60~1.00	0.15~0.30	1,030 이상	932 이상	14 이상	40 이상	302~363
SNCM 21	0.17~0.23	0.40~0.70	0.40~0.65	0.15~0.30	834 이상	686 이상	17 이상	40 이상	302~363
SNCM 22	0.12~0.18	1.60~2.00	0.40~0.65	0.15~0.30	833 이상	736 이상	16 이상	45 이상	255~341
SNCM 23	0.17~0.23	1.60~2.00	0.40~0.65	0.15~0.30	981 이상	785 이상	15 이상	40 이상	293~375
SNCM 25	0.12~0.18	4.00~4.50	0.70~1.00	0.15~0.30	1,079 이상	932 이상	12 이상	40 이상	311~375
SNCM 26	0.13~0.20	2.80~3.20	1.40~1.80	0.40~0.60	1,177 이상	1,030 이상	14 이상	40 이상	341~388

(5) 크롬-몰리브덴강

Cr강에 0.15~0.35% 정도의 Mo을 첨가한 펄라이트 조직의 강으로 뜨임취성이 없고 용접성도 좋다. Ni-Cr강과 비슷하며 0.27~0.48% C, 0.9~1.2% Cr이 함유된다.

이 강은 축, 기어, 강력 볼트 등으로 사용한다. 〈표 2-21〉에 Cr-Mo강의 화학 성분과 기계적 성질을 나타내었다.

〈표 2-21〉 Cr-Mo강의 화학 성분과 기계적 성질(KS D 3711)

기 호	화학 성분(%)				기계적 성질				
	C	Mn	Cr	Mo	인장강도 (MPa)	항복점 (MPa)	연신율 (%)	단면 수축률(%)	경도 (H_B)
SCM 415	0.13~0.18	0.60~0.85	0.90~1.20	0.15~0.30	834 이상	686 이상	16 이상	40 이상	235~321
SCM 420	0.18~0.23	0.60~0.85	0.90~1.20	0.15~0.30	932 이상	785 이상	14 이상	40 이상	261~341
SCM 421	0.17~0.23	0.70~1.00	0.90~1.20	0.15~0.30	981 이상	834 이상	14 이상	35 이상	285~363
SCM 430	0.28~0.33	0.60~0.85	0.90~1.20	0.15~0.30	834 이상	686 이상	18 이상	55 이상	241~293
SCM 432	0.27~0.37	0.30~0.60	1.00~1.50	0.15~0.30	883 이상	736 이상	16 이상	50 이상	255~321
SCM 435	0.33~0.38	0.60~0.85	0.90~1.20	0.15~0.30	932 이상	785 이상	15 이상	50 이상	269~321
SCM 440	0.38~0.43	0.60~0.85	0.90~1.20	0.15~0.30	981 이상	834 이상	12 이상	45 이상	285~341
SCM 445	0.43~0.48	0.60~0.85	0.90~1.20	0.15~0.30	1,030 이상	883 이상	12 이상	40 이상	302~363

(6) 망간강

탄소강에 Mn이 첨가되면 내식성 및 내마모성이 향상된다. 〈그림 2-20〉에 Fe-Mn계 상태도를 나타내었다.

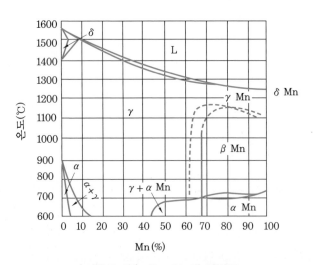

〈그림 2-20〉 Fe-Mn계 상태도

〈그림 2-20〉에서 Fe과 Mn은 모든 비율로 고용체를 만든다. A_3점은 급격히 강하하여 4.5% Mn에서 A_2점과 합쳐지고, 14% Mn에서 상온에 도달한다. Mn을 다량 함유한 강은 공랭하여도 마텐자이트 및 오스테나이트 조직이 된다.

〈그림 2-21〉에 Mn강의 조직도를 나타내었다. 그림에서 Ⅰ 및 Ⅱ구역만이 공업용 재료로 사용되는데, Ⅰ구역의 Mn강을 듀콜(ducol)강이라 한다. 이 강의 조직은 펄라이트로 1~2% Mn, 0.2~1% C 범위이다. 인장강도는 440~863MPa, 연신율은 13~34%이고, 건축, 토목, 교량 등의 일반구조용 강으로 사용한다.

Ⅱ구역은 하드필드(hardfield)강이라 한다. 이 강의 조직은 오스테나이트로 10~14% Mn, 0.9~1.3% C 정도이고, 경도가 높아 내마모성 재료로 사용한다.

이 강은 고온에서 취성이 생기므로 1,000~1,100℃에서 수중 담금질하는 수인법(water toughing)으로 인성을 부여한다. 이 강은 내마모성을 요구하고, 취성이 없는 재료로 치차, 교차, 레일 등에 사용한다.

듀콜강의 담금질은 820~850℃에서 유랭하고, 뜨임은 500~600℃ 또는 150~200℃에서 한다. 하드필드강은 수인 처리하면 오스테나이트 조직이 되므로 절삭이 가능하다.

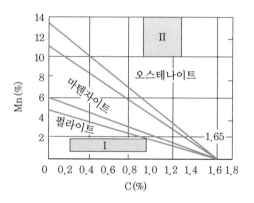

〈그림 2-21〉 Mn강의 조직도

〈그림 2-22〉에 Mn강의 조직을 나타내었다. (a)는 9% Mn을 함유한 조직으로 1,000℃에서 공랭한 α마텐자이트 조직이며, (b)는 31% Mn을 함유한 조직으로 오스테나이트 조직이다.

(a) 9% Mn 조직(×500)　　　　　　(b) 31% Mn 조직(×1,000)

〈그림 2-22〉 Mn강 조직

(7) 크롬 – 망간 – 실리콘강

0.1~0.4% C, 0.5% Cr, 0.9~1.2% Mn, 0.8% Si 범위의 구조용강으로 크로만실(chromansil)강이라 한다. 이 강은 인장강도, 내력, 인성이 크므로 굽힘, 프레스 가공, 나사, 리벳 작업 등이 쉽다. 또한 고온 단조, 용접, 열처리가 용이하여 철도용, 단조용, 크랭크 축, 차축 및 각종 기계 부품 등에 사용한다.

(8) 붕소강

탄소강에 0.02%의 붕소를 첨가하면 담금질 경화능(hardenability)이 향상된다. 붕소는 산소, 질소와 친화력이 크므로 Zr, Ti, Al 등을 제조할 때에 탈산제로 첨가한다. 붕소강은 내마모성을 요구하는 재료에 적합하다.

(9) 초강인강 (ultra tough hardening steel)

초강인강은 인장강도 1,372 MPa 이상, 항복강도 1,176 MPa 이상의 강으로 일반 구조용강보다 높은 강도를 얻을 수 있다. 이 강은 로켓 및 미사일용, 산업 기계, 차량 등에 사용한다.

(10) 마르에이징강 (maraging steel)

마르에이징강은 초고장력강의 일종으로 탄소 함유량이 매우 낮은 마텐자이트를 시효 석출에 의해 강인화한 강이며, Fe-Ni 합금에 Co, Mo, Ti, Nb, Al 등을 첨가하여 금속간 화합물의 석출 강화를 도모한 강이다. 18% Ni 마르에이징강은 1,372~2,352MPa의 높은 강도와 인성을 얻을 수 있어 기계적 성질이 매우 우수하다. 이 강은 항공우주산업, 기계구조용, 압력 용기 등에 사용된다.

4-3 ● 공구강

금속 재료 또는 비금속 재료를 가공하거나 성형하는 강을 공구강이라 한다. 공구강은 절삭용 공구강과 성형용 공구강 등으로 분류하며, 강종별로 구분하면 탄소공구강, 합금공구강, 고속도공구강, 초경합금공구강 등으로 구분한다.

(1) 합금공구강

탄소공구강에 Mn, Si, Ni, Cr, Mo, W, V 등의 원소를 하나 또는 둘 이상을 첨가한 강을 합금공구강(alloy tool steel)이라 한다. Cr은 담금질 효과를 향상시키고, W, V은 경도를 크게 하여 내마모성을 증가시킨다. 합금공구강을 강종별로 구분하면 절삭용, 내충격용, 냉간금형용, 열간금형용 등으로 구분한다.

① 절삭용 합금공구강

탄소 함유량이 높고 Cr, W, V 등을 첨가하여 경도를 크게 하며, 절삭성을 좋게 한다. 주로 W-Cr 강이 사용된다. W, V는 WC 또는 V_4C_3 등의 탄화물을 형성하여 내마모성을 증가시키고, Cr은 결정립을 미세화하며, 절삭성과 내마모성을 크게 하고, 내식성, 내산성이 우수하여 공구재료에 첨가하는 원소이다. Ni을 첨가하면 인성과 내충격성을 증가시켜서 목공용 절삭공구에 사용한다. 〈표 2-22〉에 절삭용 합금공구강의 종류와 용도를 나타내었다.

〈표 2-22〉 절삭용 합금공구강의 종류와 용도(KS D 3753)

기 호	화학 성분(%)								용도
	C	Si	Mn	P, S	Ni	Cr	W	V	
STS 11	1.20~1.30	0.35 이하	0.50 이하	0.030 이하	0.25 이하	0.20~0.50	3.00~4.00	0.10~0.30	절삭 공구, 센터 드릴
STS 2	1.00~1.10	0.35 이하	0.80 이하	0.030 이하	0.25 이하	0.50~1.00	1.00~1.50	0.20% 첨가 가능	탭, 드릴, 커터, 프레스 형틀
STS 21	1.00~1.10	0.35 이하	0.50 이하	0.030 이하	0.25 이하	0.20~0.50	0.50~1.00	0.10~0.25	탭, 드릴, 커터, 프레스 형틀
STS 5	0.75~0.85	0.35 이하	0.50 이하	0.030 이하	0.70~1.30	0.20~0.50	0.50~1.00	0.10~0.25	원형톱, 띠톱
STS 51	0.75~0.85	0.35 이하	0.50 이하	0.030 이하	1.30~2.00	0.20~0.50	–	–	원형톱, 띠톱
STS 7	1.10~1.20	0.35 이하	0.50 이하	0.030 이하	0.25 이하	0.20~0.50	2.00~2.50	0.20% 첨가 가능	쇠톱
STS 8	1.30~1.50	0.35 이하	0.50 이하	0.030 이하	0.25 이하	0.20~0.50	–	–	줄

② 내충격용 합금공구강

끌, 펀치, 스냅과 같은 공구는 충격력이 강하고, 인성이 좋아야 한다. 내충격성을 부여하는 방법에는 탄소 함유량을 낮게 하고, Si, Mo, V 등을 첨가하거나 탄소 함유량을 높게 하고, V을 첨가하여 결정립의 미세화, 담금질성을 낮추는 방법이 있다. 〈표 2-23〉에 내충격용 합금공구강의 종류와 용도를 나타내었다.

〈표 2-23〉 내충격용 합금공구강의 종류와 용도(KS D 3753)

기 호	화학 성분(%)								용도
	C	Si	Mn	P, S	Ni	Cr	W	V	
STS 4	0.45~0.55	0.35 이하	0.50 이하	0.030 이하	0.25 이하	0.50~1.00	0.50~1.00	–	끌, 펀치
STS 41	0.35~0.45	0.35 이하	0.50 이하	0.030 이하	0.25 이하	1.00~1.50	2.50~3.50	–	끌, 펀치
STS 43	1.00~1.10	0.25 이하	0.30 이하	0.030 이하	0.25 이하	–	–	0.10~0.25	착암기용 피스톤
STS 44	0.80~0.90	0.25 이하	0.30 이하	0.030 이하	0.25 이하	–	–	0.10~0.25	끌

③ 냉간금형용 합금공구강

표면에 다이스, 게이지, 탭, 절단기 등과 같이 마모량이 적어야 하는 강종은 경도가 H_{RC} 60 이상이 요구된다. 고탄소강에 Mn, Cr, W, V 등을 첨가하여 냉간금형용 합금공구강으로 사용한다.

냉간가공용 다이스강에는 Cr강, W-Cr강, W-Cr-Mn강, Ni-Cr-Mo-V강, Cr-Mo-V강, 고Cr-Mo-V강, 고C-고Cr강, 고C-고Cr-Mo-V강, 고C-Cr-고V강, 고C-고Cr-Co강, 고C-고Cr-W강, 고C-고W-Cr강 등이 있다.

게이지용 강은 정밀 계측기 및 정밀 부품으로 사용하는 강이다. 게이지용 강의 구비 조건은 다음과 같다.

㈎ 내마모성이 크고 경도가 H_{RC} 55 이상이 요구된다.

㈏ 담금질에 의한 변형 및 균열이 적어야 한다.

㈐ 장시간 사용하여도 치수의 변화가 적어야 한다.

㈑ 내식성이 우수해야 한다.

〈표 2-24〉에 냉간금형용 합금공구강의 종류와 용도를 나타내었다.

〈표 2-24〉 냉간금형용 합금공구강의 종류와 용도(KS D 3753)

기호	화학 성분(%)								용도
	C	Si	Mn	P, S	Cr	Mo	W	V	
STS 3	0.90~1.00	0.35 이하	0.90~1.00	0.030 이하	0.80~1.20	–	1.00~1.50	–	게이지, 절단기
STS 31	0.95~1.05	0.35 이하	0.90~1.20	0.030 이하	0.80~1.20	–	1.00~1.50	–	게이지, 프레스 형틀
STS 93	1.00~1.10	0.50 이하	0.80~1.10	0.030 이하	0.20~0.60	–	–	–	게이지, 프레스 형틀
STS 94	0.90~1.00	0.50 이하	0.80~1.10	0.030 이하	0.20~0.60	–	–	–	게이지, 칼날, 프레스 형틀
STS 95	0.80~0.90	0.50 이하	0.80~1.10	0.030 이하	0.20~0.60	–	–	–	게이지, 칼날, 프레스 형틀
STD 1	1.80~2.40	0.40 이하	0.60 이하	0.030 이하	5.00~12.00	–	–	0.30% 이하 첨가 가능	휘밍 다이스, 분말성형틀
STD 11	1.40~1.60	0.40 이하	0.60 이하	0.030 이하	11.00~13.00	0.80~1.20	–	0.20~0.50	게이지, 휘밍 다이스
STD 12	0.95~1.05	0.40 이하	0.60~0.90	0.030 이하	4.50~5.50	0.80~1.20	–	0.20~0.50	프레스 형틀

④ 열간금형용 합금공구강

　열간가공용 공구강은 열간단조, 열간압출 및 다이캐스트용 다이스 등으로 사용한다. 이 강은 강도와 내마모성이 요구되는 강종으로 탄소 함유량이 적고, Cr, Mo, W, V 등을 첨가하여 사용한다.

　열간가공용 다이스강은 저W-Cr-V강, 중W-Cr-V강, 고W-Cr-V강, Cr-Mo-V강, Cr-Mo-W-V강, 중Mo-Cr-V강, 중Cr-Mo-V강, 저Cr-Mo-V강, Ni-Cr-W-Mo-V강, Mn-Cr강, 저Ni-Mn-Cr-Mo강 등이 있다. 〈표 2-25〉에 열간금형용 합금공구강의 종류와 용도를 나타내었다.

〈표 2-25〉 열간금형용 합금공구강의 종류와 용도(KS D 3753)

기 호	화학 성분(%)									용 도
	C	Si	Mn	P, S	Cr	Mo	W	V	Co	
STD 4	0.25~ 0.35	0.40 이하	0.60 이하	0.030 이하	2.00~ 3.00	–	5.00~ 6.00	0.30~ 0.50	–	프레스 형틀
STD 5	0.25~ 0.35	0.40 이하	0.60 이하	0.030 이하	2.00~ 3.00	–	9.00~ 10.00	0.30~ 0.50	–	다이캐스트 형틀
STD 6	0.32~ 0.42	0.80~ 1.20	0.50 이하	0.030 이하	4.50~ 5.50	1.00~ 1.50	–	0.30~ 0.50	–	압출 다이스
STD 61	0.32~ 0.42	0.80~ 1.20	0.50 이하	0.030 이하	4.50~ 5.50	1.00~ 1.50	–	0.80~ 1.20	–	다이캐스트 형틀, 압출 다이스
STD 62	0.32~ 0.42	0.80~ 1.20	0.50 이하	0.030 이하	4.50~ 5.50	1.00~ 1.50	1.00~ 1.50	0.20~ 0.60	–	프레스 형틀, 다이스 형틀
STF 3	0.50~ 0.60	0.35 이하	0.60~ 1.00	0.030 이하	0.90~ 1.20	0.30~ 0.50	0.25~ 0.60(Ni)	0.30% 이하 첨가 가능	–	다이블록
STF 4	0.50~ 0.60	0.35 이하	0.60~ 1.00	0.030 이하	0.70~ 1.00	0.20~ 0.50	1.30~ 2.00(Ni)	0.30% 이하 첨가 가능	–	프레스 형틀
STF 7	0.28~ 0.38	0.50 이하	0.60 이하	0.030 이하	2.50~ 3.50	0.25~ 3.00	–	0.40~ 0.70	–	프레스 형틀, 압축 공구
STF 8	0.35~ 0.45	0.50 이하	0.60 이하	0.030 이하	4.00~ 4.70	0.30~ 0.50	3.80~ 4.50	1.75~ 2.20	3.80~ 4.50	다이캐스트 형틀

(2) 고속도공구강

　고속도공구강(high speed tool steel)은 Cr, Mo, W, V, Co 등을 함유하고 있는 합금강으로 고온 경도, 내마모성 및 인성을 가지고 있는 강이다. 이 강은 바이트, 드릴 등과 같은 절삭 공구, 열간 프레스형에 사용한다. 〈표 2-26〉에 고속도공구강의 종류와 용도를 나타내었다.

〈표 2-26〉 고속도공구강의 종류와 용도(KS D 3522)

기호	화학 성분(%)						용도
	C	Cr	Mo	W	V	Co	
SKH 2	0.73~0.83	3.80~4.50	–	17.00~19.00	0.80~1.20	–	일반 절삭용
SKH 3	0.73~0.83	3.80~4.50	–	17.00~19.00	0.80~1.20	4.50~5.50	고속 중절삭용
SKH 4	0.73~0.83	3.80~4.50	–	17.00~19.00	1.00~1.50	9.00~11.00	특수강 절삭용 바이트
SKH 10	1.45~1.60	3.80~4.50	–	11.50~13.50	4.20~5.20	4.20~5.20	특수강 절삭용 바이트
SKH 51	0.80~0.90	3.80~4.50	4.50~5.50	5.50~6.70	1.60~2.20	–	인성이 필요한 일반 절삭용
SKH 52	1.00~1.10	3.80~4.50	4.80~6.20	5.50~6.70	2.30~2.80	–	인성이 필요한 고경도 재절삭용
SKH 53	1.10~1.25	3.80~4.50	4.60~5.30	5.50~6.70	2.80~3.30	–	인성이 필요한 고경도 재절삭용
SKH 54	1.25~1.40	3.80~4.50	4.50~5.50	5.30~6.50	3.90~4.50	–	인성이 필요한 고경도 재절삭용
SKH 55	0.85~0.95	3.80~4.50	4.60~5.30	5.70~6.70	1.70~2.20	4.50~5.50	인성이 필요한 고속 중절삭용
SKH 56	0.85~0.95	3.80~4.50	4.60~5.30	4.60~5.30	1.70~2.20	7.00~9.00	인성이 필요한 고속 중절삭용
SKH 57	1.20~0.35	3.80~4.50	3.00~4.00	9.00~11.00	3.00~3.70	9.00~11.00	인성이 필요한 고속 중절삭용
SKH 58	0.95~1.05	3.50~4.50	8.20~9.20	1.50~2.10	1.70~2.20	–	인성이 필요한 일반 절삭용
SKH 59	1.00~1.15	3.50~4.50	9.00~10.00	1.20~1.90	0.90~1.40	7.50~8.50	인성이 필요한 고속 중절삭용

W계의 대표적인 강은 SKH2이며 화학 조성은 18% W-4% Cr-1% V로 18-4-1형이라 한다. 열처리는 1,250℃에서 담금질하고 550~580℃에서 뜨임처리하여 2차 경화시킨다. 석출 경화형 탄화물은 W_2C, W_4C_3, M_3C 등이며 Mo계 고속도강에서는 Mo_2C가 주체이다. W계 고속도공구강은 SKH2가 표준형이고, 여기에 Co를 증가하여 재질을 향상시켰다.

Mo계는 가격이 싸고 비중이 작으며 인성이 큰 것이 특징이다. V계는 VC 탄화물을 형성하며 결정립의 조대화를 억제하고 내마모성을 향상시킨다. Co는 오스테나이트 조직에 고용되어 담금질에 의해서 오스테나이트를 다량으로 잔류시키므로 경도를 감소시킨다. 고속도공구강에서 2차 경화는 담금질 상태에서 잔류 오스테나이트가 탄화물을 석출하여 마텐자이트로 변태한다.

Mo계 고속도강은 탈탄에 주의하여야 하며 연화하려면 약 900℃로 가열하고, 700~750℃로 유지한 후, 노중에 넣어 60분간 유지하고, 570℃ 이하에서 공랭시킨다. 이때 경도는 H_B 310 이하이므로 기계 가공이 용이하다.

고속도강의 고온 경도는 초경합금보다는 낮고 탄소공구강보다는 높으며 600℃까지는 경도가 H_B 650~700 정도이고, 600℃ 이상에서는 급속히 감소하여 800℃가 되면 경도가 H_B 200 이하가 된다.

(3) 초경합금공구강

WC, TiC, TaC, TiN, Al_2O_3 등과 같은 탄화물이나 질화물, 산화물은 경도가 높아 절삭 공구로 사용한다. WC를 주성분으로 하고, 결합재인 Co를 혼합하여 소결시킨 공구 재료를 초경합금이라 한다. 또한 TiC를 주성분으로 하고, 결합재인 Mo 또는 Ni을 혼합하여 소결시킨 공구 재료를 서멧(cermet)이라 한다. 이러한 소결 공구 재료들은 절삭용, 절단용 공구로 사용한다.

주조 합금은 주조한 상태로 연삭하여 사용하는 공구 재료로서 열처리하지 않고 충분한 경도를 얻을 수 있다. 화학 조성은 40~55% Co, 15~33% Cr, 10~20% W, 2~5% C, 5% 이하 Fe로 단조가 불가능하며 경도는 H_B 550~700 정도로 600℃까지는 거의 경도가 감소하지 않는다. 이와 같이 고온 저항이 크고 내마모성이 우수하여 각종 절삭 공구 및 내마모, 내식, 내열용 부품 재료로 사용하는 주조 경질 합금을 스텔라이트(stellite)라고 한다.

시효 경화(age-hardening)에 의해서 경도를 증가시켜 절삭력을 향상시킨 공구강으로 Fe-W-Co강, Fe-W-Cr강, Fe-W-Mo강 등이 있다.

4-4 ◉ 내열강 및 초내열 합금

고온 및 고압에서 기계적 성질을 유지하고, 산화 또는 가스 등의 화학 작용에 의해 조직이 변화하지 않는 강을 내열강(heat resisting steel)이라 한다. 내열강은 조직에 따라 페라이트계, 마텐자이트계, 오스테나이트계 등으로 분류한다. 초내열 합금(super heat resisting alloy)은 내열강의 고온 특성을 개선하기 위하여 Cr, Ni, Co 등의 원소를 첨가한 합금이다. 이러한 강은 고온 열기관, 고온 화학 공업 기계, 원자로, 항공기 등에 사용한다.

(1) 내열강

페라이트계 내열강은 Fe에 Cr을 많이 첨가하면 내산성이 좋아지나, Cr의 양이 많아질수록 고온 강도는 감소한다. Cr량이 많아지면 페라이트상이 안정하게 되어 변태가 없어지고, 열팽창계수가 작아져서 내산성이 좋아진다.

마텐자이트 내열강은 13% Cr강에 Mo, V 등을 첨가한 강으로 내식성과 내열성이 우수하여 널리 사용한다. 오스테나이트계 내열강은 18-8계 스테인리스강에 Mo, Ti, W 등을 첨가하여 사용한다. 〈표 2-27〉은 대표적인 내열강의 종류와 용도를 나타낸 것이다.

〈표 2-27〉 내열강의 종류와 용도(KS D 3731~3732)

분류	기호	화학 성분(%)						용도
		C	Si	Cr	Mo	V	기타	
마텐자이트계	STR 1	0.40~0.50	3.00~3.50	7.50~9.50	–	–	–	밸브용
	STR 600	0.15~0.20	0.50 이하	10.00~13.00	0.30~0.90	0.10~0.40	N, Nb	내열용
	STR 616	0.20~0.25	0.50 이하	11.00~13.00	0.75~1.25	0.20~0.30	Ni, W	내열 및 내산화용
페라이트계	STR 21	0.10 이하	1.50 이하	17.00~21.00	–	–	Al (2.00~4.00)	내산화용
	STR 409	0.08 이하	1.00 이하	10.50~11.75	–	–	Ti (6×C%~0.75)	내산화용
오스테나이트계	STR 660	0.08 이하	1.00 이하	13.50~16.00	1.00~1.50	0.10~0.50	Ni (24.00~27.00) B, Ti, Al	고온내열용
	STR 661	0.08~0.16	1.00 이하	20.00~22.50	2.50~3.50	–	Ni (19.00~21.00) Nb, W, Co	고온내열용

(2) 초내열강

초내열강은 650℃ 이상의 고온에서도 견딜 수 있는 합금으로 Cr, Ni, Co 등의 원소 첨가량을 증가시키고, 철 함유량을 감소시킨 철 합금과 Ni, Co를 주성분으로 한 고온용 합금이 있다. 〈표 2-28〉에 초내열강의 종류와 화학 성분을 나타내었다.

〈표 2-28〉 초내열강의 종류와 화학 성분

종류	화학 성분(%)								
	C	Mn	Cr	Ni	Co	Mo	W	Nb	Fe
19-9DL	0.30	0.50	19.00	9.00	–	1.25	1.20	0.30	나머지
팀켄 16-25-6	0.10	1.35	16.72	25.30	–	6.25	–	–	나머지
N-155	0.15	1.54	21.00	20.80	20.55	3.00	2.18	0.98	나머지
인코넬 X	0.03	0.50	15.00	73.00	–	–	–	1.00	6.50
하스텔로이 B	0.10	0.80	1.00	65.10	62.20	28.60	–	–	5.00

4-5 ⊙ 스테인리스강

스테인리스강은 Fe에 Cr 12% 이상을 첨가하여 녹이 슬지 않도록 만들어진 강으로, 여기에 C, Ni, Si, Mn, Mo 등을 소량 첨가하여 기계적 성질 및 물리적 성질을 향상시킨 합금강이다. 스테인리스강은 조직에 따라 마텐자이트계, 페라이트계, 오스테나이트계 및 석출 경화형으로 분류한다. Fe에 Cr을 12% 이상 첨가한 강을 불수강(stainless steel)이라 하고, Cr을 12% 이하로 첨가한 강을 내식강(corrosion resisting steel)이라 한다. Cr강이 내식성을 갖는 이유는 Cr_2O_3의 산화 피막이 강 표면에 형성되어 재료 내부를 보호하기 때문이다.

스테인리스강의 일반적인 특성은 다음과 같다.

① 표면이 아름답고, 표면 가공이 용이하다.

② 내식성과 내마모성이 우수하다.

③ 강도가 크다.

④ 내화성 및 내열성이 크다.

⑤ 가공성이 좋다.

〈그림 2-23〉에 스테인리스강판의 제조 공정을 나타내었다.

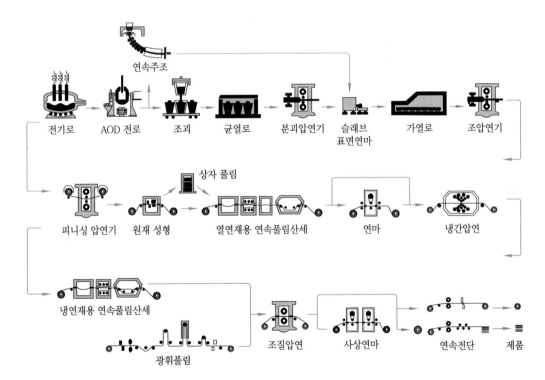

연속주조

전기로　AOD 전로　조괴　균열로　분괴압연기　슬래브 표면연마　가열로　조압연기

상자 풀림

피니싱 압연기　원재 성형　열연재용 연속풀림산세　연마　냉간압연

냉연재용 연속풀림산세　광휘풀림　조질압연　사상연마　연속전단　제품

〈그림 2-23〉 스테인리스강판의 제조 공정

〈표 2-29〉 스테인리스강의 분류

분류	명칭	대표적 강종	화학 성분
마텐자이트계	13Cr계	STS 410	13% Cr
페라이트계	18Cr계	STS 430	18% Cr
오스테나이트계	18Cr-8Ni계	STS 304	18% Cr-8% Ni
		STS 316	18% Cr-8% Ni-2.5% Mo
석출 경화형	18Cr-7Ni-1Al계	STS 631	18% Cr-7% Ni-1% Al

(1) 마텐자이트계 스테인리스강

마텐자이트계강은 12~14% Cr, 0.15~0.4% C를 함유한 강으로 13% Cr강이 대표적이다. 열처리는 950~1,020℃에서 담금질하여 마텐자이트 조직을 얻고, 인성을 필요로 할 때에는 550~650℃에서 뜨임하여 소르바이트 조직으로 한다. 500℃ 이상에서는 강도, 경도가 급감하고 연성은 급증한다. 상온에서 강자성을 가지며 내식성이 떨어진다.

기계 가공을 위한 연화 작업 시 760~790℃에서 서랭한다. 담금질 후 뜨임은 100~300℃ 또는 650~720℃에서 행하며, 뜨임을 할 때에 500℃까지는 특수 탄화물의 석출로 인장강도, 항복점이 증가하고 연신율은 감소한다. 이 강은 Cr의 첨가로 내산화성 및 내식성이 증가하여 기계 부품, 칼날류 등에 사용한다. 〈표 2-30〉에 대표적인 마텐자이트계 스테인리스강의 종류와 용도를 나타내었다.

〈표 2-30〉 마텐자이트계 스테인리스강의 종류와 용도(KS D 3706)

기호	화학 성분(%)						용도
	C	Si	Mn	P	S	Cr	
STS 403	0.15 이하	0.50 이하	1.00 이하	0.040 이하	0.030 이하	11.50~13.00	제트 터빈, 엔진 부품
STS 410	0.15 이하	1.00 이하	1.00 이하	0.040 이하	0.030 이하	11.50~13.50	칼날류, 기계 부품
STS 420J1	0.16~0.25	1.00 이하	1.00 이하	0.040 이하	0.030 이하	12.00~14.00	식기, 칼날류
STS 420J2	0.26~0.40	1.00 이하	1.00 이하	0.040 이하	0.030 이하	12.00~14.00	식기, 칼날류

(2) 페라이트계 스테인리스강

페라이트계강은 12~18% Cr, 0.12% C를 함유한 강이다. 페라이트강은 다음과 같은 특징이 있다.

① 표면이 잘 연마되면 대기나 수중에서 부식되지 않는다.

② 유기산과 질산에는 침식하지 않으나 염산, 황산 등에는 침식된다.

③ 오스테나이트계에 비하여 내산성이 낮다.

④ 담금질 상태의 강은 내산성이 좋으나 풀림 상태 또는 표면이 거친 것은 부식되기 쉽다.

이 강은 연하고 단조 및 압연이 용이하여 강도와 용접성이 중요하지 않은 자동차 부품, 화학 공업용 장치, 내산용 부품, 주방기기 등에 많이 사용한다. Cr의 함량이 15% 이상인 고크롬강은 400~500℃에서 장시간 가열하면 475℃ 부근에서 취화 현상이 나타나는데, 이것을 475℃ 취성이라 한다.

또한 Cr강은 600℃ 전후에서 장시간 가열하면 Fe−Cr의 화합물이 금속 조직의 입계에 나타나게 되어 상온에서 취화하게 된다. 이것을 σ상 취성이라 한다. 취화된 강은 800℃ 전후에서 가열하여 급랭시키면 회복된다. 〈표 2−31〉에 대표적인 페라이트계 스테인리스강의 종류와 용도를 나타내었다.

〈표 2−31〉 페라이트계 스테인리스강의 종류와 용도(KS D 3706)

기 호	화학 성분(%)							용 도
	C	Si	Mn	P	S	Cr	Mo	
STS 405	0.08 이하	1.00 이하	1.00 이하	0.040 이하	0.030 이하	11.50~ 14.50	−	내산용 부품, 석유 정제 공업
STS 429	0.12 이하	1.00 이하	1.00 이하	0.040 이하	0.030 이하	14.0~ 16.00	−	초산 공업 설비, 질소 고정 설비
STS 430	0.12 이하	0.75 이하	1.00 이하	0.040 이하	0.030 이하	16.00~ 18.00	−	자동차 부품, 주방 기기
STS 434	0.12 이하	1.00 이하	1.00 이하	0.040 이하	0.030 이하	16.00~ 18.00	0.75~ 1.25	자동차 외장용 부품

(3) 오스테나이트계 스테인리스강

오스테나이트강은 15~26% Cr, 3.5~22% Ni을 함유한 강으로 18% Cr-8% Ni 스테인리스강이 대표적이다. 스테인리스강 중에서 내식성이 가장 높고 인성, 연성이 우수하며, 비자성이다. 열팽창계수는 보통강에 비하여 70% 정도 크고, 선팽창계수는 1/2 정도이다. 또한 내충격성과 기계 가공성이 우수하다.

단점으로는 염산, 황산 및 염소 가스 등에 약하고, 결정입계에 부식이 발생하기 쉽다. 오스테나이트강을 1000℃ 정도로 가열한 후 서랭하면 탄화물(Cr_4C)이 오스테나이트 입계에 석출된다. 이로 인해서 결정입계 부근의 Cr량이 감소하여 입계부식이 발생한다.

이들의 석출물을 제거하기 위하여 950~1,100℃까지 가열한 후 급랭하면 석출물이 균일하게 분포된다. 이러한 열처리를 용체화 처리(solution treatment)라 한다. 입계 부식의 방지법은 다음과 같다.

① 탄소량을 0.03% C 이하로 낮게 하여 탄화물의 생성을 억제한다.

② Ti, Ta, Nb 등의 원소를 첨가하여 TiC, TaC, NbC 등의 탄화물을 생성시켜 Cr의 감소를 억제한다.

18% Cr−8% Ni강의 탄소 함유량은 0.08~0.2% 정도이며 절삭성을 개선하기 위하여 S, P, Se 등을 첨가한다. 이 강은 자동차, 주방기기, 항공기, 건축물, 화학공업 등에 사용된다.

〈표 2−32〉에 대표적인 오스테나이트계 스테인리스강의 종류와 용도를 나타내었고, 〈표 2−33〉에 고용화 열처리한 오스테나이트계 강판의 기계적 성질을 나타내었다.

〈표 2−32〉 오스테나이트계 스테인리스강의 종류와 용도(KS D 3706)

기 호	화학 성분(%)								용 도
	C	Si	Mn	P	S	Cr	Ni	Mo	
STS 201	0.15 이하	1.00 이하	5.50~7.50	0.060 이하	0.030 이하	16.00~18.00	3.50~5.50	—	자동차 휠커버, 자동차 트림
STS 301	0.15 이하	1.00 이하	2.00 이하	0.045 이하	0.030 이하	16.00~18.00	6.00~8.00	—	차량, 항공기, 구조 부품
STS 304	0.08 이하	0.75 이하	2.00 이하	0.045 이하	0.030 이하	18.00~20.00	8.00~10.50	—	자동차 부품, 주방 기기
STS 304L	0.03 이하	1.00 이하	2.00 이하	0.045 이하	0.030 이하	18.00~20.00	9.00~13.00	—	화학 공업, 석유공업
STS 316	0.08 이하	1.00 이하	2.00 이하	0.045 이하	0.030 이하	16.00~18.00	10.00~14.00	2.00~3.00	제조 설비, 해안 부근의 건축물
STS 321	0.08 이하	1.00 이하	2.00 이하	0.045 이하	0.030 이하	17.00~19.00	9.00~13.00	—	항공기 엔진 배관, 보일러 커버

〈표 2−33〉 고용화 열처리한 오스테나이트계 강판의 기계적 성질

기 호	내력 0.2%(MPa)	인장강도(MPa)	연신율(%)	강도(H_B)
STS 201	245 이상	637 이상	40 이상	241 이하
STS 301	206 이상	520 이상	40 이상	187 이하
STS 304	206 이상	520 이상	40 이상	187 이하
STS 304L	206 이상	520 이상	40 이상	187 이하
STS 316	177 이상	481 이상	40 이상	187 이하
STS 321	206 이상	520 이상	40 이상	187 이하

(4) 석출 경화형 스테인리스강

석출 경화형(precipitation hardening type)은 온도 상승에 따라 강도는 저하되지 않으며 내식성을 가지는 스테인리스강이다. 이 강은 기지 조직에 적당한 탄화물을 석출 분산시켜 재질을 강화한다.

석출 경화형 스테인리스강의 종류에는 스테인리스 W, 17-4 석출 경화형, 17-7 석출 경화형, V_2B, 마르에이징강 등이 있다.

〈표 2-34〉에 대표적인 석출 경화형 스테인리스강의 종류와 용도를 나타내었고, 〈표 2-35〉에 석출 경화형 스테인리스강의 기계적 성질을 나타내었다.

〈표 2-34〉 석출 경화형 스테인리스강의 종류와 용도(KS D 3706)

기 호	화학 성분(%)								용도
	C	Si	Mn	P	S	Cr	Ni	기 타	
STS 631	0.09 이하	1.00 이하	1.00 이하	0.040 이하	0.030 이하	16.00~ 18.00	6.50~ 7.50	Al 0.75~ 1.50	스프링 선

〈표 2-35〉 석출 경화형 스테인리스강의 기계적 성질

기 호	내력 0.2%(MPa)	인장강도(MPa)	연신율(%)	강도(H_B)
STS 631	382 이상	1030 이상	20 이상	190 이하

4-6 ○ 그 밖의 특수강

(1) 베어링용강

베어링강은 0.9~1.6% Cr, 0.95~1.1% C, 0.15~0.7% Si, 0.5~1.15% Mn을 함유한 강으로 볼 베어링의 구 및 롤러 베어링의 볼이나 롤러 등에 사용된다. 이 강은 높은 탄성한도와 피로한도가 요구되며 내마모성, 내압성이 우수해야 한다.

베어링강의 강종에는 일반용 베어링강, 침탄 베어링강, 스테인리스 베어링강, 고온 베어링강이 있다. 고온 베어링강은 제트 엔진, 가스 터빈 등의 베어링으로 사용한다.

(2) 불변강

온도 변화에 따라 길이나 탄성 등이 변화하지 않는 강을 불변강이라 한다. 불변강에는 인바(invar), 엘린바(elinvar), 슈퍼인바(superinvar), 코엘린바(coelinvar) 등이 있으며, 이외에도 전구 도입선으로 사용하는 플래티나이트(platinite) 등이 있다.

① **인바** : 35~36% Ni, 0.4% Mn, 0.2% 이하 C를 함유한 강이다. 상온에서 열팽창계수는 1.2×10^{-6}으로, 보통 강에 비하여 10배 정도가 작다. 이 강은 내식성이 우수하여 시계진자, 줄자, 계측기의 부품 등에 사용한다.

② **엘린바** : 36% Ni, 12% Cr를 함유한 강이다. 열팽창계수는 8×10^{-6}, 온도계수는 1.2×10^{-6} 정도이고, 고급 시계, 정밀 저울 등의 스프링 및 정밀 기계 부품에 사용한다.

③ **슈퍼인바** : 30.5~32.5% Ni, 4~6% Co를 함유한 강으로 상온에서 열팽창계수는 0.1×10^{-6}이다.

④ **코엘린바** : 10~11% Cr, 10~16% Ni, 26~58% Co를 함유한 강으로 온도 변화에 따른 탄성률의 변화가 극히 작고, 대기 중이나 수중에서도 부식되지 않는다. 이 강은 태엽, 스프링, 기상 관측용 기구의 부품에 사용한다.

(3) 자석강

영구 자석용으로 사용하는 자석강은 3~6% W, 0.5~0.7% C 및 3~36% Co에 W, Ni, Cr 등이 함유된 강이다. 영구 자석은 결정 입계가 미세한 조직이 좋으며 구비 조건은 다음과 같다.

① 잔류 자속 밀도가 크고 안정도가 높아야 한다.

② 항자력이 크며, 조직이 안정되고 시효 변화가 적어야 한다.

③ 온도 상승 및 충격 진동에 의한 자기 감소가 없어야 한다.

④ 강의 조직은 페라이트이어야 한다.

MK강은 10~20% Ni, 7~10% Al, 20~40% Co, 3~5% Cu, 1% Ti이 함유된 강으로 알니코 자석이라 한다. 이 강은 자속 분포가 균일하고 기계적 강도가 크므로, 전기 계기, 발전기, 무선용 기기 등에 사용한다. 그 밖의 자석강으로는 NKS강, KS강, ESD 자석강 등이 있다.

초투자율 강으로는 78.5% Ni를 함유한 퍼멀로이(permalloy), 79% Ni, 5% Mo, 0.5% Mn을 함유한 슈퍼멀로이(supermalloy)가 있다. 규소 강판은 전기철심판 재료에 사용되며 발전기, 변압기 철심 등에 사용한다.

Q 예제

게이지용 강의 구비조건을 설명하시오.

해설 ① 내마모성이 크고 경도가 H_{RC} 55 이상이 요구된다.
② 담금질에 의한 변형 및 균열이 적어야 한다.
③ 장시간 사용하여도 치수의 변화가 적어야 한다.
④ 내식성이 우수해야 한다.

Q 예제

특수강(special steel)이란 무엇인지 설명하시오.

해설　탄소강에 하나 또는 둘 이상의 원소를 첨가하여 탄소강에서는 얻을 수 없는 특별한 기계적, 물리적, 화학적 성질을 부여한 합금강(alloy steel)

Q 예제

구조용강에 첨가하는 니켈, 크롬, 몰리브덴 원소들의 일반적인 특성을 설명하시오.

해설　① 니켈 : 인성증가, 저온충격저항 증가
　　　② 크롬 : 내식성, 내마모성 향상
　　　③ 몰리브덴 : 뜨임취성 방지

Q 예제

Fe에 Cr을 12% 이상 첨가한 강을 무엇이라 하는가?

해설　불수강(stainless steel)

5. 주 철

5-1　주철의 조직 및 상태도

주철(cast iron)은 탄소 함유량이 2.0% 이상인 철-탄소 합금이다. 주철은 2.5~4.5% C, 0.5~3.0% Si, 0.5~1.5% Mn, 0.05~1.0% P, 0.05~0.15% S가 함유되어 있다. 주철은 강보다 탄소를 비교적 많이 함유하며 조직 내에 흑연(graphite)으로 존재하여 주조성, 절삭성이 좋다. 반면 취성이 크고 강도가 비교적 낮아 소성 변형이 곤란하다.

(1) Fe-C계 평형상태도

주철은 응고할 때 흑연과 시멘타이트(Fe_3C)의 2상으로 석출된다. 〈그림 2-24〉에 Fe-C계 복평형상태도를 나타내었다.

〈그림 2-24〉와 같이 흑연이 석출하는 안정계(Fe-C계 : 점선)와 시멘타이트가 석출하는 준

안정계(Fe-Fe₃C계 : 실선)를 동시에 나타낸 평형상태도를 복평형상태도라 한다. 주철의 탄소 함유량은 2.0~6.67% 범위이다.

안정계의 공정 반응은 1,153℃에서 L(융액) ⇌ γ-Fe+흑연이 되고, 준안정계의 공정 반응은 1,130℃에서 L(용융체) ⇌ γ-Fe+Fe₃C로 된다.

2.0~4.3% C의 주철은 아공정(hypo eutectic) 주철, 4.3% C의 주철은 공정(eutectic) 주철, 4.3~6.67% C의 주철은 과공정(hyper eutectic) 주철이라 한다. C가 3%일 때 안정계의 응고 과정은 약 1,280℃에서 초정 γ가 정출되기 시작하여 1,153℃에서 L(C′) → γ(E′)+흑연(F′)의 공정 반응이 완료된다. 응고가 끝나면서 γ-Fe+Fe₃C의 레데부라이트 공정 조직을 형성한다.

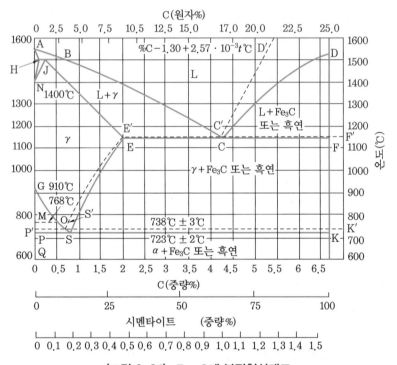

〈그림 2-24〉 Fe-C계 복평형상태도

(2) 주철의 조직

주철 중에 일부분의 탄소는 유리되어 흑연으로 존재하고, 다른 일부분은 Fe₃C의 화합 상태로 존재한다. 주철에 함유된 전체 탄소량은 흑연과 Fe₃C의 탄소를 합한 양으로 나타낸다.

주철은 파면에 따라 회주철(grey cast iron), 백주철(white cast iron) 및 반주철(mottled cast iron)로 분류한다. 회주철은 탄소의 일부가 유리되어 흑연화된 파면이 회색으로 나타나고, 백주철은 탄소가 Fe₃C의 화합 상태로 존재하므로 파면이 백색으로 나타난다. 반주철은 회주철과 백주철이 혼합되어 파면에 반점이 나타난다.

또한, 기지 조직에 따라 페라이트, 펄라이트, 오스테나이트 등으로 분류한다. 〈그림 2-25〉에 주철의 현미경 조직을 나타내었다.

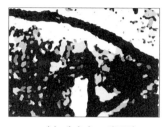
(a) 페라이트 회주철

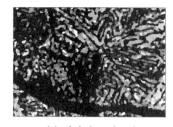
(b) 펄라이트 회주철

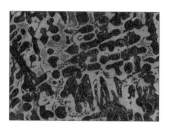
(c) 백주철

〈그림 2-25〉 주철의 현미경 조직

(a)는 페라이트 회주철로 백색은 페라이트, 흑색은 흑연, 층상은 펄라이트이다. (b)는 펄라이트 회주철로 흑색은 흑연, 층상은 펄라이트이고, (c)는 백주철로 백색은 시멘타이트, 흑색은 펄라이트이다. 주철 조직을 크게 지배하는 상은 철의 고용체와 흑연 및 시멘타이트 등이다.

회주철은 주조 및 절삭성이 우수하여 공작 기계 베드, 내연기관의 피스톤, 실린더 주철관, 난방 기구, 펌프 등에 사용한다. 백주철은 경도 및 내마모성이 크므로 압연기의 롤러, 철도 차륜, 브레이크 등에 사용한다.

주철은 흑연의 형상에 따라 편상(flake), 괴상(lump), 구상(spheroidal) 등으로 분류한다. 흑연은 취성이 있어 Fe 속에 들어가면 전체적으로 취성이 생긴다. 흑연의 형상과 크기, 양, 분포 상태는 주물의 성질에 크게 영향을 미친다. 〈그림 2-26〉에 주철 조직의 흑연 형상을 나타내었다.

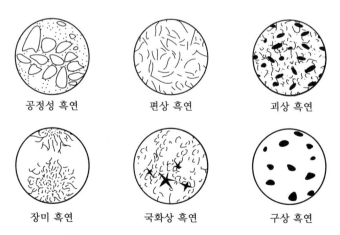

공정성 흑연   편상 흑연   괴상 흑연

장미 흑연   국화상 흑연   구상 흑연

〈그림 2-26〉 주철 조직의 흑연 형상 종류

편상 흑연의 크기, 모양 및 분포 상태는 용탕의 조성과 응고 조건에 따라 여러 가지 형태로 변화한다. 〈그림 2-27〉은 미국재료시험협회에서 흑연 분포 상태를 A, B, C, D, E형으로 분류한 것이다.

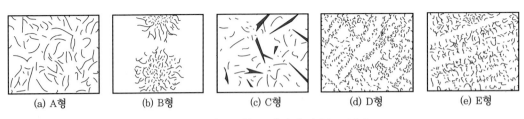

(a) A형 (b) B형 (c) C형 (d) D형 (e) E형

〈그림 2-27〉 주철 조직의 흑연 분포 상태

㈎ A형은 탄소 3% 이하의 아공정주철에 잘 나타나고, 크기가 비슷한 편상 흑연이 방향성 없이 균일한 분포를 이루고 있으며, 기계적 성질이 가장 좋다.

㈏ B형은 아공정주철에 나타나고, 장미상 흑연으로 중앙은 공정 흑연 조직이며, 그 주위는 편상 흑연이 꽃잎처럼 분포되어 있고 고강도에는 부적당하다.

㈐ C형은 과공정주철에 나타나고, 조대한 초정 흑연이 혼합된 것으로 크고 작은 2종의 흑연이 나타나며, 강도가 낮고 절삭면이 나쁘다.

㈑ D형은 아공정주철에 나타나고, 미세한 공정 흑연으로 페라이트 생성이 용이하며, 절삭성이 좋으나 강도와 내마모성은 나쁘다.

㈒ E형은 탄소량이 적은 아공정주철에 나타나고, 편상 흑연이 수지상정 사이에 편재되어 있어 흑연의 분포 상태가 방향성이 있고, 강도는 크나 굴곡성이 나쁘다.

① 주철의 조직도

주철의 조직은 화학적 조성, 냉각 속도, 흑연의 핵 생성 정도에 따라 달라진다.

〈그림 2-28〉에 마우러(Maurer)의 주철 조직도를 나타내었고, 〈표 2-36〉에 주철의 조직과 종류를 나타내었다. 마우러 조직도는 C와 Si의 함량에 따른 주철의 조직 분포를 나타낸 것이다.

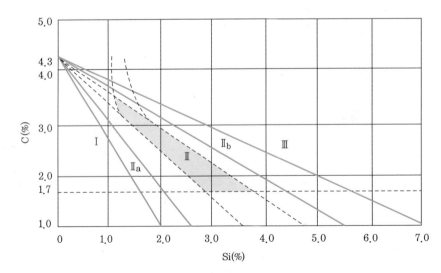

〈그림 2-28〉 마우러의 주철 조직도

〈표 2-36〉 주철의 조직과 종류

구 역	조 직	종 류
I	펄라이트+시멘타이트	백주철
II$_a$	펄라이트+시멘타이트+흑연	반주철
II	펄라이트+흑연	펄라이트주철
II$_b$	펄라이트+페라이트+흑연	회주철
III	페라이트+흑연	페라이트주철

② 각종 원소의 영향

주철은 C 및 소량의 Si, Mn, P, S 등의 원소를 함유하고 있으며, 이 원소들에 의하여 기계적, 물리적 성질에 영향을 미친다.

⑦ C의 영향

보통 주철 중에 탄소 함유량은 2.5~4.5% 정도이다. 주철 중의 탄소는 흑연과 Fe$_3$C로 생성되며 기지 조직 중에 흑연을 함유한 주철이 회주철이고, Fe$_3$C를 함유한 주철이 백주철이다. Fe$_3$C는 주철을 경하고 강하게 만들지만 0.9% C 이상이 되면 너무 경하여 취화된다. 반대로, 흑연량이 많아지면 연하고 강도가 낮아진다.

④ Si의 영향

Si는 흑연화 촉진 원소로서 C양을 증가시키는 효과를 가지고 있다. 냉각 속도가 빠르거나 Si양이 많을 때는 레데부라이트가 정출하지 않거나 흑연화되어 공정상 흑연이 회주철화한다. 금속은 응고하면 부피가 수축하지만 흑연이 많아지면 부피가 팽창한다. Si를 첨가하면 응고 수축이 적어 주조성이 좋아진다.

④ Mn의 영향

보통 주철 중에 망간 함유량은 0.4~1.0% 정도이며, 흑연화를 방해하여 백주철화를 촉진시키지만 공정 온도에는 변화를 주지 않는다. S와 결합해서 MnS 화합물을 생성하여 S의 해를 감소시킨다. 또한, 펄라이트 조직을 미세화하고 페라이트의 석출을 억제한다.

④ P의 영향

주철 중에 함유된 P는 페라이트 조직 중에 고용되나, 대부분은 Fe-Fe$_3$C-Fe$_3$P의 3원 공정물인 스테다이트(steadite)로 존재한다. 스테다이트가 있는 주철을 950℃ 부근에서 가열하면 페라이트에 고용된다. P는 융점을 낮추어 주철의 유동성을 향상시킨다. 반면 시멘타이트의 생성이 많아져 경하고 취화된다. P는 백주철화의 촉진 원소로 1% 이상이 함유되면 레데부라이트 중에서 조대한 침상, 판상의 시멘타이트를 생성시킨다.

⑭ S의 영향

주철 중에 Mn이 소량일 때는 S는 Fe과 화합하여 FeS가 되어 백주철화를 촉진한다. S는 흑연화 방해 원소로 고온취성을 일으키며, 경점(hard spot) 또는 역칠(inverse chill)을 일으킨다. 주철의 유동성을 나쁘게 하므로 0.1% 이하로 함유하게 한다.

㈏ 그 밖의 원소의 영향

Cu, Co, Ni, Al는 1% 이하의 소량일 때는 흑연화를 촉진시키며 흑연 조직을 좋게 한다. Mn, Cr, W, Mo, V는 백선화 촉진 원소들이며 Cr은 3% 이하가 좋다. H 및 N은 흑연의 편상 입자를 조대화시킨다.

5-2 ◉ 보통 주철

보통 주철의 조성은 3.2~3.8% C, 1.4~2.5% Si, 0.4~1.0% Mn, 0.15~0.50% P, 0.06~0.13% S 정도이다. 조직은 주로 편상 흑연과 페라이트로 되어 있으며 다소 펄라이트를 포함하고 있다. 보통 주철은 C, Si, P량이 많고, Mn량이 적어 주조성, 절삭성이 좋다. 주로 일반 기계 부품, 수도관, 가정 용품, 농기구, 공작 기계의 베드, 기계 구조물의 몸체 등에 사용한다. 〈표 2-37〉에 보통 주철의 종류와 기계적 성질을 나타내었다.

〈표 2-37〉 보통 주철의 종류와 기계적 성질(KS D 4301)

기 호	인장강도(MPa)	압축강도(MPa)	경도(H_B)
GC 10	98~147	392~588	131~163
GC 15	147~196	539~735	156~183
GC 20	196~245	686~882	174~197

5-3 ◉ 고급 주철

일반적인 고급 주철의 조성은 2.5~3.2% C, 1.0~2.0% Si 정도로 내열성, 내마모성이 요구되는 기계의 주요 부분에 사용한다. 인장강도는 245 MPa 이상으로 보통 주철에 비해 강도가 우수하다. 내마모성은 Mn, Cu, Ni, Cr 등이 함유되면 증가한다.

이 주철은 미세한 흑연이 균일하게 분포되어 있는 조직이며, 기지 조직은 펄라이트이다. 주로 내연기관이나 실린더, 라이너, 패킹, 펌프대 등에 사용한다.

고급 주철의 구비 조건은 다음과 같다.

① 경도가 크고 내마모성이 커야 한다.

② 인장강도 및 강인성이 커야 한다.

③ 충격저항이 커야 한다.

④ 내열성, 내식성이 높아야 한다.

⑤ 기계 가공성이 좋아야 한다.

이와 같은 특성을 나타내기 위한 고급 주철의 제조법에는 란쯔법(Lanz process), 에멜법(Emmel process), 미이한법(Meehan process) 등이 있다. 미이한법은 화합 탄소의 정출을 억제하기 위하여 Ca-Si 또는 Fe-Si 등을 첨가해서 흑연화를 촉진시키는 방법으로 이러한 처리를 접종(inoculation)이라 한다. 이 방법으로 제조된 대표적인 주철이 미하나이트(Meehanite) 주철이다.

〈표 2-38〉에 고급 주철의 종류와 기계적 성질을 나타내었다.

〈표 2-38〉 고급 주철의 종류와 기계적 성질(KS D 4301)

기 호	인장강도(MPa)	압축강도(MPa)	경도(H_B)
GC 25	245~294	833~980	187~217
GC 30	294~343	931~1,078	197~235
GC 35	343 이상	1,029~1,176	207~241

5-4 ◉ 합금 주철

합금 주철(alloy cast iron)은 보통 주철에 Ni, Cr, Mo, Cu, V, Ti 등의 합금 원소를 첨가하여 내마모성, 내열성, 내식성 등을 개선한 주철이다.

(1) 합금 원소의 영향

① Ni

흑연화를 촉진하며 0.1~1.0% 첨가로 미세한 조직이 된다. Si의 1/2~1/3 정도의 흑연화 능력이 있다. Ni은 주물의 두꺼운 부분의 조직이 억세게 되는 것을 방지하고, 얇은 부분의 칠 발생을 방지한다. Ni 첨가량에 따라 내열성, 내산화성, 내알칼리성 주철이 되며, 14~38% 첨가하면 오스테나이트 주철이 된다.

② Cr

흑연화를 방지하며 0.2~1.5% 첨가로 탄화물을 안정시킨다. Cr은 펄라이트 조직을 미세화하여 경도를 증가시키고, 내열성과 내식성을 향상시킨다.

③ Mo

흑연화를 다소 방해하고, 0.25~1.25% 첨가로 두꺼운 주물의 조직을 균일화하며, 흑연을 미세화하여 강도, 내마모성을 증가시킨다.

④ Cu

0.25~2.5% 첨가로 경도가 증가하고, 내마모성과 내식성이 향상된다. 0.4~0.5% 정도 첨가되면 산성에 대한 내식성이 우수해진다.

⑤ V

흑연화를 강력히 방해하고, 0.10~0.50% 첨가로 조직을 미세하고 균일하게 한다.

⑥ Ti

흑연화를 촉진시키나 다량 첨가하면 역효과가 나타난다. 강한 탈산제로 고탄소, 고규소 주철에 0.3% 이하 첨가하면 흑연을 미세화하여 강도가 커진다.

〈그림 2-29〉에 합금 원소가 기계적 성질에 미치는 영향을 나타내었다.

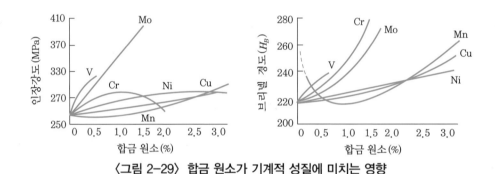

〈그림 2-29〉 합금 원소가 기계적 성질에 미치는 영향

(2) 합금 주철의 종류

① 고Cr 주철

고Cr 주철은 11~28% Cr을 함유한 주철이다. 기지 조직은 오스테나이트와 마텐자이트 및 Cr 탄화물로 되어 있다. 이 주철은 내산성, 내식성 및 내열성이 우수하다. 20~28% Cr을 함유한 주철은 내마모용 및 내식용으로 사용하고, 30~35% Cr을 함유한 주철은 내열용 및 내식용으로 사용한다. 고Cr 주철은 고온 강도, 경도가 크며, 산화성 분위기에서 내식성이 우수하다. 이 주철은 슬러리 펌프, 교반 날개 등에 사용한다.

② 고Ni 주철

고Ni 주철은 14% 이상의 Ni를 함유한 오스테나이트 주철이다. Ni-resist 주철은 내식성을 향상시킬 목적으로 Cr, Cu 등을 첨가한 주철이다. 이 주철은 연성이 크고 기계적 성질이 우수하며 비자성, 내식성, 내열성이 좋다. Ni 첨가에 따라 인장강도, 경도가 증가한다. 강도와 연성이 높은 주철로는 2.4% C 이하, 4~5% Si, 0.8~1.0% Mn, 18~30% Ni, 2~4% Cr를 함유한 Ni-Cr 오스테나이트 주철이 있다. Si은 내열성을 개선시키나 다량 첨가하면 규화물이 정출해서 취약해진다. 내해수용 주철은 펌프 케이스, 임펠러, 파이프 라인 등에 사용한다.

③ 고Si 주철

Si를 14% 정도 함유한 내산 주철로서 각종 산에 잘 견디나, 알칼리에 대한 내식성은 좋지 않다. 강도가 낮고 취약하여 기계 가공이 어렵다. 이 주철은 산을 처리하는 펌프, 교반기 등에 사용한다.

5-5 ◉ 가단주철

가단주철(malleable cast iron)은 2.0~2.6% C, 1.1~1.6% Si을 함유한 주철이다. 강도는 회주철과 주강의 중간 정도이다. 가단주철은 백주철이 되도록 주조한 후, 탈탄 또는 흑연화 열처리를 하여 연성이 좋은 주철이다.

대표적인 가단주철에는 백심 가단주철(white heart malleable cast iron)과 흑심 가단주철(black heart malleable cast iron) 및 펄라이트 가단주철(pearlite malleable cast iron)이 있다.

가단주철의 특성은 다음과 같다.

① 주조성이 우수하다.　　② 경도는 Si량이 증가하면 높아진다.

③ 강도 및 내력이 크다.　　④ 내열성, 내식성, 내충격성이 우수하고, 절삭성이 좋다.

〈표 2-39〉에 가단주철의 종류와 기계적 성질을 나타내었다.

〈표 2-39〉 가단주철의 종류와 기계적 성질

종류	화학 성분(%)						인장강도 (MPa)	연신율 (%)
	C	Si	Mn	P	S	Cr		
백심 가단주철	2.80~3.20	0.60~1.11	0.5 이하	0.2 이하	0.3 이하	−	330~540	3~8
흑심 가단주철	2.00~2.90	0.80~1.50	0.4 이하	0.2 이하	0.2 이하	0.06 이하	270~360	5~14
펄라이트 가단주철	2.00~2.60	1.00~1.50	0.20~1.10	0.2 이하	0.2 이하	−	440~690	2~6

(1) 백심 가단주철

백주철을 탈탄 열처리하여 주철에 가단성을 부여한 주철을 백심 가단주철이라 한다. 〈그림 2-30〉에 백심 가단주철의 조직을 나타내었다.

이 조직은 펄라이트가 많고, 풀림 처리에 의해서 흑연이 혼합되므로 중심부에 유리 Fe_3C가

남고 희고 굳은 단면이 된다. 표면은 탈탄하여 페라이트로 되어 연하며, 내부로 들어갈수록 강인한 조직이 된다.

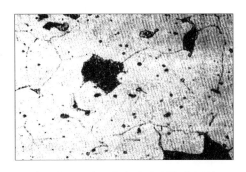

〈그림 2-30〉 백심 가단주철의 조직

(2) 흑심 가단주철

저탄소, 저규소의 백주철을 열처리하여 Fe_3C를 분해시키고 흑연을 입상으로 석출한 주철을 흑심 가단주철이라 한다. 〈그림 2-31〉에 흑심 가단주철의 조직을 나타내었다. 이 조직은 페라이트 조직 중에 뜨임 탄소가 존재하여 강도는 낮으나 인성과 연성은 좋다. 또한 대기, 해수, 토양 중에서 우수한 내식성을 나타낸다.

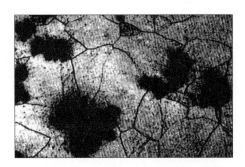

〈그림 2-31〉 흑심 가단주철의 조직

(3) 펄라이트 가단주철

흑연화 열처리를 하여 입상 및 충상의 펄라이트 조직으로 만든 주철을 펄라이트 가단주철이라 한다. 〈그림 2-32〉에 펄라이트 가단주철의 조직을 나타내었다. 이 주철은 강도가 높고, 주조성이 좋아 복잡한 주물도 쉽게 만들 수 있다. 열처리 방법에는 열처리 사이클 변화, 흑심 가단주철의 재열처리, 0.6% Mn 또는 0.5% 이하 Mo 및 Cr 첨가 등이 있다. 이 주철은 자동차, 각종 기계 부품 및 공구류, 밸브 등에 사용된다.

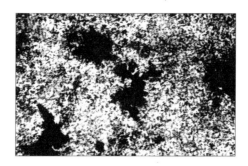

〈그림 2-32〉 펄라이트 가단주철의 조직

Q 예제

가단주철(malleable cast iron)의 특성을 설명하시오.

해설 ① 주조성이 우수하다.   ② 경도는 Si량이 증가하면 높아진다.
③ 강도 및 내력이 크다.   ④ 내열성, 내식성, 내충격성이 우수하고, 절삭성이 좋다.

5-6 ○ 칠드주철

칠드주철(chilled casting)이란 주조할 때 주형에 냉금(chiller)을 삽입하면 급랭하여 표면은 백선화되어 경도가 높아지고, 내부는 서랭하여 연하게 되어 강인한 성질을 가진 주물을 말한다. 백선화 부분은 취성이 있으나 내부는 강하고 인성이 있는 회주철이다. 칠의 깊이는 냉각 속도, 화학 성분 등의 영향을 받는다. 칠드주철은 3.0~3.7% C, 0.6~2.3% Si, 0.6~1.6% Mn, 0.2~0.4% P, 0.07~0.1% S를 함유한 주철로 칠의 경도(H_B)는 350~450 정도이다. 주로 압연기의 롤, 분쇄기의 롤, 철도용 바퀴 등에 사용한다.

5-7 ○ 구상 흑연주철

구상 흑연주철(spheroidal graphite cast iron)은 3.4~4.2% C, 0.8~3.6% Si, 0.1~0.7% Mn, 0.025~1% P, 0.015~0.2% Si, 0.04~0.08% Mg 정도를 함유한다. 구상 흑연주철은 S이 적은 선철을 용해하여 주형에 주입하기 전에 Mg, Ce, Ca 등을 첨가하여 구상화한 것으로 주조성, 가공성 및 내마멸성이 우수하고, 강도가 높으며, 인성, 연성, 가공성 등의 기계적 성질이 강의 성질과 비슷하다. 〈그림 2-33〉에 구상 흑연주철의 조직을 나타내었다.

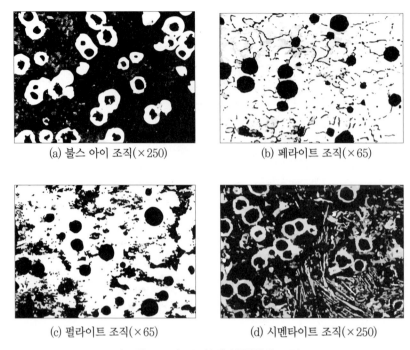

(a) 불스 아이 조직(×250)   (b) 페라이트 조직(×65)

(c) 펄라이트 조직(×65)   (d) 시멘타이트 조직(×250)

⟨그림 2-33⟩ 구상 흑연주철의 조직

구상 흑연주철의 조직은 (a)~(d) 등으로 분류한다. (a)는 구상 흑연 주위에 페라이트가 싸여 있고, 그 외부에 펄라이트로 되어 있는 불스 아이(bull's eye) 조직으로, 페라이트와 펄라이트의 중간 조직이다.

흑연의 구상화제로 Mg 또는 Ca을 첨가하며 O 및 S와의 친화력이 강하므로 용탕 중의 S량이 많으면 구상화제의 사용량이 많아진다. 용탕의 S량이 많을 때에는 탈황하여 S를 0.02% 이하로 낮춘다. ⟨표 2-40⟩에 구상 흑연주철의 종류와 성질을 나타내었다.

⟨표 2-40⟩ 구상 흑연주철의 종류와 성질

종류	발생 원인	성질
페라이트형 (페라이트가 석출한 것)	• C, Si(특히 Si가 많을 때) • Mg의 양이 적당할 때 • 냉각 속도가 느리고 풀림을 했을 때	• 연신율 6~20% • 경도(H_B) 150~200 • Si가 3% 이상이 되면 취약
펄라이트형 (기지가 펄라이트)	시멘타이트형과 페라이트형의 중간일 때	• 연신율 2% 정도 • 경도(H_B) 150~240 • 강인하고 인장강도 590~690 MPa
시멘타이트형 (시멘타이트가 석출한 것)	• C, Si(특히 Si가 적을 때) • Mg의 첨가량이 많을 때 • 냉각 속도가 빠를 때	• 경도(H_B) 220 이상 • 연성이 없다.

〈표 2-41〉에 구상 흑연주철의 종류와 기계적 성질을 나타내었다.

〈표 2-41〉 구상 흑연주철의 종류와 기계적 성질(KS D 4302)

기 호	인장강도(MPa)	압축강도(MPa)	경도(H_B)
GCD 40	252 이상	392 이상	201 이하
GCD 45	284 이상	441 이상	143~217
GCD 50	323 이상	490 이상	170~241
GCD 60	372 이상	588 이상	192~269
GCD 70	421 이상	686 이상	229~302
GCD 80	480 이상	784 이상	248~352

내식성과 절삭성은 보통 주철과 비슷하나 내마모성이 우수하여 기계용 부품, 자동차용 부품, 농기계용 부품, 화학용 부품, 상하수도용 부품 등에 사용한다.

6. 강의 열처리와 표면 경화 처리

6-1 열처리의 개요

열처리(heat treatment)란 가열 및 냉각 등의 조작에 의해 금속의 내부 조직을 변화시켜 강도, 내마모성, 내충격성, 가공성 등의 기계적 성질을 부여하기 위한 기술이다. 열처리는 기계 부품 제조에 필수적인 공정으로, 부품에 요구되는 여러 가지 기계적 성질을 향상시켜 기계의 기능을 향상시키고 수명을 연장시킬 수 있다. 특히 합금강은 제품 설계와 가공에 있어서 기술적인 어려움이 많아 부품의 열처리는 매우 중요하다. 열처리는 산업 기계, 자동차, 금형, 전기, 전자 등의 산업 분야에 이용된다.

열처리의 방법과 목적은 다음과 같다.

① 불림(normalizing)은 조직을 미세화하고 균일하게 한다.

② 풀림(annealing)은 재질을 연하고 균일하게 한다.

③ 담금질(quenching)은 재질을 경화한다.

④ 뜨임(tempering)은 담금질한 재질에 인성을 부여한다.

6-2 ● 일반 열처리

강은 A_3, A_2, A_1, Acm 등의 변태를 일으킨다. 이 중에서 A_1 변태점을 경계로 오스테나이트 ⇄펄라이트의 변태를 한다. 펄라이트는 페라이트와 시멘타이트의 혼합물로서 구성되어 있으며, 다음과 같은 변화가 일어난다.

① γ고용체 ⇄ α고용체

② 면심입방격자 ⇄ 체심입방격자

③ 고용탄소 ⇄ 유리탄소

이 변화를 이용하여 강을 가열과 냉각의 방법으로 변태를 일으켜 적당한 조직을 만들어 기계적 성질을 부여하는 것이 열처리이다. 일반 열처리에는 불림, 풀림, 담금질, 뜨임 등이 있다.

(1) 불림

강을 표준 상태로 하기 위한 열처리 조작이며, 가공으로 인한 조직의 불균일을 제거하고, 결정립을 미세화시켜 기계적 성질을 향상시킨다. 〈그림 2-34〉에 강의 불림 온도를 나타내었다.

A_3 또는 Acm+50℃ 온도에서 일정 시간 가열하면 섬유상 조직은 없어지고, 과열 조직과 주조 조직이 개선된다. 냉각은 대기 중에서 공랭하면 결정립이 미세화되고, 강인한 미세 펄라이트 조직이 되어 기계적 성질이 향상된다.

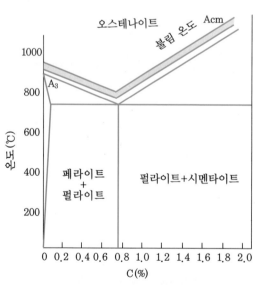

〈그림 2-34〉 강의 불림 온도

〈그림 2-35〉에 불림의 방법을 나타내었다.

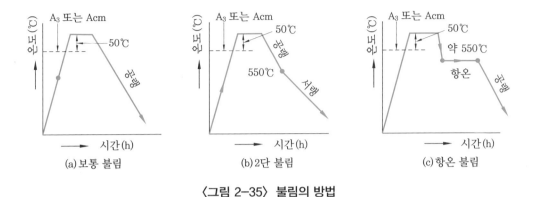

〈그림 2-35〉 불림의 방법

　불림에 의하여 주강은 조직이 균질화되고, 기계적 성질이 향상된다. 〈그림 2-36〉에 0.22% C 주강의 조직을 나타내었다.

　〈그림 2-36〉의 조직은 비드만스테텐 조직으로 오스테나이트 입자가 조대하거나 또는 높은 온도로부터 냉각 속도를 증가시키거나 다른 원인에 의해서 생성된다. 비드만스테텐 조직 또는 과열 조직은 불림으로 제거할 수 있다.

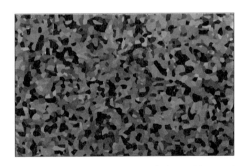

〈그림 2-36〉 0.22% C 주강의 조직(×100)

(2) 풀림

　일정 온도에서 일정 시간 가열한 후, 비교적 느린 속도로 냉각시키는 조작으로 그 목적은 다음과 같다.

　① 합금의 성질을 변화시킨다(강의 경도가 낮아져서 연화된다).

　② 일정 조직의 금속이 형성된다(조직의 균일화, 미세화, 표준화).

　③ 가스 및 불순물의 방출과 확산을 일으키고, 내부응력을 저하시킨다.

　〈그림 2-37〉에 강의 풀림 온도를 나타내었다.

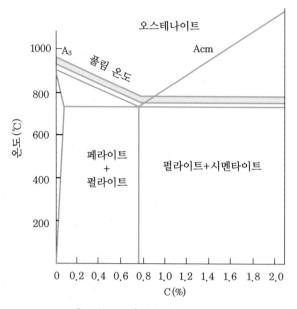

〈그림 2-37〉 강의 풀림 온도

풀림의 방법에는 완전 풀림, 연화 풀림, 구상화 풀림 등이 있다.

① 완전 풀림

주조 조직이나 고온에서 장시간 단련된 재료는 오스테나이트의 결정 입자가 거칠어지고 크며, 기계적 성질 등이 나빠진다. 이러한 조직 강을 Ac₃(아공석강) 또는 Ac₁(과공석강) 이상의 고온에서 일정 시간 가열 후 노랭하는 조작을 완전 풀림(full annealing)이라 한다. 이 조작은 강을 연화시키며 기계 가공과 소성 가공을 쉽게 한다. 〈그림 2-38〉에 완전 풀림 온도를 나타내었다.

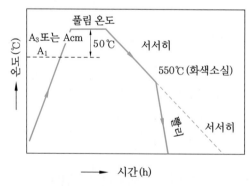

〈그림 2-38〉 완전 풀림 온도

② 연화 풀림

금속 및 합금은 냉간 가공을 하면 가공 경화에 의하여 강도가 증가되고 취약해져서 더 이상 가공할 수 없게 된다. 특히 강에서는 탄소량이 많을수록 가공 경화가 커진다. 경화된 강을 연화시키기 위하여 650~750℃의 온도에서 가열 후 서랭하는 조작을 연화 풀림(softening annealing) 또는 중간 풀림(process annealing)이라 한다.

연화 풀림에서는 회복과 재결정이 일어나고, 응력이 제거되며 연화가 된다. 이때에 경도가 저하되며 소성 가공 및 절삭 가공이 용이하게 된다.

③ 구상화 풀림

소성 가공이나 절삭 가공을 쉽게 하거나 기계적 성질을 개선할 목적으로 탄화물을 구상화시키는 열처리 조작을 구상화 풀림(spheroidizing annealing)이라 한다. 과공석강에서 초석 망상 시멘타이트가 존재하면 경도가 매우 높아져 기계 가공성이 나빠지고, 담금질할 때 변형이나 균열이 발생하기 쉽다. 시멘타이트를 구상화하면 피가공성이 좋고, 인성이 증가하여 균일한 담금질이 된다.

특히, 공구강, 베어링강 등의 고탄소강은 담금질 전에 탄화물을 구상화한다. 〈그림 2-39〉에 Fe_3C의 구상화 풀림 방법을 나타내었고, 조작 방법은 다음과 같다.

㈎ Ac_1 직하 650~700℃에서 가열 유지한 후 냉각한다.

㈏ A_1 변태점을 경계로 가열 냉각을 반복한다. A_1 변태점 이상으로 가열하여 망상 Fe_3C를 없애고, 직하 온도로 유지하여 구상화한다.

㈐ Ac_3 및 Acm 온도 이상으로 가열하여 Fe_3C를 고용시킨 다음에 급랭하여 망상 Fe_3C를 석출하지 않도록 냉각한 후, 다시 가열하여 ㈎ 또는 ㈏의 방법에 따라 과공석강을 구상화한다.

㈑ Ac_1 직상의 온도에서 가열한 후, Ar_1까지 서랭하거나 Ar_1 직하의 온도로 항온 유지하는 방법이다.

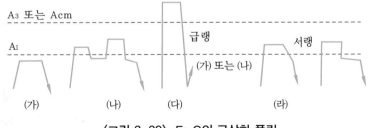

〈그림 2-39〉 Fe_3C의 구상화 풀림

〈그림 2-40〉에 1.13% C 탄소강의 망상 시멘타이트 조직을 나타내었고, 〈그림 2-41〉에 구상 시멘타이트 조직을 나타내었다.

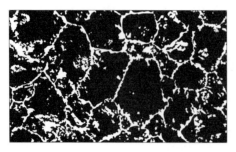
〈그림 2-40〉 망상 시멘타이트 조직(×250)

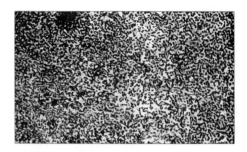
〈그림 2-41〉 구상 시멘타이트 조직(×400)

Q 예제

풀림(annealing)의 목적을 설명하시오.

해설 ① 합금의 성질을 변화시켜 강의 경도가 낮아지면서 연화된다.
② 일정 조직의 금속이 형성되어 조직이 균일화, 미세화, 표준화된다.
③ 가스 및 불순물의 방출과 확산을 일으키고, 내부응력을 저하시킨다.

(3) 담금질

변태점 이상으로 가열한 오스테나이트 상태의 강을 물 또는 기름 속에서 급랭하는 조작을 담금질이라 한다. 오스테나이트 온도로부터 냉각할 경우에 냉각 속도에 따라 조직이 변화하는데, 이때 나타나는 조직은 매우 단단한 마텐자이트(martensite) 조직이다. 담금질 온도는 그 강의 조성에 따라 다르며, 아공석강에서는 Ac_3점, 과공석강에서는 Ac_1점 이상 30~50℃로 가열 유지한 후 냉각한다. 냉각 시 임계 구역에서는 급랭하고, 위험 구역에서는 서랭한다. 〈그림 2-42〉에 담금질의 냉각 방법을 나타내었다.

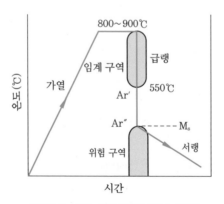
〈그림 2-42〉 담금질의 냉각 방법

담금질의 주요 목적은 경화이므로, 〈그림 2-42〉에서와 같이 Ar′ 변태 구역에서는 급랭시키고, 균열이 생길 위험이 있는 Ar″ 변태 구역에서는 서랭한다. 임계 구역은 담금질 온도로부터 Ar′ 까지의 온도 범위이다. 위험 구역은 Ar″ 이하로 마텐자이트 변태가 일어나는 온도 범위이며, M_s점은 Ar″ 변태가 시작하는 점이다. 〈그림 2-43〉에 냉각 방법에 따른 오스테나이트 분해를 나타내었다.

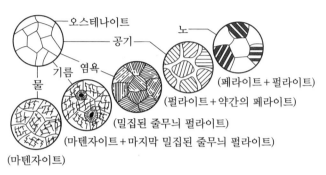

〈그림 2-43〉 냉각 방법에 따른 오스테나이트 분해

담금질에 의해서 나타나는 조직에는 마텐자이트(martensite), 트루스타이트(troostite), 소르바이트(sorbite), 오스테나이트(austenite) 등 4가지가 있다. 마텐자이트는 경도와 강도가 최대이다. 마텐자이트는 결정의 미세화, 급랭으로 인한 내부응력, 탄소 원자에 의한 Fe 격자의 강화 등으로 인하여 경도가 크다. 〈표 2-42〉에 공석강을 오스테나이트에서 냉각할 때 냉각 속도에 따른 조직을 나타내었다.

〈표 2-42〉 공석강을 오스테나이트에서 냉각할 때 냉각 속도에 따른 조직

명 칭	조 직	냉각 속도	경도(H_B)
오스테나이트	γ철 + C 고용체	-	155
마텐자이트	α철 + C 고용체	수랭(극히 급랭)	680
트루스타이트	α고용체 + Fe_3C 혼합물	유랭(급랭)	400
소르바이트	α고용체 + Fe_3C 혼합물	공랭(서랭)	270
펄라이트	α고용체 + Fe_3C 혼합물	노랭(극히 서랭)	225

〈그림 2-44〉에 0.86% C강을 수랭한 조직을 나타내었다. (a)는 760℃에서 수랭한 마텐자이트 조직을 나타낸 것으로 침상 마텐자이트 조직을 식별할 수 없다. 동일한 강을 보다 높은 온도로부터 담금질하면 오스테나이트 결정이 빨리 성장하므로 담금질에서 생성된 침상 마텐자이트는 조대하게 된다. (b)는 1,000℃에서 수랭한 조직으로 (a)와 비교하면 조대한 마텐자이트 조직을 뚜렷이 식별할 수 있다. 조대한 마텐자이트는 취약하므로 담금질로 개선할 수 있다.

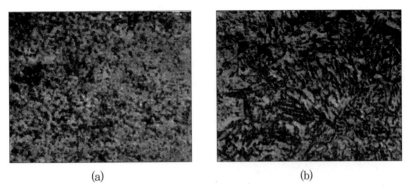

(a)   (b)

〈그림 2-44〉 0.86% C 강의 수랭 조직(×500)

(4) 뜨임

담금질한 상태의 강은 경도가 매우 높아 취약하므로, A_1 변태점 이하의 적당한 온도로 가열하는 조작을 뜨임이라 한다.

뜨임은 저온 뜨임과 고온 뜨임으로 분류한다. 저온 뜨임은 칼날이나 공구 등과 같이 비교적 높은 경도와 내마모성을 요구하는 경우에 100~200℃ 부근에서 뜨임하는 조작이다. 고온 뜨임은 구조용강을 소르바이트 조직으로 바꾸고, 경도는 낮더라도 강인한 재질로 만들기 위하여 500℃ 부근의 고온에서 뜨임하는 조작이다.

일반적으로 뜨임 온도가 높을수록 강도, 경도는 감소되나 연신율, 단면수축률 등은 증가되며 뜨임 온도에 따라 저온 뜨임 취성, 1차 뜨임 취성, 2차 뜨임 취성이 생긴다. 〈그림 2-45〉는 1.3% C강을 수랭한 조직을 나타내었다.

(a)는 1,150℃에서 수랭한 것으로 매우 조대한 침상 마텐자이트와 잔류 오스테나이트 조직이고, (b)는 100℃에서 뜨임한 조직으로 검은 부분은 입방정 마텐자이트이고, 흰 부분은 잔류 오스테나이트 조직이다.

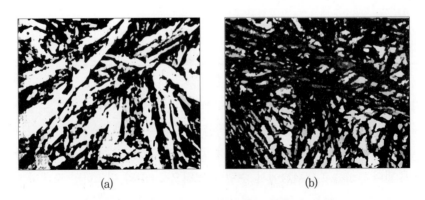

(a)   (b)

〈그림 2-45〉 1.3% C 강의 수랭 조직(×1,000)

6-3 ● 항온 열처리

공석강을 A₁ 변태 온도 이상으로 가열한 후, 어느 정도의 시간을 유지하면 단상의 오스테나이트가 된다. 이와 같이 오스테나이트화한 다음에 A₁ 변태 온도 이하의 온도로 급랭시켜서 시간이 경과함에 따라 오스테나이트의 변태를 나타낸 곡선을 항온 변태 곡선(isothermal transformation diagram) 또는 TTT 곡선(time-temperature transformation diagram), S 곡선이라 한다. 〈그림 2-46〉에 공석강의 항온 변태 곡선을 나타내었다.

〈그림 2-46〉에서와 같이 550℃ 부근의 온도에서 곡선이 왼쪽으로 돌출되어 있는데, 이것은 변태가 이 온도에서 가장 먼저 시작된다는 의미로 코(nose)라 한다. 항온 변태 곡선은 변태의 시작과 종료를 나타내는 것으로, nose 온도 위에서 항온 변태를 시키면 펄라이트가 형성되고, nose 온도 아래에서 항온 변태를 시키면 베이나이트가 형성된다.

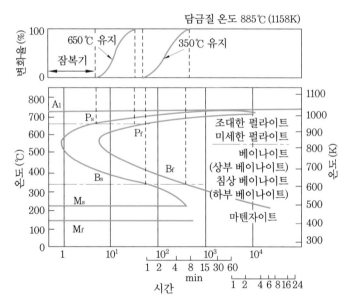

〈그림 2-46〉 공석강의 항온 변태 곡선

(1) 마퀜칭

마퀜칭(marquenching)은 다음과 같은 과정을 거친다.

① M_s점(Ar″) 직상으로 가열된 염욕에서 담금질한다.

② 담금질한 재료의 내외부가 동일한 온도에 도달할 때까지 항온 유지한다.

③ 재료를 꺼내어 공랭하여 Ar″ 변태를 진행시킨다.

이때에 마텐자이트 조직이 얻어지며, 마퀜칭 후에는 뜨임하여 사용한다. 마퀜칭의 특징은 담금질에 의한 균열 및 변형이 생기지 않는다는 점이다. 〈그림 2-47〉에 S 곡선에서 마퀜칭 과정을 나타내었다.

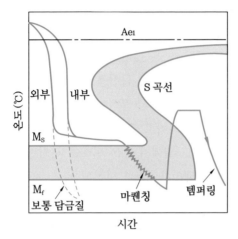

〈그림 2-47〉 S 곡선에서 마퀜칭 과정

(2) 오스템퍼링

오스템퍼링(austempering)은 Ar′ 와 Ar″ 사이의 온도로 유지한 열욕에 담금질하고, 과냉각의 오스테나이트 변태가 끝날 때까지 항온으로 유지하는 조작이다. 이때에 베이나이트 조직이 얻어진다. 〈그림 2-48〉에 S 곡선에서 오스템퍼링 과정을 나타내었다.

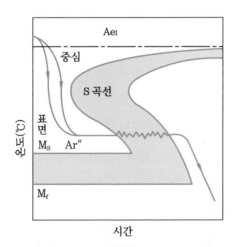

〈그림 2-48〉 S 곡선에서 오스템퍼링 과정

오스템퍼링은 보통 담금질과 뜨임에 비하여 연신율과 충격치 등이 크고, 강인성이 풍부한 재료를 얻을 수 있다. 담금질에 의한 균열 및 변형이 생기지 않는다.

(3) 마템퍼링

마템퍼링(martempering)은 Ar″점 부근, 즉 M_s와 M_f 사이의 온도에서 항온 염욕에 급랭하고, 변태가 끝날 때까지 항온으로 유지하는 조작이다. 이때에 마텐자이트와 하부 베이나이트 조직이 얻어지므로 인성이 높아진다. 〈그림 2-49〉에 S 곡선에서 마템퍼링 과정을 나타내었다.

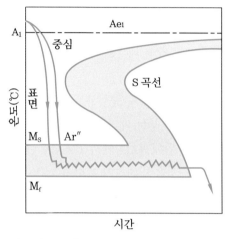

〈그림 2-49〉 S 곡선에서 마템퍼링 과정

Q 예제

항온 열처리의 종류를 나열하시오.

해설 ① 마퀜칭(marquenching)
② 오스템퍼링(austempering)
③ 마템퍼링(martempering)

6-4 강의 표면 경화 처리

표면 경화법(surface hardening)이란 표면은 경화시키고 내부는 강인성을 부여하는 처리이다. 기계 부품이나 자동차 부품 등은 표면은 내마모와 피로에 견디고, 내부는 강인성이 있어 내충격에 견디어야 한다. 표면 경화법에는 침탄법, 질화법, 금속 침투법, 화학 증착법, 고주파 경화법, 물리 증착법 등이 있다.

(1) 침탄법

침탄(carburizing)이란 강의 표면층에 고용한 탄소를 확산시키는 처리이다. 침탄 처리에는 고체 침탄법, 가스 침탄법, 액체 침탄법이 있다.

① 고체 침탄법

고체 침탄법(solid carburizing)은 연강 또는 저탄소강을 60% 목탄+30% $BaCO_3$+10% Na_2CO_3 등의 침탄제를 넣고, 900~950℃ 온도에서 일정한 시간 동안 가열하여 탄소를 강의 내부로 침투시켜 침탄하는 방법이다. 강의 내부로 확산 침투한 탄소는 강의 표면 부분에 가장 많고, 내부로 들어감에 따라 점점 적어진다.

침탄된 조직은 표면층이 고탄소강 조직이며, 중심부는 저탄소강의 조직이 된다. 즉, 표면층은 열처리 후에 마텐자이트 조직으로, 중심부는 페라이트와 펄라이트의 혼합 조직이 된다. 이러한 상태의 강은 중심부를 미세화시키기 위해 900℃에서 1차 담금질하고, 표면의 경화를 목적으로 800℃에서 2차 담금질한 후, 연마 균열을 방지하기 위하여 150~200℃로 뜨임한다.

② 가스 침탄법

가스 침탄법(gas carburizing)은 메탄, 부탄가스 등과 같은 탄화수소 가스를 사용하여 침탄하는 방법이다. 침탄 가스는 Ni을 촉매로 하여 변성로에서 변성한다. 침탄 능력을 카본 퍼텐셜(carbon portential)이라 하는데, 이것은 노점을 이용하여 측정한다.

노점이 낮을수록 침탄 능력은 크게 된다. 그러나 카본 퍼텐셜을 너무 높게 할 수 없으므로 변성 가스에 원료 가스를 3% 정도 첨가한 증탄 가스(enrich gas)를 침탄로에 보내어 침탄 가스로 사용한다. 침탄 온도는 900~950℃가 적당하며, 침탄 후 직접 담금질하여 150~200℃로 뜨임한다.

③ 액체 침탄법

액체 침탄법(liquid carburizing)은 시안화나트륨(NaCN), 시안화칼륨(KCN)을 주성분으로 한 염을 사용하여 침탄하는 방법이다. 침탄 온도 750~900℃에서 30~60분 정도 침탄한다. 이 방법은 침탄 시간이 짧기 때문에 직접 담금질(direct quenching)한 후 뜨임한다. 주로 자동차 부품, 사무기기 부품 등의 내마모성이 요구되는 재료에 사용한다.

(2) 질화법

질화법(nitriding)은 강 표면에 질소를 침투시켜 경화하는 방법으로 내연 기관의 실린더 내면, 게이지 블록, 기어 잇면 등에 질화 처리하여 사용한다. 질화 처리에는 가스 질화법, 연질화법 등이 있다.

① 가스 질화법

가스 질화법(gas nitriding)은 NH_3 가스 중에서 질화용 강을 500~550℃ 온도에서 2시간 정도 가열하면 NH_3 가스가 분해하여 생긴 발생기의 N이 Fe, Al, Cr 등의 원소와 화합하여 질화층을 형성하는 방법이다.

질화 효과를 크게 하는 원소에는 Al, Cr, Mo 등이 있다. 질화된 강은 표면 경도(H_V) 1,000~1,300 정도이고, 내마모성과 내식성이 있어 고온에서도 안정하다. 침탄 처리보다 10배의 시간이 더 걸린다.

② **연질화법**

연질화법(soft nitriding, tufftriding)은 용융염을 520~570℃ 온도에서 용융시켜 10~120분 정도 액체질화 처리를 하는 방법이다. 연강에 이 처리를 하면 표면 경도(H_V)는 570 정도가 된다. 경도는 그다지 높지 않지만 내마모성, 내피로성, 내식성을 향상시킨다.

(3) 금속 침투법

금속 침투법(cementation)은 피복하려는 재료를 가열해서 그 표면에 다른 종류의 피복 금속을 부착시키는 동시에 확산에 의해 합금 피복층을 형성시키는 방법이다. 철강 제품에 내식성, 내산화성 및 경도, 내마모성 등의 성질을 개선할 목적으로 사용한다. 확산 침투 원소로는 Zn, Cr, Al, Si, B 등이 사용된다.

① **셰러다이징**

셰러다이징(sheradizing)은 철강 표면에 Zn을 확산 침투시키는 방법이다. Zn 분말 속에 재료를 넣고, 300~420℃ 온도에서 1~5시간 가열하여 경화층을 얻는 방법으로 내식성의 향상을 목적으로 한다.

② **크로마이징**

크로마이징(chromizing)은 철강 표면에 Cr을 확산 침투시키는 방법이다. 재료를 Cr 분말 속에 넣고, 환원성 또는 중성 분위기 중에서 1,000~1,400℃ 온도에서 가열하여 Cr을 침투시킨다. 일반적으로 0.2% C 이하의 연강이 사용되며 내식성, 내열성, 내마모성의 향상을 목적으로 한다.

③ **칼로라이징**

칼로라이징(calorizing)은 철강 표면에 Al을 침투시키는 방법이다. Al 분말을 소량의 염화암모늄(NH_4Cl)과 혼합시켜 중성 분위기에서 850~950℃ 온도에서 4~6시간 가열한 후, 900~1,050℃ 온도에서 확산 풀림하여 Al을 침투시킨다.

이외에도 Si를 침투시키는 실리코나이징(siliconizing), B를 침투시키는 보로나이징(boronizing) 등이 있다.

(4) 화학 증착법

화학 증착법(chemical vapor deposition, CVD)은 증기 상태의 화합물을 가열한 기판 위에 공급하여 기판 표면에서의 화학 반응에 따라서 목적으로 하는 반도체나 금속간 화합물을 증착시키는 방법이다. 화학 증착법에는 열분해법, 수소 환원법, 화학 반응법 등이 있다.

(5) 고주파 경화법

고주파 경화법(induction hardening)은 고주파 유도 전류를 이용하여 일정한 두께의 표면만을 가열한 후, 급랭하여 경화하는 방법이다. 이 방법은 가열 시간이 수초 정도로 짧기 때문에 산화, 탈탄, 결정 입자의 조대화 등이 일어나지 않는다. 따라서 인성이 요구되는 부품에 사용한다. 또한 재료의 내마모성, 피로성을 향상시킬 목적으로 사용한다.

(6) 물리 증착법

물리 증착법(physical vapor deposition)은 진공 속에서 가스화한 물질을 기판 표면에 증착시키는 방법이다. 물리 증착법에는 플라스마 CVD법, 스퍼터링법 등이 있다. 이 방법은 박막의 두께가 균일하고, 다층막 형성이 용이하다.

1. 강괴의 뜻을 쓰고, 강괴의 종류를 나열하시오.

2. 순철의 동소변태와 온도 변화에 관하여 설명하시오.

3. 순철의 용도를 설명하시오.

4. 탄소강의 개념을 쓰고, 탄소 함유량에 따라 강을 분류하시오.

5. 표준 조직을 정의하고 표준 조직의 종류를 나열하시오.

6. 탄소강의 물리적 성질을 설명하시오.

7. 탄소강 중에 망간이 기계적 성질에 미치는 영향을 설명하시오.

8. 탄소강 중에 황이 기계적 성질에 미치는 영향을 설명하시오.

9. 열간 가공이란 무엇인지 설명하시오.

10. 구조용 탄소강을 용도에 따라 분류하시오.

11. 탄소공구강의 구비 조건을 설명하시오.

12. 특수 주강의 종류를 들고 설명하시오.

13. 특수강에 첨가하는 원소는 어떠한 성질을 개선하는지 설명하시오.

14. 마르에이징강이 무엇인지 설명하시오.

15. 스테인리스강의 일반적인 특성이 무엇인지 설명하시오.

16. 주철을 파면에 따라 분류하시오.

17. 접종이란 무엇인지 설명하시오.

18. 열처리의 방법과 목적은 무엇인지 설명하시오.

19. 담금질이란 무엇인지 설명하시오.

20. 침탄법의 종류를 나열하시오.

비철금속 재료

제3장 비철금속 재료

1. 구리 및 구리 합금

1-1 ○ 구리

구리(copper)는 붉은색의 광택을 띠는 금속으로 내식성이 좋고, 전성 및 연성이 우수하여 가공성이 좋다. 또한 전기 전도성과 열전도성이 은(silver) 다음으로 좋아 공업용이나 일반 생활용으로 널리 이용된다.

(1) 구리의 종류

구리는 순금속으로 사용하기보다는 Zn, Sn, Ni, Ag, Au 등을 첨가하여 합금으로 사용한다. 순동의 종류에는 전기동, 정련동, 탈산동, 무산소동 등이 있다.

① **전기동**(electrolytic copper) : 전기 분해하여 음극에서 얻어지는 동으로 순도는 99.90% 이상이나 취약하여 가공이 곤란하다.

② **정련동**(electrolytic tough pitch copper) : 전기동을 용융 정제하여 Cu 중에 O를 0.02～0.04% 정도 남긴 동으로 순도는 99.92% 정도이다. 용해할 때 노내 분위기를 산화성으로 하여 용융 구리 중의 산소 농도를 증가시켜 수소 함유량을 저하시킨 후, 생목을 용동 중에 투입하는 폴링(poling)을 하여 탈산시킨 동으로 전도성, 내식성, 전연성, 강도 등이 우수하여 판, 봉, 선 등의 전기 공업용으로 사용한다. 〈그림 3-1〉에 정련동의 조직을 나타내었다.

〈그림 3-1〉 정련동의 조직

정련동의 조직은 균일한 다각 형상의 결정립으로 쌍정을 이루고 있으며 검은 점들은 개재물로서 Pb와 Bi이다.

③ **탈산동**(deoxidized copper) : 용해 시에 흡수한 O를 P으로 탈산하여 산소를 0.01% 이하로 남긴 동이다. 고온에서 수소 취성이 없고 산소를 흡수하지 않으며, 용접성이 좋아 가스관, 열교환관 등으로 사용한다. 〈그림 3-2〉에 탈산동의 조직을 나타내었다. 탈산동의 조직은 균일한 다각형의 결정립으로 결정립 내에 쌍정이 나타나는 풀림 조직이다.

〈그림 3-2〉 탈산동의 조직

④ **무산소동**(OFHC : oxygen-free high conductivity copper) : O나 P, Zn, Si, K 등의 탈산제를 품지 않는 동으로, 전기동을 진공 또는 무산화 분위기에서 정련 주조한 동이다. 산소 함유량은 0.001~0.002% 정도이며, 정련동과 탈산동의 장점을 갖추고 있다. 특히 전기 전도도와 가공성이 우수하고 유리에 대한 봉착성 및 전연성이 좋아 진공관용 또는 전자 기기용으로 사용한다. 〈그림 3-3〉에 무산소동의 조직을 나타내었다.

〈그림 3-3〉 무산소동의 조직

(2) 구리의 성질

구리는 다른 금속 재료와 비교하여 다음과 같은 우수한 점이 있다.

- 전기 및 열의 전도성이 우수하다.
- 전연성이 좋아 가공이 용이하다.

- 화학적 저항력이 커서 부식되지 않는다.
- 광택이 아름답다.
- Zn, Sn, Ni, Ag 등과 용이하게 합금을 만든다.

① **물리적 성질**

구리의 색은 담적색이나 산화되면 암적색으로 변화한다. 동소변태가 없으며 비자성체로 전기 전도율이 크다. 이러한 성질은 순도에 따라 달라지며, 전기 전도도를 해치는 불순물에는 Ti, P, Fe, Si, As 등이 있다.

〈표 3-1〉에 구리의 물리적 성질을 나타내었고, 〈그림 3-4〉에 구리와 황동의 온도와 도전율과의 관계를 나타내었다.

〈표 3-1〉 구리(99.95% Cu)의 물리적 성질

성 질	수 치	성 질	수 치
원자량	63.57	비열(20℃)	385.1 kJ/kg · K
결정 구조	면심입방격자(a=3.608 Å)	열팽창률(20~100℃)	16.5×10^{-6}
밀도(20℃)	8.89 g/cm³	고유저항(20℃)	1.71 $\mu\Omega$ · cm
비등점	2,595℃	도전율	약 101% IACS
용융점	1,083℃	주조 수축률	4.05%

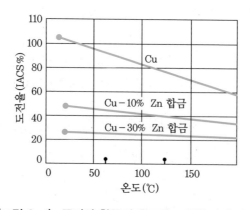

〈그림 3-4〉 구리와 황동의 온도와 도전율과의 관계

② **기계적 성질**

기계적 성질은 불순물의 함유량, 열처리 및 가공 처리 등에 의하여 현저하게 변화한다. 구리의 재결정 온도는 약 200℃ 정도이며, 가열하면 연신율은 점점 감소되어 500~600℃에서 최저가 된다. 그 이상의 온도에서는 다시 연신율이 증가하므로, 고온 가공은 750~850℃의 범위에서 한다.

구리는 상온 가공이 용이하며, 가공도에 따라 강도 및 경도가 증가한다. 가공경화된 구리의 풀림은 450~600℃에서 30~60분 정도 한다.

〈표 3-2〉에 지금(base metal)을 압연한 후 풀림한 구리의 기계적 성질을 나타내었다.

〈표 3-2〉 구리의 기계적 성질

성 질	수 치	성 질	수 치
인장강도	216~245 MPa	피로한도	709 MPa
연신율	49~60%	탄성계수	119.6 GPa
단면수축률	70~93%	브리넬 경도	35~40
아이조드 충격치	56.9 J	푸아송비	0.33±0.01

③ 화학적 성질

구리는 건조한 공기 중에서 산화하지 않으나, CO_2 또는 습기가 있으면 염기성 황산동 ($CuSO_4 \cdot Cu(OH)_2$), 염기성 탄산동($CuCO_3 \cdot Cu(OH)_2$) 등의 구리 녹이 발생한다. 또한, 염수 중에서 부식률은 0.05mm/년 정도이다. H_2를 함유한 환원성 분위기 중에서 구리를 가열하면 $Cu_2O + H_2 \rightarrow 2Cu + H_2O$로 반응하여 구리와 수증기로 된다. 이 수증기가 팽창하여 작은 헤어 크랙(hair crack)이 발생하는데, 이러한 현상을 구리의 수소 취성(hydrogen embrittlement) 이라 한다.

1-2 ◉ 황동

황동(brass)은 Cu와 Zn의 합금 및 이것에 Sn, Al, Si, Fe, Pb 등을 첨가한 합금이다. 황동 은 주조성 및 가공성이 좋고, 내식성 및 기계적 성질도 좋으며, 색깔이 아름답다. 실용 합금 은 45% Zn 이하로 가공재 또는 주물로 사용한다.

(1) 황동의 상태도와 조직

〈그림 3-5〉에 황동계의 평형상태도를 나타내었다. 이 계는 Zn의 함유량에 따라 α, β, γ, δ, ε, η의 6상이 있으나 실용되는 것은 α 및 $\alpha+\beta$ 고용체의 2상이다.

α상은 Cu에 Zn이 고용된 상태로 결정 구조는 면심입방격자이다. α상 중의 아연의 고용한 도는 약 450℃에서 39% Zn이며, 온도의 강하에 따라 고용한도는 감소하여 250℃에서 약 35%로 된다.

β상은 체심입방격자이고, 454~468℃에서 β(불규칙 격자) $\rightleftarrows \beta'$(규칙 격자)의 연속적인 변화 를 일으킨다. 이 규칙 변태는 대단히 빠른 속도로 일어나므로 급랭하여도 저지하기 어렵다. γ상 은 취약하고 가공성이 나빠서 사용하기 곤란하다.

포정온도는 902℃이며, Zn의 용해도는 32.5%이다. 902℃ 직하에서 합금은 불균질 α 및 β고용체의 혼합물로 된다.

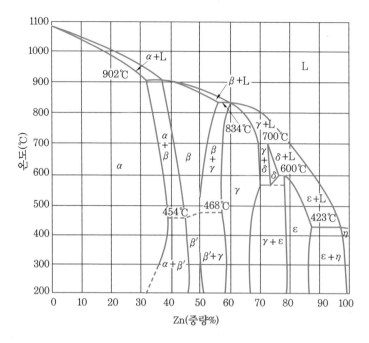

〈그림 3-5〉 정련동의 조직

〈그림 3-6〉에 70/30 황동의 조직을 나타내었다. 〈그림 3-6〉은 70/30 황동으로 조성은 Cu 68.5~71.5%, Fe 0.05%, Pb 0.07%, 나머지 Zn이며, 열처리 조작 시 530℃ 온도에서 25분간 유지한 후, 노랭한 풀림 조직이다. (a)는 균일한 다각형의 α상으로 풀림쌍정을 포함한 조직이고 (b)는 냉간 가공으로 슬립 변형된 조직이다.

(a)   (b)

〈그림 3-6〉 70/30 황동의 조직(×100)

(2) 황동의 성질

① 물리적 성질

황동의 색은 Zn의 함유량에 따라 변화하고, 비중도 거의 직선적으로 변화한다. 전기 전도도 및 열전도도는 Zn 40%까지는 고용체 특유의 저하를 나타내지만, Zn이 40% 이상이 되면 전도도는 상승하여 50% Zn에서 최대가 된다. 냉간 가공을 하면 전도도는 저하되는데, 아연량이 많을수록 현저하다. 70/30 황동은 1,150℃, 60/40 황동은 1,000℃ 이상이 되면 Zn이 비등하므로 주의하여야 한다. 황동은 자성은 없지만 Fe가 불순물로 함유되면 자성이 나타나므로 계기(計器) 재료로 황동을 사용할 때에는 주의하여야 한다.

② 기계적 성질

〈그림 3-7〉에 풀림한 황동판의 기계적 성질을 나타내었다. 〈그림 3-7〉과 같이 연신율은 28% Zn 부근에서 최대가 되고, β'상에 가까워지면 감소한다. 인장강도는 43% Zn 부근에서 최대가 되고, 그 이상에서는 감소한다. 45% Zn 이상의 황동은 취약하므로 구조용재에는 부적합하다.

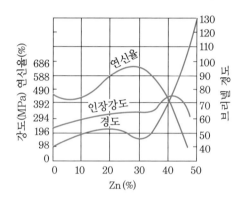

〈그림 3-7〉 황동판의 기계적 성질

온도 변화에 따른 전연성은 상온에서 α상이 β상보다 크나, 고온에서는 β상이 더 연하며 전연성이 좋다. 따라서 α상인 70/30 황동은 냉간 가공을 하고, $\alpha+\beta$상인 60/40 황동은 600~800℃ 범위에서 열간 가공을 한 후, 상온에서 냉간 가공을 하여 마무리한다. 열간 가공한 것은 냉간 가공한 것보다 연신율은 크고 인장강도는 작다.

α 황동을 냉간 가공한 후 재결정 온도 이하의 온도로 풀림하면 가공 상태보다 오히려 경화하는데, 이러한 현상을 저온 풀림 경화(low temperature anneal hardening)라 한다. 이 현상은 약 10% Zn에서 α상 한계까지의 합금에 많이 나타나고, 결정립이 미세할수록 경화가 현저하게 나타난다. 이 현상은 구리 합금 스프링재의 열처리에 이용되고, 냉간 가공만을 하여 제조한 것보다 경도가 커서 스프링의 특성을 개선할 수 있다.

황동 가공재를 상온에서 방치하거나 저온 풀림 경화로 제조한 스프링재가 사용 도중 시간의 경과에 따라 경도 등 여러 가지 성질이 악화되는 현상을 경년 변화(secular change)라 한다. 이 현상은 가공에 의한 불균일 변형이 균일화하는 데 기인되며, 이 변형의 불균일성은 가공도가 낮을수록 더욱 심하게 나타난다.

③ 화학적 성질

불순한 물 또는 부식성 물질이 녹아 있는 수용액의 작용에 의해 황동의 표면 또는 내부까지 아연이 탈출하는 현상이 있다. 이러한 현상을 탈아연 부식(dezincification)이라 한다. 염소를 함유한 물을 쓰는 수도관에서 흔히 볼 수 있다. 방지책으로 Zn 30% 이하의 α 황동을 사용하거나 0.1~0.5%의 As 또는 Sb, 1% 정도의 Sn을 첨가한다.

냉간 가공한 황동판이나 봉 등은 잔류응력에 의하여 균열을 일으키는데, 이러한 현상을 자연 균열(season cracking)이라 한다. 이것은 잔류응력에 국한되지 않고 외부에서의 인장하중에 의해서도 일어나는 응력 부식 균열(stress corrosion cracking)이다. 자연 균열을 일으키기 쉬운 분위기는 암모니아, 산소, 탄산가스, 습기, 수은 및 그 화합물이 촉진제이고, 방지책은 도료 및 Zn 도금 또는 180~260℃에서 응력 제거 풀림 등으로 잔류응력을 제거하는 것이다.

고온에서 증발에 의하여 탈아연되는 현상을 고온 탈아연(dezincing)이라 하며, 표면에 산화물이 없이 깨끗할수록 심해진다. 방지책으로 황동 표면에 산화물 피막을 형성하는 방법이 있다.

(3) 황동의 종류와 용도

황동은 아연 함유량에 따라 다음과 같은 종류가 있다.

① 95% Cu-5% Zn 합금(gilding metal)

순동과 같이 연하고, 압인 가공(coining)하기 쉬우므로 화폐, 메달 등에 사용한다.

② 90% Cu-10% Zn 합금(commercial bronze)

단동의 대표적인 것으로 색깔은 황금색에 가까우며, 디프 드로잉(deep drawing), 메달, 배지 등에 사용한다.

③ 85% Cu-15% Zn 합금(rich low 또는 red brass)

연하고, 내식성이 우수하여 건축용, 소켓, 체결구 등에 사용한다.

④ 80% Cu-20% Zn 합금(low brass)

Zn의 함유량이 20% 이하인 합금을 총칭하여 톰백(tombac)이라 하며, 전연성이 좋고 색깔이 아름다우므로 장식용 악기, 모조금, 금박의 대용으로 사용한다.

⑤ 70% Cu-30% Zn 합금(cartridge brass)

가공용 황동의 대표적인 것으로 판, 봉, 선, 관 등에 사용한다. 자동차용 방열기 부품, 소켓, 탄피, 장식품 등에 사용한다.

⑥ 65% Cu-35% Zn 합금(high 또는 yellow brass)

α상의 합금으로 Zn의 함유량이 많으며, 70% Cu-30% Zn 합금의 용도와 비슷하다.

⑦ 60% Cu-40% Zn 합금(muntz metal)

$\alpha + \beta$ 상의 합금으로 상온에서 전연성은 낮으나 강도는 크다. 아연 함유량이 많아 황동 중에서 가격이 가장 싸고, 내식성이 나빠 탈아연 부식을 일으키기 쉬우나 강력하기 때문에 기계 부품의 용도로 복수기용판, 열간 단조품, 볼트, 너트 탄피 등에 사용한다.

⑧ 황동 주물

20% 이하의 아연을 함유한 적색 황동 주물은 미술 주물에 사용하고, 30% 이상의 아연을 함유한 황색 황동 주물은 강력하여 기계 주물에 사용한다. 절삭성을 개선하기 위하여 Pb을 2.5%까지 첨가한다.

(4) 특수 황동의 종류와 용도

황동에 다른 원소를 첨가하여 물리적 성질과 기계적 성질을 개선한 합금을 특수 황동이라 한다. 첨가 원소는 Sn, Pb, Al, Si, Fe, Mn, Ni 등이 있다. 특수 황동의 종류에는 주석 황동, 연입 황동, 알루미늄 황동, 규소 황동, 고강도 황동 등이 있다.

① 주석 황동

황동에 소량의 Sn을 첨가하면 경도와 강도가 증가하고, 탈아연 부식이 감소되며, 내해수성이 좋아진다. 실용 합금으로는 71% Cu, 28% Zn에 1% Sn을 첨가한 애드미럴티 황동(admiralty brass)과 60% Cu, 39.25% Zn에 0.75% Sn을 첨가한 네이벌 황동(naval brass)이 있다. 이것들은 증발기, 열교환기, 용접봉, 파이프 등에 사용한다.

② 연입 황동

Pb은 황동에 극히 소량만 고용되고 나머지는 입계 및 입내에 미립이 되어 유리하여 존재한다. Pb을 1.0~3.5% 정도 함유한 황동을 쾌삭 황동(free cutting brass)라 하며, 조성 범위는 57~62% Cu, 1.0~3.5% Pb, 나머지 Zn이다. 이것은 절삭성이 우수하여 정밀 절삭 가공을 필요로 하는 기어, 나사 등에 사용한다. 〈표 3-3〉에 쾌삭 황동봉의 종류와 용도를 나타내었다.

〈표 3-3〉 쾌삭 황동봉의 종류와 용도(KS D 5101)

기호	화학 성분(%)					용도
	Cu	Pb	Fe	Fe+Sn	Zn	
C 3601	59.0~63.0	1.8~3.7	0.30 이하	0.50 이하	나머지	볼트, 너트, 기어, 밸브, 스핀들, 시계, 카메라 부품 등
C 3602	59.0~63.0	1.8~3.7	0.50 이하	1.0 이하	나머지	
C 3603	57.0~61.0	1.8~3.7	0.35 이하	0.6 이하	나머지	
C 3604	57.0~61.0	1.8~3.7	0.70 이하	1.0 이하	나머지	

③ 알루미늄 황동

황동에 Al을 첨가하면 결정립자가 미세하게 되므로 강도, 경도가 증가한다. 조성 범위는 22% Zn, 1.5~2% Al로 알브랙(albrac)이라고도 하며, 고온 가공으로 관을 만들어 증류기 관, 열교환기관 등에 사용한다.

④ 규소 황동

10~16% Zn의 황동에 4~5% Si를 첨가한 합금을 규소 황동(silzin bronze)이라 한다. 주물을 만들기 쉽고, 내해수성과 강도가 우수하여 선박 부품 등의 주물로 사용한다.

⑤ 고강도 황동

60/40 황동에 Fe, Mn, Ni 등을 첨가하여 취약하지 않고, 방식성, 내해수성이 강한 합금을 고강도 황동이라 하며, 54~58% Cu, 40~43% Zn에 1% 정도의 Fe을 첨가한 합금을 델타 메탈(delta metal)이라 한다.

이것은 결정 입자가 미세하여 연신율이 감소하지 않고, 강도가 증가한다. 60/40 황동에 8% Zn 대신 8% Mn을 첨가하면 강도가 증가한다.

55~58% Cu, 40% Zn에 2~5% Ni을 첨가한 합금을 양백(nickel silver)이라 하고, 색깔이 Ag와 비슷하여 장식용, 악기, 식기 등에 사용한다. 또한 재질이 균일하고, 강도, 내식성이 우수하여 전기 저항체로 사용한다.

Q 예제

자연 균열(season cracking)이란 무엇인지 설명하시오.

해설 냉간 가공한 황동판이나 봉 등에 잔류응력이 발생하여 균열을 일으키는 현상

1-3 ◉ 주석 청동

주석 청동(tin bronze)은 Cu와 Sn의 합금으로 내식성 및 내마모성이 우수하여 기계 주물용, 미술 공예품 등에 사용한다.

(1) 주석 청동의 상태도와 조직

〈그림 3-8〉에 Cu-Sn계의 평형상태도를 나타내었다. 이 계는 Sn의 함유량에 따라 α, β, γ, δ 및 ε 등의 고용체와 화합물로 되어 있다.

Cu에 Sn이 첨가되면 용융점이 급속하게 내려간다. Cu 중의 Sn의 최대 고용한도는 520℃에서 약 15.8%이며, 실용 조직은 α부터 $\alpha+\delta$까지의 조직이다. 주조 상태에서는 수지상 조직으로서 구리의 붉은색 또는 황적색을 띠며 전연성이 풍부하다.

β 고용체는 체심입방격자로 고온에서 존재하며, α보다 강도는 크고, 전연성은 떨어진다. γ 고용체는 고온에서 강도가 β보다 훨씬 큰 조직이며, δ 및 ϵ 조직은 청색의 화합물로 취약하다.

〈그림 3-8〉에서 β 고용체는 586℃에서 $\beta \rightleftarrows \alpha + \gamma$의 공석 변태를 일으키고, γ 고용체는 520℃에서 β와 같은 $\gamma \rightleftarrows \alpha + \delta$의 공석 변태를 일으킨다.

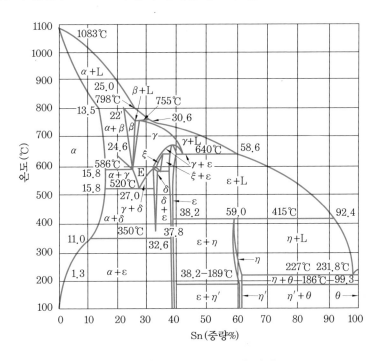

〈그림 3-8〉 Cu-Sn계의 평형상태도

〈그림 3-9〉에 90% Cu-10% Sn 청동 조직을 나타내었다. (a)는 주방 상태로 불균일한 α 고용체의 수지상 조직이고, (b)는 550℃ 이상의 온도에서 오랜 시간 뜨임하여 쌍정이 존재하는 균일한 α 고용체의 다면체 조직이다.

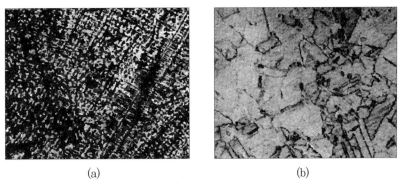

<table>
<tr><td>(a)</td><td>(b)</td></tr>
</table>

〈그림 3-9〉 90% Cu-10% Sn 청동 조직(×100)

(2) 주석 청동의 성질

① 물리적 성질

비중은 순구리와 거의 비슷하며, Sn 20%일 때 8.85이다. 전기 및 열전도도는 Sn의 함유량이 증가함에 따라 순구리보다 급속히 감소한다. 전기 전도도는 10% Sn에서 순구리($61\,\mathrm{m/\Omega\,mm^2}$)의 약 1/10 정도이다. 열전도도는 10% Sn에서 순구리의 약 1/9 정도로 감소한다.

② 기계적 성질

주석 청동의 기계적 성질은 주조할 때 냉각 속도와 열처리 조건에 따라 달라진다. 주석 청동은 α 조직이어야 하는 10% Sn 정도의 합금에도 편석 때문에 α 고용체의 수지상 조직 사이에 $\alpha+\delta$의 공석 조직이 나타난다. α 고용체도 결정 편석 때문에 농도가 달라져서 유심 조직(cored structure)을 나타낸다.

이와 같이 주조 조직은 불균일하지만 이것을 600℃ 정도로 풀림하면 α 단상이 되어 강도, 경도가 감소되고, 연신율이 증가하여 냉간 또는 열간 가공도 할 수 있다. 열간 가공은 약 600℃ 이상의 온도에서 가공한다.

〈그림 3-10〉에 주석 함유량에 따른 기계적 성질을 나타내었다.

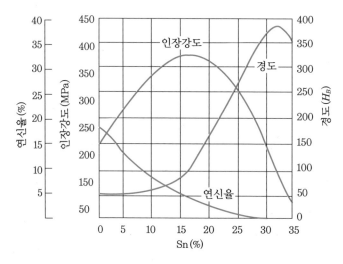

〈그림 3-10〉 주석 함유량에 따른 기계적 성질

③ 화학적 성질

대기 중에서 내식성이 좋고, 부식률은 0.00015~0.002mm/년 정도이다. 청동의 표면에 생기는 부식 피막은 Cu_2O의 적색 층과 $2CuCO_3 \cdot Cu(OH)_2$의 초록색 층이 번갈아 덮고 있다. 또 염수, 해수 중에도 저항력이 커서 부식률이 0.05mm/년이다.

10% Sn까지는 Sn 함량이 증가함에 따라 내해수성이 좋아지고, Pb 함유량이 많아질수록 내식성은 떨어진다. 산 수용액 중 진한 질산과 같은 산화성 산에서는 부식률이 0.5mm/일이고, 염산 중에서는 Cu보다 빨리 부식된다.

(3) 주석 청동의 종류와 용도

① 압연용 청동

3.5~7%의 Sn을 첨가한 합금으로 단련 및 가공이 용이하여 화폐 및 메달, 판, 선, 봉 등에 사용한다.

② 포금

8~12% Sn에 1~2% Zn을 첨가한 합금으로 포금(gun metal) 또는 애드미럴티 포금(admiralty gun metal)이라 하며, 내해수성이 좋고 수압, 증기압에도 잘 견디므로 선박용 재료로 사용한다.

③ 미술용 청동

80~90% Cu, 2~8% Sn에 유동성을 좋게 하고, 정밀 주물을 제작하기 위하여 Zn을 1~12% 첨가한다. 또한 절삭 가공을 용이하게 하기 위해 Pb을 1~3% 첨가한다. 이 합금은 동상, 실내 장식 또는 건축물 등에 사용한다. 〈표 3-4〉에 청동 주물의 종류와 용도를 나타내었다.

〈표 3-4〉 청동 주물의 종류와 용도(KS D 6002)

기 호	화학 성분(%)					인장강도 (MPa)	연신율 (%)	용 도
	Cu	Zn	Pb	Sn	기타			
BC 1	79.0~83.0	8.0~12.0	3.0~7.0	2.0~4.0	2.0 이하	167 이상	15 이상	밸브, 펌프 몸체
BC 2	86.0~90.0	3.0~5.0	1.0 이하	7.0~9.0	1.0 이하	245 이상	20 이상	펌프 몸체, 기어
BC 3	86.5~89.5	1.0~3.0	1.0 이하	9.0~11.0	1.0 이하	245 이상	15 이상	베어링, 기어
BC 6	82.0~87.0	4.0~6.0	4.0~6.0	4.0~6.0	2.0 이하	196 이상	15 이상	슬리브, 기계 부품
BC 7	86.0~90.0	3.0~5.0	1.0~3.0	5.0~7.0	1.5 이하	216 이상	15 이상	밸브, 기계 부품

④ 베어링용 청동

9.0~11% Sn을 함유한 합금으로 연성이 감소하나 경도가 크고 내마모성이 커서 베어링 차축 등의 마모가 많은 부분에 사용한다.

Q 예제

Cu와 Sn의 합금으로 내식성 및 내마모성이 우수하여 기계 주물용, 미술 공예품 등에 사용하는 합금을 무엇이라 하는가?

해설 주석 청동(tin bronze)

(4) 특수 청동의 종류와 용도

Cu-Sn계 합금에 P, Pb, Ni, Al, Si, Mn 등을 첨가하여 재질을 개선한 합금을 특수 청동이라 한다. 특수 청동의 종류에는 인청동, 연청동, 니켈 청동 등이 있다.

① **인청동**

탈산제로 사용하는 P의 첨가량을 합금 중에 0.05~0.5% 정도 잔류시키면 용탕의 유동성이 좋아지고 합금의 경도, 강도가 증가하며, 내마모성과 탄성이 개선된다. 이러한 합금을 인청동(phosphor bronze)이라 한다.

〈그림 3-11〉에 Cu-P계의 평형상태도를 나타내었다. Cu-P계의 평형상태도는 공정형으로, P는 극소량이 Cu 중에 고용되나 대부분 취약한 Cu_3P 상으로 존재한다. P를 함유하면 Sn의 고용도가 저하하여 주조 조직 중에 δ상을 증가시켜 Sn을 증가시킬 때와 같이 경도가 커진다.

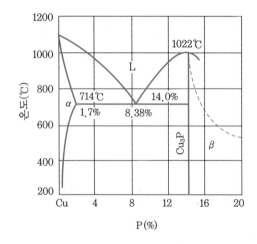

〈그림 3-11〉 Cu-P계의 평형상태도

〈그림 3-12〉는 5% Sn, 0.15% P, 나머지 Cu인 아공정 조직으로 조대한 α수지상정 내에 슬립이 분포되어 있고, 냉간 드로잉에 의해 늘어난 인청동 조직이다.

〈그림 3-12〉 인청동의 조직(×200)

인청동은 고탄성을 요구하는 판, 선 등의 가공재로 사용되고, 내식성, 내마모성을 필요로 하는 펌프 부품, 기어, 선박용 부품, 화학기계용 부품 등의 주물로 사용된다. 스프링용 인청동은 보통 7~9% Sn, 0.05~0.5% P를 함유한 합금으로 통신 기기 등의 스프링으로 사용한다.

② 연청동

주석 청동에 Pb을 3.0~26% 첨가한 합금을 연청동(lead bronze)이라 한다. 조직 중에 Pb 이 거의 고용되지 않고, 입계에 존재하여 윤활성이 좋아지므로 베어링, 패킹 등에 사용된다. 〈그림 3-13〉에 Cu-Pb계의 평형상태도를 나타내었다.

〈그림 3-13〉에서와 같이 36~87% Pb 조성에서는 비중 차에 의해 L_1, L_2의 공액을 형성하여 954℃에서 편정반응(monotectic reaction)이 나타난다. L_1이 소실되고, L_2로부터 Cu를 정출하고, 326℃에서 Pb를 정출하여 응고를 완료한다.

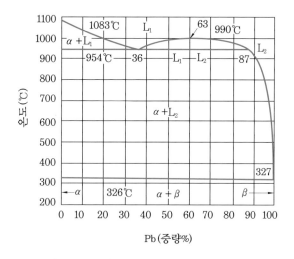

〈그림 3-13〉 Cu-Pb계의 평형상태도

Cu의 초정은 그 밀도가 융액보다 작아 떠오르는 경향이 있어 중력 편석이 되기 쉽고, 응고범위가 넓어 역편석이 일어난다. 따라서 균일한 조직을 얻으려면 용탕을 급랭하여 칠 등을 이용하거나 주입 온도를 낮게 한다. 조직을 미세화하기 위해 Ti, Zr 등을 첨가한다. 〈그림 3-14〉에 연청동의 조직을 나타내었다.

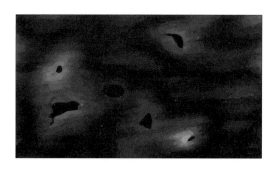

〈그림 3-14〉 연청동의 조직(×100)

〈그림 3-14〉는 6% Pb를 함유한 연청동(lead bronze) 주물로 부식하지 않은 조직이다. 대표적인 연청동 주물의 조성은 3.0~11% Sn, 3.0~26% Pb, 1% 이하 Ni로 기계용 중고 속 하중용 베어링 재료로 이용한다.

③ 니켈 청동

주석 청동에 5% Ni를 첨가한 합금으로, Cu와 Ni은 서로 고용되어 상온 및 고온에서 우수한 강인성과 내식성을 나타낸다. 니켈 청동은 주조 상태 또는 열처리하여 구조용 주물로 사용한다. 베어링용에는 10% Pb을 첨가하여 사용한다.

1-4 ◉ 알루미늄 청동

알루미늄 청동(aluminium bronze)은 Cu에 약 12% 이하의 Al을 함유한 합금으로 청동에 비하여 강도, 경도, 인성, 내마모성, 내피로성 등의 기계적 성질 및 내식성, 내열성이 우수하여 선박, 항공기, 화학공업용 기기, 자동차 등의 부품으로 사용한다.

(1) 알루미늄 청동의 상태도와 조직

〈그림 3-15〉에 Cu-Al계의 평형상태도를 나타내었다. 이 계는 Al의 함유량에 따라 α, β, γ_1, γ_2 등의 고용체로 되어 있다.

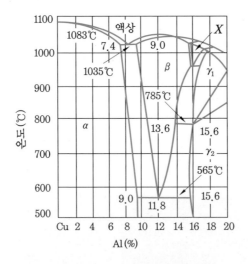

〈그림 3-15〉 Cu-Al계의 평형상태도

Al은 Cu에 약 9.0%까지 고용하여 α 고용체를 만든다. 이 조직은 강인하고 전연성이 풍부하여 상온 및 고온 가공이 용이하다. β상은 565℃에서 $\beta \rightarrow \alpha + \gamma_2$의 공석 변태를 하여 강의 펄라이트와 같은 층상 공석 조직이 된다. $\alpha + \gamma_2$의 조직은 취약하여 가공이 곤란하므로, 약

$600 \sim 900 ℃$로 풀림하면 $\alpha + \beta$ 조직으로 되어 고온 가공이 용이해진다.

〈그림 3-16〉에 알루미늄 청동의 조직을 나타내었다.

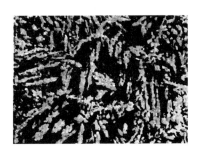

〈그림 3-16〉 알루미늄 청동의 조직(×100)

〈그림 3-16〉은 90% Cu, 10% Al의 알루미늄 청동으로 어두운 기지가 β 고용체이고 밝은 부분이 α 고용체의 조직이다.

(2) 알루미늄 청동의 성질과 용도

알루미늄 청동은 단조 및 압연이 가능하고, 단조 후 인장강도는 686MPa 이상, 연신율 15% 이상, 경도(H_B) 170 이상이다. 알루미늄 청동에는 주물용 알루미늄 청동과 가공용 알루미늄 청동이 있다.

주물용은 강도, 경도, 내마모성이 우수하여 선박용 프로펠러, 각종 기어, 밸브 등에 사용한다. 가공용은 강도, 내열성, 내식성, 내마모성이 우수하여 차량 기계, 화학공업, 선박용 기어 등에 사용한다.

1-5 ◉ 그 밖의 구리 합금

① 규소 청동

규소 청동(silicon bronze)은 탈탄을 목적으로 청동에 소량의 Si를 첨가한 합금이다. Si 4.7% 까지는 상온에서 Cu 중에 고용되어 인장강도를 증가시키며 내식성, 내열성이 좋고, 강도가 높아 가스 용기로 사용한다.

대표적인 규소 청동에는 3~4% Si, 1~1.2% Mn를 함유한 에버듀르(everdur)와 0.75~3.5% Si, 1.6% 이하 Fe, 1.5% Mn, 1.6% Sn, 1.5% Zn, 0.6% Ni, 0.05% Pb을 함유한 허큘로이(herculoy)가 있다.

실진 청동(silzin bronze)은 3.2~5% Si, 9~16% Zn을 함유한 합금으로, 터빈 날개, 선박용 기계 부품 등에 사용한다.

② 망간 구리

Cu에 5~15%의 Mn을 첨가한 합금으로 기계적 성질 및 내식성이 좋아 선박, 광산용 기계부품, 밸브 등에 사용한다. 가공재는 터빈 날개, 나사 볼트 등에 사용하며, 전기 저항이 높고, 저항온도계수가 작아 전기 저항 재료로 사용한다. 실용 합금으로는 망가닌, 이사벨린, A합금 등이 있다.

③ 베릴륨 구리

Cu에 2~3%의 Be을 첨가한 합금으로 내열성, 내식성, 피로한도가 우수하여 베어링 메탈, 고급 스프링 등에 사용한다.

2. 알루미늄 및 알루미늄 합금

2-1 ● 알루미늄

알루미늄(aluminium)은 가볍고, 내식성이 좋으며, 전기 및 열의 전도도가 높다. 또한 가공성이 좋아 공업용이나 일반 생활용으로 널리 사용된다. Cu, Mg, Si, Mn 등을 첨가하여 기계적 성질을 개선할 수 있다.

(1) 알루미늄의 성질

① 물리적 성질

Al은 면심입방격자이고, 그 성질은 순도에 따라 다르다. 전기 전도도는 Cu의 약 65%이며, 전기 전도도를 해치는 불순물에는 Ti, Mn, Zn, Cu, Fe 등이 있다. 금속 중에서 용융잠열이 가장 높고, 비중은 철의 1/3 정도로 가볍다. 〈표 3-5〉에 알루미늄의 물리적 성질을 나타내었다.

〈표 3-5〉 알루미늄의 물리적 성질

성 질	수 치	
	순도 99.996(%)	순도 99.0(%)
비중(20℃)	2.6989	2.71
용융점	660.2℃	653~657℃
비열(100℃)	222.6J/kg · K	229.7J/kg · K
전기 전도도	69.94%	59%(풀림재)
전기 저항온도 계수	0.00429	0.0115
열팽창 계수(20~100℃)	23.86×10^{-6}	23.5×10^{-6}

② 기계적 성질

Al의 기계적 성질은 순도, 가공도, 열처리 조건 등에 따라 달라진다. Al을 상온에서 압연 가공하면 경도와 인장강도는 증가하고, 연신율은 감소한다. 〈표 3-6〉에 알루미늄 가공재의 기계적 성질을 나타내었다.

〈표 3-6〉 알루미늄 가공재의 기계적 성질

냉간 가공도 (%)	99.4% Al		99.6% Al		99.8% Al	
	인장강도 (MPa)	연신율 (%)	인장강도 (MPa)	연신율 (%)	연신율 (%)	연신율 (%)
0	80	46	108	49	69	48
33	115	12	104	17	91	20
67	139	8	141	9	114	10
80	151	7	146	9	125	9

③ 화학적 성질

Al은 대기 중에서 표면에 산화알루미늄(Al_2O_3)의 피막이 생겨서 내식성이 좋다. 대기 중에서는 일반적으로 내식성이 좋으나 습도, 염분 및 불순물의 함유량 등에 따라 부식률은 달라진다. 탄산염, 크롬산염, 초산염, 유화물 등의 중성 수용액에서는 내식성이 좋으나 염화물 용액 중에서는 나빠진다. 또, 산성 용액 중에서는 수소 이온 농도의 증가에 따라 부식이 증가하고, 황산, 인산 중에서는 침식되며, 특히 염산 중에서는 빠르게 침식한다.

2-2 ◉ 주물용 알루미늄 합금

알루미늄 합금 주물은 철강 주물에 비하여 가벼우므로 산업 기계 기구, 전기 기구, 통신 기구, 정밀 기구 등에 사용한다. 알루미늄 합금의 제조에는 사형, 셸 몰드, 금형 주물이 사용되고, 대형 주물에는 다이캐스팅(die casting)을 사용한다. 주물용 합금을 분류하면 Al-Si, Al-Mg계의 비열처리형과 Al-Cu-Mg, Al-Cu-Mg-Ni, Al-Cu-Si, Al-Si-Mg 등의 열처리형이 있다. 〈표 3-7〉에 주물용 알루미늄 합금의 종류를 나타내었다. 표에서 기호 A : 알루미늄, C : 주조, 숫자 1~8 : 성분으로 나눈 종류, A~B : 같은 계통의 합금 종류를 세분화한 것이다.

〈표 3-7〉 주물용 알루미늄 합금의 종류(KS D 6008)

기 호	합금계	화학 성분(%)							
		Cu	Si	Mg	Zn	Fe	Mn	Ni	Ti
AC1A	Al-Cu	4.0~5.0	1.2 이하	0.15 이하	0.30 이하	0.50 이하	0.30 이하	0.05 이하	0.25 이하
AC2A	Al-Cu-Si	3.0~4.5	4.0~6.0	0.25 이하	0.55 이하	0.8 이하	0.55 이하	0.30 이하	0.20 이하
AC2B	Al-Cu-Si	2.0~4.0	5.0~7.0	0.50 이하	0.5 이하	1.0 이하	0.50 이하	0.35 이하	0.20 이하
AC3A	Al-Si	0.25 이하	10.0~13.0	0.1 이하	0.30 이하	0.8 이하	0.35 이하	0.10 이하	0.20 이하
AC4A	Al-Si-Mg	0.25 이하	8.0~10.0	0.30~0.6	0.25 이하	0.55 이하	0.30~0.60	0.10 이하	0.20 이하
AC4B	Al-Si-Cu	2.0~4.0	7.0~10.0	0.50 이하	1.0 이하	1.0 이하	0.50 이하	0.35 이하	0.20 이하
AC4C	Al-Si-Mg	0.25 이하	6.5~7.5	0.25~0.45	0.35 이하	0.55 이하	0.35 이하	0.10 이하	0.20 이하
AC4D	Al-Cu-Ni-Mg	1.0~1.5	4.5~5.5	0.40~0.6	0.30 이하	0.6 이하	0.50 이하	0.20 이하	0.20 이하
AC5A	Al-Cu-Ni-Mg	3.5~4.5	0.6 이하	1.2~1.8	0.15 이하	0.8 이하	0.35 이하	1.7~2.3	0.20 이하
AC7A	Al-Mg	0.10 이하	0.20 이하	3.5~5.5	0.15 이하	0.30 이하	0.6 이하	0.05 이하	0.20 이하
AC7B	Al-Mg	0.10 이하	0.20 이하	9.5~11.0	0.10 이하	0.30 이하	0.10 이하	0.05 이하	0.20 이하
AC8A	Al-Si-Cu-Ni-Mg	0.8~1.3	11.0~13.0	0.7~1.3	0.15 이하	0.8 이하	0.15 이하	0.8~1.5	0.20 이하
AC8B	Al-Si-Cu-Ni-Mg	2.0~4.0	8.5~10.5	0.50~1.5	0.50 이하	1.0 이하	0.50 이하	0.10~1.0	0.20 이하
AC8C	Al-Si-Cu-Mg	2.0~4.0	8.5~10.5	0.50~1.5	0.50 이하	1.0 이하	0.50 이하	0.50 이하	0.20 이하

(1) Al-Cu계 합금

〈그림 3-17〉에 Al-Cu계의 평형상태도를 나타내었다. 주물용으로 Cu의 함유량은 12%
정도이며, α 고용체와 θ상이 33% 내에서 공정을 만든다. α 고용체 중의 Cu의 용해도는
548℃에서 5.7%이나 온도 강하와 더불어 급격히 감소하여 400℃에서 1.6%, 300℃에서
0.45% 정도이다.

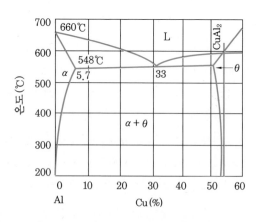

〈그림 3-17〉 Al-Cu계의 평형상태도

4% 정도의 Cu를 500℃로 가열하여 급랭하면 과포화 고용체가 생성되고, 상온에서 불안정하여 제2상을 석출하려고 한다. 과포화 고용체는 상온에서 시간의 경과에 따라 강도, 경도가 증가한다. 이러한 현상을 상온 시효(natural aging)라 한다. 또한, 인공적으로 100~160℃에서 가열하면 성질 변화를 일으키는데, 이것을 인공 시효(artificial aging)라 한다. 이러한 시효 현상은 Al의 (100) 면에 Cu 원자가 모여서 미세한 2차원적 결정이 형성되어 경화된 것이다.

〈그림 3-18〉은 95% Al-5% Cu의 조직을 나타낸 것이며, 5% Cu를 함유한 Al 주물로 공정이 없는 불균일한 α고용체의 수지상 조직이다.

이 합금은 담금질 시효에 의하여 강도가 증가하고, 내열성, 내마모성, 절삭성이 좋으나 고온취성이 크고 수축에 의한 균열 등이 일어나는 단점이 있다. 실용 합금으로는 내연기관의

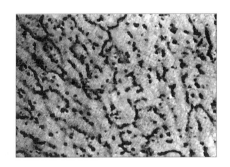

〈그림 3-18〉 95% Al-5% Cu의 조직(×500)

부품으로 사용되는 4% Cu 합금과 자동차 부품으로 사용되는 8% Cu 합금 및 자동차 피스톤, 기화기, 방열기, 실린더 등에 사용되는 12% Cu 합금이 있다.

Q 예제

상온 시효(natural aging)란 무엇인지 설명하시오.

[해설] Al-Cu계 합금에 4% 정도의 Cu를 500℃로 가열하여 급랭하면 과포화 고용체가 생성되고, 상온에서 불안정하여 제2상을 석출하려고 한다. 이때 과포화 고용체가 상온에서 시간의 경과에 따라 강도, 경도가 증가하는 현상이다.

(2) Al-Cu-Si계 합금

규소는 주조성을 좋게 하고, 구리는 절삭성을 향상시켜 내압성을 좋게 하는 합금이다. 3~8% Cu, 3~8% Si를 함유한 합금을 라우탈(lautal)이라고 하며, 자동차 피스톤용으로 사용한다.

〈그림 3-19〉에 라우탈(AC2A)의 조직을 나타내었다. 〈그림 3-19〉의 조성은 3.78% Cu, 4.36% Si, 0.23% Fe, 0.02% Mg이고, 고용체의 초정을 2원 공정(α+Si) 및 3원 공정(α+θ+Si)이 둘러싼 금형 주조 조직이다.

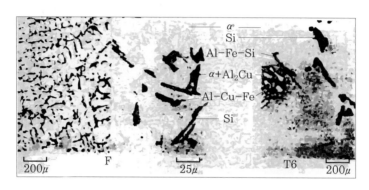

〈그림 3-19〉 라우탈(AC2A)의 조직

(3) Al-Si계 합금

Al-Si계 합금은 공정형으로 공정점 부근의 조성을 실루민(silumin)이라 한다. 공정 부근의 조성에서 주조 조직에 나타나는 규소는 육각판상의 조대한 결정으로 실용할 수가 없다. 따라서 금속 나트륨, 수산화나트륨, 알칼리 염류 등을 첨가하여 조직을 미세화시켜 강도를 개선하는데, 이러한 처리를 개량 처리(modification)라 한다. 이 합금은 유동성, 내식성이 좋아 케이스류, 하우징류 등에 사용한다. 실루민에 Mg을 첨가하여 시효성을 부여한 합금을 γ-실루민(γ-silumin)이라 한다. 이 합금은 주조성 및 인성이 좋아 자동차 케이스류, 선박 차량용 엔진 부품 등에 사용한다.

(4) Al-Cu-Mg-Ni계 합금

니켈을 첨가하여 구리, 마그네슘의 고용 강화와 석출 강화로 강도를 개선한 합금으로, 내열성과 내마모성이 우수하고, 절삭성도 우수하여 실린더 헤드, 디젤 기관, 항공기용 부품 등에 사용한다. 대표적인 합금으로 Y합금, 로엑스(Lo-Ex) 합금 등이 있다.

(5) Al-Mg계 합금

Al-Mg계 합금은 내식성, 강도, 전연성이 우수하고, 피삭성이 좋다. 4~5% Mg 합금은 해수 및 약한 알칼리 용액에서도 내식성이 양호하여 선박용, 화학장치용 등의 부품으로 사용한다.

(6) 다이캐스팅용 알루미늄 합금

다이캐스팅은 금형에 용융 금속을 주입하여 금형과 똑같은 주물 형상을 만드는 정밀 주조법이다. 치수가 정확하며, 후가공이 거의 필요 없는 장점이 있고, 기계적 성질이 우수하여 자동차 부품, 전기 기기, 계측기 부품 등에 사용한다.

다이캐스팅용 알루미늄 합금에는 라우탈, 실루민, Y합금 등이 있으며, 요구되는 성질은 다음과 같다.

① 유동성이 좋아야 한다.

② 열간 취성이 적어야 한다.

③ 응고 수축에 대한 용탕 보급성이 좋아야 한다.

④ 금형에 점착하지 않아야 한다.

2-3 ◉ 가공용 알루미늄 합금

가공용 Al 합금은 내식성 합금계와 고강도 합금계로 분류한다. 합금 명칭은 미국의 알코아 회사의 합금명을 사용한다. 가공용 합금은 모두 S를 붙이고, 그 앞의 2자리 숫자는 합금의 계통을 나타낸다. 미국의 알루미늄 협회에서 가공재에 대한 합금 번호(AA number)를 통일하여 다음과 같이 사용하게 되었다.

- 1000번대 : Al 99.00% 이상
- 2000번대 : Al-Cu계 합금
- 3000번대 : Al-Mn계 합금
- 4000번대 : Al-Si계 합금
- 5000번대 : Al-Mg계 합금
- 6000번대 : Al-Mg-Si계 합금
- 7000번대 : Al-Zn계 합금
- 8000번대 : 기타
- 9000번대 : 예비

(1) 내식성 Al 합금

Al에 Mn, Mg, Si 등의 원소를 첨가하면 내식성을 해치지 않고 강도를 개선할 수 있다. Cr은 응력 부식을 방지하는 효과가 있다. 대표적인 내식성 Al 합금에는 Al-Mn계, Al-Mn-Mg계, Al-Mg계, Al-Mg-Si계 등이 있다.

① Al-Mn 합금

망간은 재료를 강화시키고 내식성을 향상시키며 재결정 온도를 상승시킨다. 또한, 비열 처리형 합금이기 때문에 용체화 처리와 시효 처리를 하지 않는 합금이다. 1.0~1.5% Mn, 나머지 Al로 되어 있는 Al-Mn 합금은 강도를 높이는 동시에 내식성을 향상시킬 목적으로 많이 사용한다. 실용 합금은 2% 이하 Mn이 사용되며, Al-1.2% Mn의 3003(Alcoa 3S)은 가공성, 용접성이 좋아서 음료용 캔, 복사기 드럼 등에 사용한다.

〈그림 3-20〉은 1.9% Mn을 함유한 Al 주조 합금의 조직을 나타낸 것으로, 여기에는 초정 α고용체 및 공정($\alpha + Al_6Mn$)이 존재한다.

〈그림 3-20〉 1.9% Mn을 함유한 Al 주조 합금의 조직(×100)

② Al-Mn-Mg 합금

3004(Alcoa 4S) 합금이 실용 합금으로 사용되며, 그 조성은 1.2% Mn, 1% Mg이다. 3S 합금보다 강하고 냉간 가공 상태의 내력은 고강도 합금과 비슷하다.

③ Al-Mg 합금

이 합금은 주조용 및 가공용으로 사용한다. 2~3% Mg 합금은 주괴에서 용이하게 가공할 수 있으나 Mg가 3% 이상이 되면 결정 편석이 증가하여 적당한 온도에서 가공을 해야 취성을 방지할 수 있다. 실용 합금은 6% Mg가 보통이고, 목적에 따라 10% Mg도 사용한다. 내해수성이 우수하고 온도에 따른 피로강도의 변화가 적다.

〈그림 3-21〉은 5% Mg를 함유한 Al 주조 합금의 조직을 나타낸 것으로, 주방 상태의 주조 조직이며 결정 편석과 Fe, Mn 및 Si 등과 같은 불순물이 존재한다.

사형 주물로서 Al-5% Mg의 항복강도는 100MPa, 인장강도는 180MPa이고, 파괴연신은 4%를 나타낸다.

〈그림 3-21〉 5% Mg를 함유한 Al 주조 합금의 조직(×100)

④ Al-Mg-Si 합금

6000번대의 합금이 실용 합금으로 사용되며, 그 조성은 0.45~1.5% Mg, 0.2~1.2% Si이다. 이 합금은 압출 가공성이 우수하며, 기계적 성질과 내식성이 뛰어나 건축용 구조재나 전동차의 구조재로 사용한다.

〈그림 3-22〉는 6005A의 조직을 나타낸 것으로, 0.65% Si, 0.48% Mg, 0.08% Cu, 0.14%

Fe의 합금이다. 조직은 백색의 Al 기지상이며, 검은색의 Mg_2Si 화합물이 입계에 부분적으로 편석되어 있고, 입내에 미세하게 고루 분포되어 있다.

〈그림 3-22〉 6005A의 조직(×200)

(2) 고강도 Al 합금

두랄루민을 시초로 발달한 시효 경화성 Al 합금이다. 대표적인 고강도 Al 합금에는 Al-Cu-Mg계와 Al-Zn-Mg계가 있다.

① Al-Cu-Mg 합금

㈎ 두랄루민(duralumin)

2017 합금으로 조성은 Al-4% Cu-0.5% Mg-0.5% Mn이다. 열처리는 500~510℃에서 용체화 처리를 한 후, 급랭하여 상온에 방치하면 시효 경화한다. 풀림한 상태에서는 인장강도 177~245 MPa, 연신율 10~14%, H_B 40~60이나 상온 시효한 상태에서는 인장강도 294~440 MPa, 연신율 20~25%, H_B 90~120로 되어, 0.2% C강의 기계적 성질과 비슷한 재료가 된다.

㈏ 초두랄루민(super duralumin, SD)

2024 합금으로 조성은 Al-4.5% Cu-1.5% Mg-0.6% Mn이다. 기계적 성질이 우수하여 항공기 재료로 사용한다. 인장강도가 490 MPa 이상의 두랄루민으로, 담금질 후 상온 시효 처리(T_4)하면 약 470 MPa의 강도를 가지나 담금질 후 인공 시효 처리(T_6)하면 강도는 T_4 처리한 것과 같고, 특히 내력이 상승하며 연신율은 감소한다.

② Al-Zn-Mg 합금

이 계에 속하는 합금을 초초두랄루민(extra super duralumin, ESD)이라 한다. 조성은 Al-1.5~2.5% Cu-7~9% Zn-1.2~1.8% Mg-0.3~0.5% Mn-0.1~0.4% Cr이다. Alcoa 75 S 등이 여기에 속하고, 인장강도가 530 MPa 이상의 두랄루민을 말한다.

그 밖의 고강도 합금으로 Al-5.5% Zn-1.2~2.0% Mg-0.7~0.8% Mn-0.25~0.3% Cr를 함유한 HD 합금이 있다. 이것은 고온 변형 저항이 낮고, 인장강도 490 MPa, 내력 275 MPa, 연신율 15%이다.

3. 니켈 및 니켈 합금

3-1   니켈

니켈(nickel)은 은백색의 금속으로 전성 및 연성이 풍부하고, 열간 및 냉간 가공이 용이하다. 구조용 저합금강, 스테인리스강, 내열강 등의 합금 원소로 많이 사용한다. 니켈의 지금은 전기전해법으로 제조한 전해 니켈이 대부분이고, 몬드법(Mond process)으로 제조한 구상의 몬드니켈이 있다. 〈표 3-8〉에 니켈 지금의 종류와 화학 성분을 나타내었다.

〈표 3-8〉 니켈 지금의 종류와 화학 성분(KS D 2307)

기호	화학 성분(%)								
	Ni+Co	Co	Fe	Cu	Pb	Mn	C	S	Si
Ni 1	99.95 이상	0.3 이하	0.02 이하	0.005 이하	0.001 이하	0.002 이하	0.02 이하	0.001 이하	0.005 이하
Ni 2	99.95 이상	–	0.02 이하	0.005 이하	0.0015 이하	0.002 이하	0.02 이하	0.001 이하	0.005 이하
Ni 3	99.85 이상	–	0.04 이하	0.03 이하	0.005 이하	–	0.02 이하	0.005 이하	–
Ni 4	98.0 이상	–	1.00 이하	0.30 이하	–	–	0.25이하	0.05 이하	–

(1) 니켈의 성질

① 물리적 성질

Ni는 면심입방격자의 금속으로 상온에서는 강자성체이나, 353℃에서 자기변태를 일으킨다. 〈표 3-9〉에 니켈의 물리적 성질을 나타내었다.

〈표 3-9〉 니켈의 물리적 성질

성 질	수 치	성 질	수 치
원자량	58.71	선팽창 계수(0~100℃)	13.3×10^{-6}
비중(20℃)	8.902	도전율	25.2%(IACS)
융점	1,455℃	전기 저항(20℃)	$6.84\mu\Omega-cm$
비점	2,730℃	열전도도	$0.92 \times 10^2 W/m \cdot K$
자기변태점	353℃	자기감응률	600가우스

② 기계적 성질

연한 니켈판은 인장강도 412~550MPa, 경도(H_{RB}) 50~75, 연신율 35~45%이며, 경한 니켈판은 인장강도 690~736MPa, 경도(H_{RB}) 95 이상, 연신율 2~23% 정도이다. 〈표 3-10〉에 니켈의 기계적 성질을 나타내었다.

<표 3-10> 니켈의 기계적 성질

성 질	주 조	로드(열간 압연)	선(풀림)
인장강도(MPa)	343~412	480~549	448~516
항복점(MPa)	137~206	137~206	137~206
연신율(%)	20~30	40~50	20~30
브리넬 경도(H_B)	80~100	90~110	–

③ 화학적 성질

니켈은 대기 중에서 거의 부식되지 않으며 아황산가스를 품는 공기에서는 심하게 부식된다. 알칼리성 염류 수용액에도 내식성이 좋아 0.127mm/년 정도이다. 황산에는 침식되지 않으나 중크롬산염과 같은 산화제를 품으면 부식이 촉진된다. 공기 중에서도 500℃ 이상에서는 서서히 산화되고, 750℃ 이상에서는 산화 속도가 커진다.

3-2 ● 니켈 – 구리 합금

(1) 니켈 – 구리 합금의 상태도와 성질

<그림 3-23>에 Ni-Cu계의 평형상태도를 나타내었다. <그림 3-23>에서와 같이 Ni-Cu계 합금은 전율고용체이다.

Ni의 함유량에 따라 성질이 서서히 변하고, 새로운 상의 출현에 의한 급격한 성질 변화는 나타나지 않는다. 이 합금의 전기 저항은 40~60% Ni에서 최대가 되고, 저항의 온도계수는 40~60% Ni에서 최저값이 된다.

Cu에 Ni이 첨가됨으로써 강도, 경도가 증가하여 60~70% Ni에서 최대가 된다. 냉간 가공을 한 후, 저온에서 풀림하면 강도와 탄성한도가 증가한다.

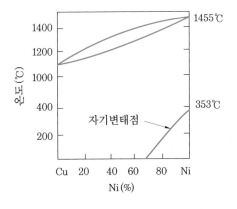

<그림 3-23> Ni-Cu계의 평형상태도

(2) 니켈-구리 합금의 종류와 용도

① **10~30% Ni 합금(백동, cupro-nickel)** : 가공성이 좋아 두께 1~25mm까지 중간 풀림하지 않고 압연을 한다. 디프 드로잉 가공성 및 열간 가공성이 좋으며, 내식성도 우수하기 때문에 복수기, 열교환기, 화폐 등으로 사용한다.

② **40~50% Ni 합금(constantan)** : 전기 저항이 크고 온도계수가 낮아 통신기용, 저항선 등의 전기 저항 재료로 사용한다. Cu, Pt, Fe 등에 대한 열기전력 값이 높아 열전대 선으로 사용한다.

③ **60~70% Ni 합금(monel metal)** : 내열성과 내식성이 크며, 고온에서도 강하고 내마모성이 우수하여 판, 봉, 선, 관, 증기 밸브 등에 사용한다.

  모넬 메탈에 다른 원소를 첨가한 종류는 다음과 같다.

  (개) **R모넬** : 0.035% S을 첨가하여 피삭성을 증대시킨다.

  (내) **K모넬** : 2.75% Al을 첨가하여 경도를 증가시킨다.

  (대) **KR모넬** : K모넬에 0.28% C를 첨가하여 쾌삭성을 증가시킨다.

  (래) **H모넬(3% Si), S모넬(4% Si)** : Si를 첨가하여 강도를 증가시키고, 열처리에 의한 석출 경화성이 생긴다.

3-3 니켈-철 합금

(1) 니켈-철 합금의 종류와 용도

  니켈-철계 합금은 주로 전자기 재료로 사용되며, 종류는 다음과 같다.

① **인바(invar)** : Ni-Fe계 합금으로 그 조성은 36% Ni, 0.2% C, 0.4% Mn, 나머지는 Fe를 함유한 합금이다. 이 합금은 상온에서 열팽창계수가 1.2×10^{-6}로 낮고, 내식성도 좋아서 표준자, 바이메탈 소자, 시계추, IC 기판 등에 사용한다.

② **슈퍼인바(superinvar)** : 인바형의 일종으로 30.5~32.5% Ni, 4~6% Co를 함유한 합금이며, 상온에서 열팽창계수는 0.1×10^{-6}로 가장 낮다.

③ **엘린바(elinvar)** : 인바에 12% Cr을 첨가한 합금으로 열팽창 계수는 8×10^{-6}, 인장강도는 735MPa 정도이다. 온도에 따른 탄성률의 변화가 거의 없어 고급 시계, 정밀 저울 등의 스프링 및 정밀 기계 부품에 사용한다.

④ **플래티나이트(platinite)** : 46% Ni, 54% Fe을 함유한 합금으로 열팽창계수 및 내식성이 우수하여 전구봉입선, 전자판, 반도체 디바이스 등에 사용한다.

⑤ **고투자율 합금** : 50% Ni을 함유한 니켈로이(nickalloy) 합금은 초투자율이 크고, 포화 자기 및 전기 저항이 크므로 저출력 변성기 등의 자심 재료로 사용한다. 78.5% Ni을 함유한 퍼

멀로이(permalloy) 합금은 약한 자장 내에서의 투자율도 높다. 20~75% Ni, 5~40% Co 를 함유한 퍼민바(perminvar) 합금은 고주파용 철심 재료로 사용한다.

⬭ 예제

니켈–철 합금의 종류를 나열하시오.

해설　① 인바(invar)
　　　② 슈퍼인바(superinvar)
　　　③ 엘린바(elinvar)
　　　④ 플래티나이트(platinite)
　　　⑤ 고투자율 합금

3-4　니켈–크롬 합금

니켈에 크롬을 첨가하면 내식성 및 내열성이 크고, 고온에서 경도, 강도의 저하가 적다. 또한 전기 저항이 커서 열전대, 전기 저항선으로 사용된다. 니켈–크롬계 합금의 종류는 다음과 같다.

(1) 니크롬(nichrome)

Ni–Cr계 합금으로 그 조성은 50~90% Ni, 11~33% Cr, 25% 이하 Fe를 함유한 합금으로 전열선에 사용한다. Fe를 함유한 전열선은 전기 저항 및 온도계수는 증가하나 내열성이 저하한다. 니켈–크롬선은 1,100℃까지, 철을 함유한 선은 1,100℃ 이하에서 사용한다.

(2) 내식용 니켈 합금

Ni에 Cr, Mo, Cu 등을 첨가하여 내식성을 개선한 합금으로 가공성, 기계적 성질이 향상되어 장치 재료로 사용한다. 내식용 합금의 종류에는 하스텔로이(hastelloy), 인코(inco), 인코넬(inconel), 니모닉(nimonic), 일리움(illium) 등이 있다.

(3) 내열용 니켈 합금

Ni–Cr계 합금에 Ti, Al 등을 첨가하여 강도를 높인 내열 합금이다. 80% Ni–20% Cr을 함유한 크로멜(chromel) A, 96% Ni–3.5% Al–0.5% Fe를 함유한 알루멜(alumel) 등은 온도 측정용 열전대로 사용한다.

4. 마그네슘 및 마그네슘 합금

4-1 ● 마그네슘

마그네슘(magnesium)은 Al에 비하여 약 35 % 가벼우며 실용 합금에서 가장 가볍다. 주물로서의 비강도는 Al 합금보다 우수하므로, 항공기나 자동차 부품, 전기 기기, 선박, 광학 기계 등에 이용되며 구상 흑연주철의 첨가제로도 사용한다.

〈표 3-11〉에 마그네슘 지금의 종류와 화학 성분을 나타내었다.

〈표 3-11〉 마그네슘 지금의 종류와 화학 성분(KS D 2314)

기 호	화학 성분(%)							
	Mg	Al	Si	Mn	Fe	Zn	Cu	Ni
1	99.90 이상	0.01 이하	0.01 이하	0.01 이하	0.01 이하	0.05 이하	0.005 이하	0.001 이하
2	99.8 이상	0.05 이하	0.05 이하	0.1 이하	0.05 이하	0.05 이하	0.02 이하	0.001 이하

(1) 마그네슘의 성질

Mg는 비중이 1.74이고, 조밀육방격자이다. 열 및 전기 전도율은 Cu, Al보다 낮고, 강도는 적으나 절삭성은 좋다. Mg 합금은 200℃에서 압축하면 취성 파괴를 일으키나 220℃에서는 압축성이 있다. 알칼리에는 견디나 산이나 열에는 침식된다. 특히, Mg는 용해점 온도 이상에서는 산소에 대한 친화력이 크므로, 공기 중에서 가열과 용해를 하면 폭발 또는 발화한다.

〈표 3-12〉에 마그네슘의 물리적 성질을 나타내었다.

〈표 3-12〉 마그네슘의 물리적 성질

성 질	수 치	성 질	수 치
원자량	24.32	비열(25℃)	1.045J/g
비중(20℃)	1.74	용융잠열	360.1J/g
융점	650℃	응고수축률	3.97~4.2 %
비점	1,107℃	전기 저항 온도계수(20℃)	0.01784$\mu\Omega$-cm

〈그림 3-24〉에 순Mg의 조직을 나타내었다. 〈그림 3-24〉는 순Mg을 뜨임한 조직으로, 변형되지 않은 Mg의 다각형과 쌍정이 없는 조직이다.

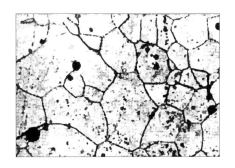

〈그림 3-24〉 순Mg의 조직(×200)

4-2 주조용 마그네슘 합금

　　주조용 마그네슘 합금에는 Mg-Al계, Mg-Al-Zn계, Mg 희토류계, Mg-Th계, Mg-Zr계 등이 있다. 소량의 Zn을 첨가하면 강도가 높아지고, Zr을 첨가하면 주조성이 좋고 복잡한 주조가 가능하다. 그 외에 희토류 원소나 Th 원소를 첨가한 내열성 마그네슘 합금은 크리프 특성이 좋아서 제트 엔진 등의 구조 재료로 사용한다. 〈표 3-13〉에 주물용 마그네슘 합금의 종류와 용도를 나타내었다.

〈표 3-13〉 주물용 마그네슘 합금의 종류와 용도(KS D 6016)

KS 기호	ASTM 기호	주성분				용도
		Mg	Zn	Al	Mn	
MgC 1	AZ63A	나머지	2.5~3.5	5.3~6.7	0.15~0.6	공작 기계 공구, 육상 수송 기기
MgC 2	AZ91C	나머지	0.40~1.0	8.1~9.3	0.13~0.5	공작 기계 공구, 전기 통신 기기
MgC 3	AZ92A	나머지	1.6~2.4	8.3~9.7	0.10~0.5	항공 우주, 엔진용 부품
MgC 5	AM100A	나머지	0.30 이하	9.3~10.7	0.10~0.5	육상 수송 기기, 엔진용 부품
MgC 6	ZK51A	나머지	3.6~5.5	–	–	항공 우주, 차륜
MgC 7	ZK61A	나머지	5.5~6.5	–	–	강력 사형 주물, 하우징
MgC 8	EZ33A	나머지	2.0~3.1	–	–	항공 우주, 엔진용 부품

(1) Mg-Al계 합금

　　Al은 순Mg에서 생기는 크고 거친 결정 입자나 주상정의 성장을 억제하고, 주조 조직을 미세화한다. 〈그림 3-25〉에 Mg-Al계의 평형상태도를 나타내었다.

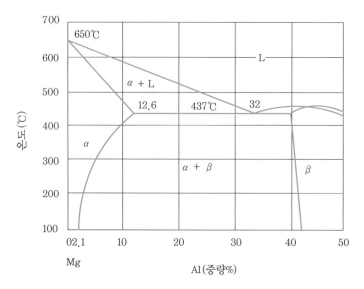

〈그림 3-25〉 Mg-Al계의 평형상태도

〈그림 3-25〉에서와 같이 Mg 중의 Al의 고용도는 공정 온도 437℃에서 12.6%이고, 온도 강하와 더불어 감소한다. Mg에 약 10% Al이 함유된 합금이 실용되며, 이 계의 합금은 강도와 전성이 있고, 주조성도 좋으며 열간 균열이 발생하지 않는다.

〈그림 3-26〉에 9% Al을 함유한 Mg 합금의 조직을 나타내었다. 〈그림 3-26〉은 단조한 조직으로 γ고용체가 구상 및 층상으로 석출한 δ고용체이다.

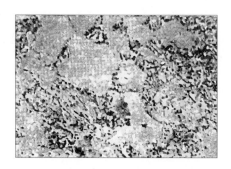

〈그림 3-26〉 Mg-9% Al의 조직(×500)

(2) Mg-Al-Zn계 합금

Mg-Al계에 Zn과 Mn을 첨가한 합금으로 엘렉트론(elektron)이 대표적이다. 그 조성은 Mg 90%, Al 및 Zn 10% 이하이며, 그 밖에 Mn, Si 등을 첨가한다. 강도, 인성 및 내식성이 좋아 내연기관 재료로 사용한다.

(3) Mg 희토류계 합금

Mg 합금에 희토류 원소를 첨가하면 주조성이 개선되어 내압 주물을 얻을 수 있다.

(4) Mg-Th계 합금

Th을 첨가하여 크리프 강도를 향상시킨 합금으로 양호한 주물을 얻기 위하여 Zr을 함께 첨가하여 사용한다.

(5) Mg-Zr계 합금

Mg 합금에 Zr을 첨가하여 결정립을 미세화한 합금으로 250℃까지 내열성을 갖고, 결정립 사이에 수축이 없는 주물을 얻을 수 있으며, 가공성도 개선한다.

4-3 ● 가공용 마그네슘 합금

가공용 마그네슘 합금에는 Mg-Mn계, Mg-Al-Zn계, Mg-Zn-Zr계 등이 있다. 이 합금들은 가공을 하여 봉, 관, 판 등의 제품을 만들어 항공기용 부품, 전신재 등에 사용한다. 〈표 3-14〉에 가공용 마그네슘 합금의 종류와 용도를 나타내었다.

〈표 3-14〉 가공용 마그네슘 합금의 종류와 용도(KS D 6723, 6724)

KS 기호	ASTM 기호	주성분					용도
		Mg	Al	Zn	Zr	Mn	
MT1, MS1	AZ31B	나머지	2.5~3.5	0.5~1.5	—	0.15 이하	전신재, 단조품
MT2, MB2, MS2	AZ61A	나머지	5.5~7.2	0.5~1.5	—	0.15~0.40	전신재, 단조품
MB3, MS3	AZ80A	나머지	7.5~9.2	0.2~1.0	—	0.10~0.40	전신재, 단조품
MT4, MB4 MS4	—	나머지	—	0.8~1.5	0.40~0.8	—	전신재, 단조품
MB5, MS5	—	나머지	—	2.5~4.0	0.40~0.8	—	전신재, 단조품
MB6, MS6	ZK60A	나머지	—	4.8~6.2	0.45~0.8	—	전신재, 단조품, 항공기 부품

(1) Mg-Mn계 합금

이 계에는 MIA 합금이 있으며, 그 조성은 1.2% Mn, 0.09% Ca, 나머지 Mg으로 용접성 및 고온 성형성이 우수하다. Mn은 Mg 중의 Fe의 용해도를 감소시키고 내식성을 개선한다.

(2) Mg-Al-Zn계 합금

Al 함유량이 많을수록 강도가 크고 가공용으로 가장 많이 사용한다. AZ31B, AZ61A가 이 계에 속한다.

(3) Mg-Zn-Zr계 합금

Mg에 Zn을 첨가하면 주조 조직이 조대화되므로 Zr을 첨가하여 결정 입자를 미세화한 합금으로 압출재로서 우수한 성질을 가진다.

5. 티타늄 및 티타늄 합금

5-1 ● 티타늄

티타늄(titanium)은 제련 및 용해 제조에 기술이 필요하여 비용이 많이 드는 것이 단점이다. 반면 티타늄과 티타늄 합금은 가볍고, 강도가 크며, 열에 잘 견디고, 내식성이 우수한 점이 장점이다.

따라서, 내식 재료로서 밸브, 배관, 열교환기 등에 사용되고, 항공기 외관, 송풍기의 프로펠러, 제트 엔진의 컴프레서 부품 재료 등에 사용된다.

(1) 티타늄의 성질

Ti의 비중은 4.5이고, 상온에서 α형의 결정 구조는 조밀육방격자이다. 융점이 높고, 열 및 전기 전도율이 낮다. 〈표 3-15〉에 티타늄의 물리적 성질을 나타내었다.

Ti는 고온에서 비강도가 높고, 크리프 강도가 크며, Au, Pt 다음으로 내식성이 우수하여 600℃까지 고온 산화가 거의 없다.

공업용 티타늄의 순도는 99.0~99.2% 정도이고, WC 초경질 공구 재료에 TiC를 15% 이하로 첨가하면 절삭성이 향상된다.

〈표 3-15〉 티타늄의 물리적 성질

성 질	수 치	성 질	수 치
원자량	47.90	열팽창계수(20℃)	8.5×10^{-6}
비중(20℃)	4.5	고유 저항(0℃)	$80\mu\Omega-cm$
융점	1,730℃	결정 구조 α형(상온)	조밀육방격자
비열(25℃)	0.54 J/g	결정 구조 β형(882℃ 이상)	체심입방격자

5-2 ○ 티타늄 합금

Ti에 Al, Sn, Mn, V 등을 첨가하여 기계적 성질을 개선한다. 대표적인 합금에는 Ti-Al-Sn계, Ti-Mn계 등이 있다.

(1) Ti-Al-Sn계 합금

이 합금은 비열처리형 합금으로서 고용 강화 합금이며, 고온 강도와 고온 크리프 특성이 우수하다. 극저온에서의 인성이 우수하여 자기부상열차나 초전도 발전기 등의 저온 구조재로 사용한다. 〈그림 3-27〉은 Ti-Al-Sn계 합금의 조직을 나타낸 것이며, 조성은 5% Al, 2.5% Sn, 나머지가 Ti인 조직으로, 등축정 α기지 내에 작은 알갱이의 β상이 있다.

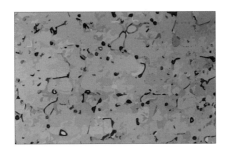

〈그림 3-27〉 Ti-Al-Sn계 합금의 조직

(2) Ti-Mn계 합금

실용하는 합금의 조성은 6.5~9.0% Mn, 0.07% N 이하, 0.15% C 이하, 0.50% Fe 이하, 나머지 Ti로 300℃ 이하에서 판재, 구조재로 사용한다. 7% Mn을 첨가한 합금은 인장강도 1,039MPa, 연신율 14%로 기계적 성질이 우수하다.

6. 저융점 및 고융점 합금

6-1 ○ 아연 및 아연 합금

아연(zinc)은 청백색의 비철금속으로, Al, Cu 다음으로 많이 생산되며, 가격이 싸다. Zn은 아연판, 전기 방식용 양극 재료로 사용한다.

아연 합금은 다이캐스팅용, 가공용, 금형용으로 사용한다. 〈표 3-16〉에 아연 지금의 종류와 화학 성분을 나타내었다.

<표 3-16> 아연 지금의 종류와 화학 성분(KS D 2351)

기호	화학 성분(%)				
	Zn	Pb	Fe	Cd	Sn
Zn 1	99.995 이상	0.003 이하	0.002 이하	0.002 이하	0.001 이하
Zn 2	99.99 이상	0.007 이하	0.005 이하	0.004 이하	–
Zn 3	99.97 이상	0.02 이하	0.01 이하	0.005 이하	–
Zn 4	99.6 이상	0.3 이하	0.02 이하	0.1 이하	–
Zn 5	98.5 이상	1.3 이하	0.025 이하	0.4 이하	–
Zn 6	98.0 이상	1.8 이하	0.01 이하	0.5 이하	–

(1) 아연의 성질

① 물리적 성질

Zn은 조밀육방격자의 금속으로 고온의 증기압이 높고, 비점이 낮은 특징이 있다. 불순물 중 Fe은 0.008% 이상이 되면 경질의 $FeZn_7$ 상으로 인하여 인성이 나빠진다. <표 3-17>에 아연의 물리적 성질을 나타내었다.

<표 3-17> 아연의 물리적 성질

성 질	수 치	성 질	수 치
원자량	65.38	비열(25℃)	0.382J/g
비중(25℃)	7.133	용융잠열	100.7J/g
융점	420℃	도전율	28.27% IACS
비점	906℃	결정 구조	조밀육방격자

② 기계적 성질

Zn은 주조 상태에서는 조대한 결정으로 인장강도가 낮고, 연신율이 증가하여 취약하므로 상온 가공이 어렵다. 그러나 열간 가공을 하면 결정이 미세화되어 가공이 용이하다. 가공재의 성질은 불순물 함유량에 따라 달라지며, 불순물이 많은 아연은 가공 후 석출 경화가 나타난다.

③ 화학적 성질

Zn은 건조한 공기 중에서는 거의 산화되지 않으나, 수분과 탄산가스가 있으면 표면만 산화되어 염기성 탄산아연($ZnCO_3$, $Zn(OH)_3$)의 얇은 회백색 피막이 만들어져 부식을 방지한다. 산, 알칼리 및 Cu, Fe 등의 불순물은 부식을 촉진한다.

(2) 아연 합금

① 다이캐스팅용 아연 합금

　용융 금속에 압력을 가하여 다이에 주입하여 주물을 만드는 방법을 다이캐스팅(die-casting)이라 한다. 다이캐스팅 주물의 장점은 다음과 같다.

　　㈎ 결정 입자가 미세하고 강도가 크다.

　　㈏ 치수가 정확하다.

　　㈐ 복잡하고 얇은 주물을 만들 수 있고, 표면이 깨끗하다.

　　㈑ 대량 생산이 가능하다.

　Zn에 Al을 첨가하면 강도 및 경도가 증가하고, 유동성이 좋아진다. 저순도의 아연 합금은 고온에서 입간 부식을 일으키므로, 99.99% 이상의 아연을 사용한다.

　실용하는 다이캐스팅용 합금에는 ZAMAK3(4% Zn, 0.04% Al, Mg), ZAMAK5(4% Zn, 1% Al, 0.03% Cu, Mg) 등이 있다. 이 합금은 자동차 부품, 전기 기기 부품, 일반 기계 부품, 건축용 등에 사용한다. 〈표 3-18〉에 다이캐스팅용 아연 합금의 종류와 기계적 성질을 나타내었다.

〈표 3-18〉 다이캐스팅용 아연 합금의 종류와 기계적 성질(KS D 6005)

기 호	화학 성분(%)								기계적 성질		
	Zn	Cu	Al	Mg	불순물				인장강도 (MPa)	연신율 (%)	경도 (H_B)
					Pb	Sn	Fe	Cd			
ZnDC 1	나머지	0.75~1.25	3.5~4.3	0.020 ~0.06	0.005 이하	0.003 이하	0.10 이하	0.004 이하	323.4	7	91
ZnDC 2	나머지	0.25 이하	3.5~4.3	0.02 ~0.06	0.005 이하	0.003 이하	0.10 이하	0.004 이하	284.2	10	82

② 가공용 아연 합금

　가공용 아연 합금에는 Zn-Cu계, Zn-Cu-Mg계, Zn-Cu-Ti계 등이 있으며, 판, 선, 봉 등으로 가공하여 사용한다.

③ 금형용 아연 합금

　금형용 아연 합금은 Al, Cu를 첨가하여 강도 및 경도를 크게 한 합금으로, 다이캐스팅용과 거의 비슷하게 사용한다. 대표적으로 KM 합금, 커크사이트(kirksite), ZAS(zinc alloy for stamping) 합금 등이 실용되고 있다. 아연 합금 금형은 금속판의 프레스형, 발취형, 플라스틱 성형용 등에 사용된다.

Q 예제

다이캐스팅(die casting)용 아연 합금의 장점을 나열하시오.

해설 ① 결정입자가 미세하고 강도가 크다.
② 치수가 정확하다.
③ 복잡하고 얇은 주물을 만들 수 있고, 표면이 깨끗하다.
④ 대량 생산이 가능하다.

6-2 주석 및 주석 합금

주석(tin)은 은백색의 연한 금속으로, 주로 주석 도금을 하여 사용한다. 그 밖에 구리 합금, 베어링 합금, 땜납 등으로 이용되고, 독성이 없으므로 의약품, 식품 등의 튜브로 사용한다.

〈표 3-19〉에 주석 지금의 화학 성분을 나타내었다.

〈표 3-19〉 주석 지금의 화학 성분(KS D 2305)

화학 성분(%)										
Sn	Sb	As	Bi	Cu	Fe	Pb	Cd	Ni+Co	S	Zn
99.85 이상	0.04 이하	0.05 이하	0.03 이하	0.04 이하	0.01 이하	0.05 이하	0.001 이하	0.01 이하	0.01 이하	0.005 이하

(1) 주석의 성질

① 물리적 성질

Sn의 융점은 비교적 낮으며, 13.2℃에서 백색 주석(β-Sn)이 회색 주석(α-Sn)으로 동소변태를 한다. 〈표 3-20〉에 주석의 물리적 성질을 나타내었다.

〈표 3-20〉 주석의 물리적 성질

성 질	수 치	성 질	수 치
원자량	118.70	비열(0~100℃) β상	0.223J/g
비중(150℃)	7.2984	용융잠열	60.61J/g
융점	231.9℃	도전율	15.6% IACS
비점	2,270℃	응고 수축률	2.7%

② 기계적 성질

Sn은 고온에서 강도, 경도, 연신율이 낮으며, 결정 구조가 체심입방격자인 백색 주석은 연하여 금속박(foil)으로 만들어 공예품의 장식으로 사용한다.

③ 화학적 성질

Sn은 강산 및 강알칼리에는 침식된다. 중성에는 내식성을 가지며, 산소가 있으면 부식속도가 빠르게 진행된다.

(2) 주석 합금

Sn에 Pb, Sb, Ag 등을 첨가하여 Cu, 황동, 청동 등의 금속 제품의 접합용으로 사용하는데, 이러한 합금을 땜납(soft solder)이라 한다. 땜납은 고온용 땜납과 저온용 땜납이 있다. 〈표 3-21〉에 땜납의 종류와 용도를 나타내었다.

〈표 3-21〉 땜납의 종류와 용도

합금계	합금 조성(%)	융해 온도(℃)		용 도
		고상선	액상선	
Sn-Pb계	70Sn-30Pb	183	192	접합, 피복용
	63Sn-37Pb	183	183	전기용
	50Sn-50Pb	183	215	일반용 땜납
	45Sn-55Pb	183	227	자동차 라디에이터, 수공용
	35Sn-0.5Sn, 나머지 Pb	183	245	일반용
	5~20Sn-95~80Pb	183~300	274~313	고온용 땜납
Sn-Pb-Sb계	32SN-66Pb-2Sb	186	240	납관 보수용
	13Sn-0.5Sb-2.3Bi, 나머지 Pb	97	208	납관 접합용
Sn계	95Sn-5Sb	232	240	구리판 접합용, 전기용(저온용)
	95Sn-5Ag	245	221	고온용
기타	97.5Pb-2.5Ag	304	304	고온용
	82.5Cd-17.5Zn	264	264	고온용
	75Bi-17Sn-26In	78.9	78.9	저융점 땜납
	60Bi-40Cd	144	144	저융점 땜납
	67.75Sn-32.25Cd	177	177	저융점 땜납
	30Sn-70Zn	200	370	Al용
	10Cd-9.0Zn	264	400	Al용
	60Cd-30Zn-10Sn	158	–	Mg용
	90Cd-10Zn	264	310	Mg용
	95Cd-5Ag	336	387	고온용

6-3 ● 납 및 납 합금

납(lead)은 융점이 낮고, 연성이 있어서 가공하기가 용이한 금속이다. 납은 땜납, 활자 금속, 베어링용 합금, 축전지 전극 등으로 사용한다. 〈표 3-22〉에 납 지금의 종류와 화학 성분을 나타내었다.

〈표 3-22〉 납 지금의 종류와 화학 성분(KS D 2302)

기 호	화학 성분(%)							
	Pb	Ag	Cu	As	Sb+Sn	Zn	Fe	Bi
Pb 1	99.99 이상	0.002 이하	0.002 이하	0.002 이하	0.005 이하	0.002 이하	0.002 이하	0.005 이하
Pb 2	99.97 이상	0.002 이하	0.003 이하	0.002 이하	0.007 이하	0.002 이하	0.004 이하	0.010 이하
Pb 3	99.95 이상	0.002 이하	0.005 이하	0.005 이하	0.010 이하	0.002 이하	0.005 이하	0.050 이하
Pb 4	99.90 이상	0.004 이하	0.010 이하	0.010 이하	0.015 이하	0.010 이하	0.010 이하	0.100 이하
Pb 5	99.80 이상	–	0.05 이하	0.010 이하	0.04 이하	0.015 이하	0.02 이하	0.10 이하
Pb 6	99.50 이상	–	0.05 이하	0.010 이하	0.15 이하	0.015 이하	0.05 이하	0.015 이하

(1) 납의 성질

① 물리적 성질

Pb는 전성 및 연성이 크며, 윤활성이 좋고, 방사선의 투과도가 낮다. 〈표 3-23〉에 납의 물리적 성질을 나타내었다.

〈표 3-23〉 납의 물리적 성질

성 질	수 치	성 질	수 치
원자량	207.20	비열(0℃)	0.129J/g
비중(20℃)	11.36	용융잠열	26.17J/g
융점	327.4℃	도전율	8.3% IACS
비점	1,725℃	결정 구조	면심입방격자

② 기계적 성질

Pb의 인장강도는 11.76~13.72MPa 정도로 낮으나, 기계적 강도를 요구하는 재료에는 Ca, As, Sb 등을 첨가하여 합금으로 사용한다. 구조용으로 사용하는 경우에는 납을 피복하여 사용한다.

③ 화학적 성질

Pb는 공기 중에서 산화피막이 형성되어 내식성이 우수하다. 자연수나 해수에서는 거의 부식되지 않으므로, 압출 가공하여 가스용관, 일반용관 등으로 사용한다.

(2) 납 합금

① Pb-As계 합금

조성은 0.12~0.20% As, 0.08~0.12% Sn, 0.05~0.15% Bi, 나머지 Pb으로 강도 및 크리프 저항이 우수하다. 이 합금은 케이블 피복용으로 사용한다.

② Pb-Sb계 합금

4~8% Sb를 첨가하여 강도를 개선하여 열간 압출 가공을 한 후, 시효 경화하여 납관으로 사용한다.

③ Pb-Ca계 합금

1~2% Ca를 첨가하여 케이블 피복용이나 크리프 저항을 요구하는 관, 판 등에 사용한다.

④ Pb-Sb-Sn계 합금

활자 합금으로 소량의 Sb는 합금을 경화시키고, Sn은 인성을 개선한다.

⑤ 저융점 합금

저융점 합금(fusible alloy)은 약 250℃ 이하의 융점을 가진 합금으로 Sn, Pb, Cd, Bi, In 등이 있다. 이 합금은 화재 경보기, 저온 땜납, 전기 퓨즈 등에 사용한다.

6-4 텅스텐 및 텅스텐 합금

텅스텐(tungsten)은 백색 또는 회백색의 면심입방격자의 금속이다. 제조 시 융점이 높아 용해는 곤란하므로, WO_3 분말을 850℃ 정도에서 수소 환원하여 분말야금법(powder metallurgy)을 이용한다. 이 방법은 금속 합금 제조에 널리 이용하고 있다.

텅스텐은 비중 19.3, 융점 3,410℃ 정도이고, 비열은 20℃에서 0.134J/g로 조금만 가열하면 고온이 된다. 상온에서는 물과 거의 반응하지 않지만 고온에서는 산소 또는 수증기와 접하면 산화되고, 탄화물과 할로겐 화합물을 만든다. 또한 용융 알칼리 중에 산소가 공존하면 심하게 침식된다.

텅스텐은 융점이 높아서 전구, 진공관의 필라멘트 등으로 사용한다. 조성이 30% W 또는 50% W, 나머지 Mo인 텅스텐 합금은 융점, 강도, 고유 저항이 크므로 진공관 재료로 사용한다. 이외에 고속도강의 첨가 원소로 사용한다.

6-5 몰리브덴 및 몰리브덴 합금

몰리브덴(molibdenum)은 은백색의 체심입방격자의 금속이다. 산화몰리브덴을 Al으로 환원하거나 수소 기류 중에서 산화물 또는 염화물을 환원하여 제조한다. 비중 10.2, 융점 2,610℃ 정도이고, 선팽창계수는 5.1×10^{-6}/℃이다. 상온에서는 안정하나 고온에서는 산화하기 쉽다. 또한 용융 알칼리 중에 산소가 공존하면 심하게 침식된다.

내산성 및 내식성이 우수하여 가는 선으로 사용하고, 경도 및 강도가 좋아 절삭 공구 등으로 사용한다. 또한 스테인리스강에 첨가하여 내식성을 향상시키고, 강에 첨가하여 몰리브덴 강으로 사용한다. 대표적인 고융점 금속(refractory metal)으로는 W, Mo, Ta, Nb 등이 있다.

7. 베어링용 합금

베어링용 합금의 종류에는 주석 또는 납을 주성분으로 하는 화이트 메탈(white metal), 구리-납 합금, 주석 청동, 납 청동, 알루미늄 합금 등이 있다. 베어링용 합금의 필요한 조건은 축 속도, 하중의 대소, 사용 장소 등에 따라 차이가 있다. 베어링용 합금의 구비 조건은 다음과 같다.

① 소착에 대한 저항력이 커야 한다.
② 부식이 되지 않도록 내식성이 좋아야 한다.
③ 마찰계수가 작고, 내마모성이 좋아야 한다.
④ 하중에 대한 내구력이 있을 정도로 경도와 내압력이 있어야 한다.
⑤ 축에 적응이 잘되도록 충분한 점성과 인성이 있어야 한다.
⑥ 주조성이 좋고, 열전도율이 커야 한다.

7-1 ◉ 화이트 메탈

(1) 주석계 화이트 메탈

Sn-Sb-Cu계 합금으로 배빗메탈(babbit metal)이라 한다. Sb, Cu의 함유량이 높을수록 경도, 인장강도, 항압력이 증가한다. 이 합금의 불순물로는 Fe, Zn, Al, Bi, As 등이 있으며, 고속고하중용 및 중속중하중용 베어링으로 사용한다. 〈표 3-24〉에 주석계 화이트 메탈의 종류와 화학 성분을 나타내었다.

〈표 3-24〉 주석계 화이트 메탈의 종류와 화학 성분(KS D 6003)

| 기 호 | 화학 성분(%) | | | | | | | | | | | |
| | Sn | Sb | Cu | Pb | As | 불순물 | | | | | | |
						Pb	Fe	Zn	Al	Bi	As	Cu
WM 1	나머지	5.0~7.0	3.0~5.0	–	–	0.50 이하	0.08 이하	0.01 이하	0.01 이하	0.08 이하	0.10 이하	–
WM 2	나머지	8.0~10.0	5.0~6.0	–	–	0.50 이하	0.08 이하	0.01 이하	0.01 이하	0.08 이하	0.10 이하	–
WM 3	나머지	11.0~12.0	4.0~5.0	3.0 이하	–	–	0.10 이하	0.01 이하	0.01 이하	0.08 이하	0.10 이하	–
WM 4	나머지	11.0~13.0	3.0~5.0	13.0~15.0	–	–	0.10 이하	0.01 이하	0.01 이하	0.08 이하	0.10 이하	–

(2) 납계 화이트 메탈

납계의 합금에는 Pb-Sb-Sn 합금과 Pb-Ca-Ba-Na 합금이 있으며, 〈표 3-25〉에 납계 화이트 메탈의 종류와 화학 성분을 나타내었다.

Pb-Sb-Sn계 합금은 Sb, Sn의 함유량이 높을수록 항압력이 증가한다. Sb의 함유량이 너무 많으면 Sb 고용체나 화합물 상이 많아져서 경하고 취약해진다. Sb의 함유량이 낮은 합금에는 As를 1% 정도 첨가하면 소지가 미세화하여 경화된다. 이 합금은 베어링 특성을 좋게 하므로 자동차, 디젤기관 등에 사용한다. 이 계의 합금 외에 Ca, Ba, Na 등을 첨가한 합금도 실용되고 있다.

〈표 3-25〉 납계 화이트 메탈의 종류와 화학 성분(KS D 6003)

| 기 호 | 화학 성분(%) | | | | | | | | | | | |
| | Sn | Sb | Cu | Pb | As | 불순물 | | | | | | |
						Pb	Fe	Zn	Al	Bi	As	Cu
WM 6	44.0 ~46.0	11.0 ~13.0	1.0~3.0	나머지	–	–	0.10 이하	0.05 이하	0.01 이하	–	0.20 이하	–
WM 7	11.0 ~13.0	13.0 ~15.0	1.0 이하	나머지	–	–	0.10 이하	0.05 이하	0.01 이하	–	0.20 이하	–
WM 8	6.0 ~8.0	16.0 ~18.0	1.0 이하	나머지	–	–	0.10 이하	0.05 이하	0.01 이하	–	0.20 이하	–
WM 9	5.0 ~7.0	9.0 ~11.0	–	나머지	–	–	0.10 이하	0.05 이하	0.01 이하	–	0.20 이하	0.30 이하
WM 10	0.8 ~1.2	14.0 ~15.5	0.1~0.5	나머지	0.75 ~1.25	–	0.10 이하	0.05 이하	0.01 이하	–	0.20 이하	

7-2 ◉ 구리계 베어링 합금

구리계의 합금에는 Cu-Pb 합금의 켈밋(kelmet)과 주석 청동, 납 청동 등이 있다. Pb의 함유량이 증가하면 피로강도는 낮으나 마모 효과는 커진다. 켈밋은 축에 대한 적응성이 우수하고, 내소착성이 좋아 자동차, 항공기 등의 고속고하중용 베어링으로 사용한다. 주석 청동 또는 연청동 합금의 베어링은 저속고하중용으로 사용한다. 〈표 3-26〉에 구리계 베어링 합금의 종류와 화학 성분을 나타내었다.

〈표 3-26〉 구리계 베어링 합금의 종류와 화학 성분(KS D 6004)

기 호	화학 성분(%)					
	Cu	Ni 또는 Ag	Pb	Sn	Fe	기 타
KM 1	나머지	2.0 이하	38~42	1.0 이하	0.08 이하	1.0 이하
KM 2	나머지	2.0 이하	33~37	1.0 이하	0.08 이하	1.0 이하
KM 3	나머지	2.0 이하	28~32	1.0 이하	0.08 이하	1.0 이하
KM 4	나머지	2.0 이하	23~27	1.0 이하	0.08 이하	1.0 이하

7-3 ◉ 알루미늄계 베어링 합금

알루미늄계 합금은 내하중성, 내마모성, 내식성이 우수하나 순응성이 나빠서 소착할 염려가 있다. 또한 열팽창률이 큰 결점이 있어 현재에는 널리 사용하지 않는다.

7-4 ◉ 카드뮴계 및 아연계 베어링 합금

카드뮴은 고가이므로 크게 사용되지 않으나, Cd에 Ni, Ag, Cu 등을 첨가하여 경화시킨 합금은 피로강도가 화이트 메탈보다 우수하여 고속고하중용 베어링으로 사용한다.

아연계 베어링 합금은 현재 고순도의 아연 지금을 제조할 수 있게 되었다. 인청동과 비슷한 특성을 가지고 있고, 화이트 메탈보다 경도가 높아 전차용 베어링 등에 사용한다. 이 합금은 Alzen305로 조성은 30~40% Zn, 5~10% Al, 나머지 Cu이며, 경도(H_B) 100~500, 비중 4.8로 비교적 가벼운 합금이다.

7-5 ◉ 함유 베어링

다공질 재료에 윤활유를 품게 하여 급유를 필요로 하지 않는 베어링을 함유 베어링(oilless bearing)이라 한다. 이 합금은 5~100μm의 구리 분말, 주석 분말, 흑연 분말을 혼합하고, 윤활제를 첨가하여 가압·성형한 후, 환원 기류 중에서 400℃로 예비 소결한 다음 800℃로 소결하여 제조한다. 소결 함유 베어링은 오일라이트(oilite)라는 상품으로 처음 판매되었다. 합금 종류에는 Cu계 합금과 Fe계 합금이 있으며, 가장 많이 사용하는 합금은 Cu-Sn-C이다. 함유 베어링은 10~40%의 윤활유가 잔류하므로 급유가 곤란한 부분의 베어링으로 사용한다.

Q 예제

다공질 재료에 윤활유를 품게 하여 급유를 필요로 하지 않는 베어링을 무엇이라 하는가?

해설 함유 베어링(oilless bearing)

8. 그 밖의 합금

8-1 귀금속 및 귀금속 합금

(1) 금과 금 합금

금(gold)은 황금색의 면심입방격자 금속이다. 열 및 전기의 양도체로 비중 19.3, 융점 1,063℃이다. 전연성이 Ag보다 좋고 가공이 용이하다. 상온에서 왕수 외에서는 침식되지 않고, 공기나 물에서는 산화되지 않으며, 빛깔의 변화도 없다. 순금은 유연하여 합금을 하여 사용할 때가 많다.

대표적인 합금계에는 Au-Cu 합금과 Au-Ag 합금 등이 있다. Au에 10% Cu를 첨가하여 경도를 증가시켜 반지, 장식용 등으로 사용한다. Au에 9% Ag, 3% Cu를 첨가하여 치과용으로 사용한다.

(2) 은과 은 합금

은(silver)은 은백색의 면심입방격자 금속이다. 전연성이 Au 다음으로 우수하고 가공이 용이하다. 열 및 전기의 전도도가 가장 크고, 비중 10.53, 융점 962℃이다. 황산과 질산에서는 침식되고, 황화수소에서는 검은색으로 변한다. 대표적인 합금계에는 치과용, 장식용으로 사용하는 Ag-Pd 합금과 전기접점용 합금으로 사용하는 Ag-Mo 합금, Ag-W 합금, Ag-Ni 합금 등이 있다.

8-2 코발트 및 코발트 합금

코발트(cobalt)는 은백색의 금속으로 상온에서는 조밀육방격자이나, 477℃ 이상에서는 면심입방격자이다. 강자성체로 비중 8.9, 융점 1,480℃이다. Co는 내열 합금, 영구 자석 합금,

촉매 등으로 사용한다. Co기 합금은 Cr의 함유량이 많아서 고온 부식에 강하고, 내열피로성, 용접성, 주조성 등이 우수하다.

8-3 ◉ 분말 합금

금속 분말을 가압 · 성형한 후, 가열하면 소결이 일어난다. 소결한 금속 분말을 원하는 형태의 기계 부품으로 만들거나 특수한 성질의 재료로 만드는 방법을 분말야금(powder metallurgy)이라 한다. 분말야금법의 특징은 다음과 같다.

① 융해 방법으로 제조하기 어려운 고융점 금속인 W, Mo, Co 등을 부품으로 만들 수 있다.

② 용융법에서는 혼합되지 않는 성분을 혼합하여 W–Cu, WC–Co, W–Ag 합금 등으로 만들 수 있다.

③ 금속 또는 비금속이 혼합되지 않는 성분을 혼합하여 Cu–C 합금, 서멧 등으로 만들 수 있다.

④ 다공성의 금속 재료를 만들 수 있다.

공구 재료로 사용하는 초경합금은 미세한 WC 분말에 결합재인 Co 및 TiC, TaC 등을 배합하여 가압 · 성형한 후, 소결한 합금이다. 초경합금으로 만든 공구에는 절삭 공구류, 내마모성 공구류, 변형 공구류 등이 있다. 그 밖에 WC–TiC–Co계 및 WC–TiC–TaC–Co계 합금이 절삭용 공구류 제조에 많이 사용된다.

기계를 구성하는 부품용 소결 재료에는 기어, 캠, 소결 베어링 부품 등이 있으며, 원료로는 Fe 분말이 가장 많고, Cu 분말, Sn 분말 등이 있다. 분말 야금 제품은 기계 부품 44%, 자성 재료 26%, 연질 부품 30% 정도가 된다. 그 중에서도 자동차 부품이 대부분을 차지한다. 특히 엔진 부품의 확대는 더욱 가속되어 비용 절감에 기여하고 있다. 밸브시트를 비롯하여 캠과 캠 샤프트를 소결로 조립 성형하는 기술 등이 개발되었다.

〈그림 3-28〉에 분말야금법으로 제조한 자동차 부품을 나타내었다.

〈그림 3-28〉 분말야금법으로 제조한 자동차 부품

Q 예제

초경합금으로 만든 공구의 종류를 나열하시오.

해설 절삭 공구류, 내마모성 공구류, 변형 공구류 등

1. 구리는 다른 금속 재료와 비교하여 어떠한 점이 우수한지 설명하시오.

2. 톰백(tombac)이란 무엇인지 설명하시오.

3. 애드미럴티 황동(admiralty brass)이란 무엇인지 설명하시오.

4. 고강도 황동과 델타 메탈(delta metal)이란 무엇인지 설명하시오.

5. 포금이란 무엇인지 설명하시오.

6. 알루미늄 청동의 성질과 용도를 설명하시오.

7. 상온 시효(natural aging)란 무엇인지 설명하시오.

8. Al-Mg계 합금의 특성과 용도를 설명하시오.

9. 다이캐스팅용 Al 합금의 요구되는 성질은 무엇인지 설명하시오.

10. 두랄루민(duralumin)의 조성과 열처리 방법을 설명하시오.

11. 40~50% Ni 합금(constantan)의 특성을 설명하시오.

12. 고투자율 합금의 종류를 들고 설명하시오.

13. 내식용 합금의 종류에 대해 설명하시오.

14. 가공용 마그네슘 합금의 종류 및 용도를 설명하시오.

15. Ti의 기계적 성질은 무엇인지 설명하시오.

16. 금형용 아연 합금의 특성과 종류를 설명하시오.

17. 땜납(soft solder)이란 무엇인지 설명하시오.

18. 저융점 합금이란 무엇인지 설명하시오.

19. 베어링용 합금의 구비 조건에 대해 설명하시오.

20. 함유 베어링(oilless bearing)이란 무엇인지 설명하시오.

신금속·신소재 재료

신금속·신소재 재료

제4장

1. 기능성 신금속 재료

1-1 ◉ 초소성 재료

초소성(super plasticity)이란 금속 재료가 특정한 온도 및 변형 조건에서 유리질처럼 늘어나는 특수한 현상이다. 초소성 현상은 일정한 온도에서 특정 범위의 변형 속도로 하중을 가하거나, 하중을 걸어놓고 적당한 속도로 가열 및 냉각을 반복하면 수 백% 이상의 연성을 나타내는 것이다. 이와 같이 초소성 현상을 이용하는 합금을 초소성 합금이라고 한다.

이 재료는 초소성 현상에 따라 미세결정립 초소성 재료와 변태 초소성 재료로 분류한다. 초소성 재료는 초소성 영역에서 강도가 낮고, 연성은 매우 크므로 작은 힘으로도 복잡한 형상으로 성형 가공이 가능하고, 변형 저항이 저하하므로 정밀 가공에 이용한다.

(1) 초소성 성형 방법

초소성 성형 방법에는 blow forming, gatorizing 단조법, SPF/DB법 등이 있다.

① blow forming

판상의 알루미늄계 및 티타늄계 초소성 재료를 0.1~2.1MPa의 가스 압력으로 어느 형상에 양각 또는 음각하거나 금형이 필요 없이 자유 성형하는 방법이다. 이 방법은 성형 에너지 소모가 적고, 값싼 공구를 사용해 복잡한 형태의 통이나 용기를 단순 공정으로 제조할 수 있는 장점이 있다.

② gatorizing 단조법

껌을 오목한 형상의 틀에 넣어 양각하는 것과 비슷한 방법으로 니켈계 초소성 합금으로 터빈디스크를 제조하기 위해 개발한 방법이다. 이 방법은 내크리프성이 우수한 고강도 초내열 합금으로 된 터빈디스크를 기존 품질보다 훨씬 우수하게 제조할 수 있다.

③ SPF/DB법

초소성 성형법과 고체 상태에서 용접하는 확산 접합(diffusion bonding, DB) 방법이 합쳐진 기술로서 가스 압력으로 성형한 후, 선택에 따라 확산 접합으로 선택한 부분만 용접하여 성형하는 방법이다. 이 방법은 초소성 재료를 사용할 경우에만 가능하다. Ti계 합금을 사용하여 항공기 부품을 제조하는 데 사용한다.

(2) 초소성을 만들기 위한 조직의 조건 및 방법

초소성 변형이 일어나기 위한 조건은 결정입자가 10μm 이하로 미세해야 하며, 제2상이 50% 정도 존재하고, 결정립의 형태가 등축 형태를 이루고 있어야 한다. 초소성재를 얻기 위해서는 공정 조성 합금을 공정 온도 직하로 가열하여 균질화 풀림을 한 후, 열간 및 냉간 또는 상온에서 가공하고, 공정 온도 직하로 가열하여 재결정시켜 등축 결정으로 만들어 급랭한다. 공석 조성 합금은 공석 온도 직상에서 균질화 풀림을 한 후 열간, 상온에서 가공하고, 용체화 처리 후 급랭한 다음 풀림하여 2상으로 분해한다.

〈그림 4-1〉에 Pb-Sn 초소성 합금의 등방정 조직을 나타내었다. (a)~(c) 열처리 조건을 보면 (a)는 170℃에서 24시간, (b)는 170℃에서 48시간, (c)는 170℃에서 7일 동안 재결정 처리한 것이다. 결정립 크기는 (a) 2.5μm, (b) 3.3μm, (c) 7.0μm이다.

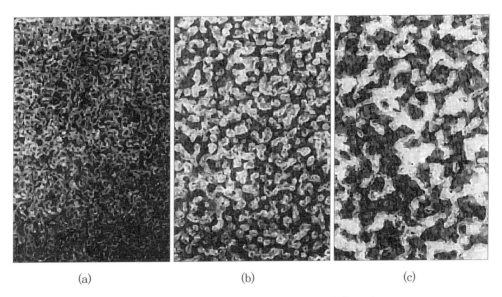

| (a) | (b) | (c) |

〈그림 4-1〉 Pb-Sn 초소성 합금의 등방정 조직

(3) 초소성 합금의 종류

대표적인 비철계 초소성 재료에는 Al 합금, Ti 합금, Ni 합금 등이 있고, 철강계 초소성 재료에는 탄소강, 저합금강, 고합금강 등이 있으나 비철계에 비하여 연성이 낮다. 〈표 4-1〉에 초소성 합금계의 종류와 화학 성분을 나타내었다.

알루미늄 합금 중 Supral 100은 유명하며, 0.35% Mg, 0.14% Si를 첨가한 Supral 210,

또 Ge을 첨가하여 강화시킨 Supral 220이 있다. ESD7075 외에 초소성 재료화도 진행되고 있다. 그 밖에도 Mg 합금의 ZK60A 및 Ni기 초합금의 IN-100은 분말소결재이고, 1,000% 이상의 연신을 얻고 있다.

〈표 4-1〉 초소성 합금계의 종류와 화학 성분

합금계	명 칭	화학 성분(%)	최대 연신율(%)
Al 합금	Al-Cu	Al-33Cu	500 이상
	Al-Cu-Mg	Al-25Cu-11Mg	600 이상
	Al-Cu-Si	Al-25.2Cu-5.2Si	1,310
	Supral 100	Al-6Cu-0.4Zr	1,000 이상
	Al-Mg-Zr	Al-6Mg-0.4Zr	890
	AA7075	Al-5.6Zn-2.5Mg-1.6Cu-0.3Cr	190
	Al-Zn-Mg-Zr	Al-10.7Zn-0.9Mg-0.4Zr	1,550
Ti 합금	IMI 318	Ti-6Al-4V	1,000
	IMI 679	Ti-11Sn-2.25Al-1Mb-5Zr-0.25Si	500
Ni 합금	IN 100	Ni-10Cr-15Co-4.5Ti-5.5Al-3Mo	1,300
	Ni-Fe-Cr-Ti	Ni-26.2Fe-34.9Cr-0.58Ti	1,000 이상
Fe 합금	공석강	Fe-0.8C	100
	과공석강	Fe-1.3~1.9C	750
	합금강	Fe-0.42 C-1.9Mn	460
	고합금강	Fe-4Ni-3Mo-1.6Ti	820
	Fe-Cu	Fe-50Cu	300

Ⓠ 예제

초소성 합금계의 종류와 화학 성분을 설명하시오.

해설 표 4-1 참조

1-2 ◉ 초탄성 재료

초탄성(superelasticity)은 형상 기억 효과와 같이 특정한 모양의 재료를 인장하여 탄성한도를 넘어서 소성 변형시킨 경우에도 하중을 제거하면 원상태로 돌아오는 성질이다. 일반 기계 부품에 쓰이는 스프링에 비해 탄성한도의 허용 폭이 크며, 안경 프레임, 스프링, 와이어 등에 사용한다. 〈그림 4-2〉에 초탄성체의 거동(superelastic behavior)을 나타내었다.

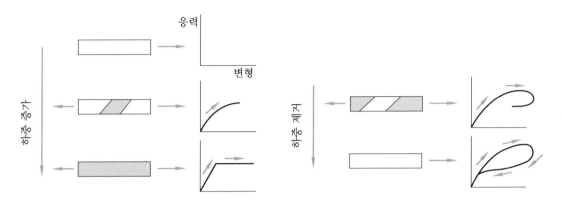

〈그림 4-2〉 초탄성체의 거동

1-3 ◐ 초전도 재료

초전도(superconductivity)란 어떤 물질이 일정한 온도, 자장, 전류 밀도에서 전기 저항이 완전히 사라지는 현상이다. 구리와 같은 금속선은 전기 저항 때문에 전류가 흐르면 전력이 소모된다. 그러나 어떤 종류의 금속은 전기 저항이 특정한 온도에서 영(zero)이 되면서 전도도가 무한대가 되는 현상이 나타난다. 이러한 현상을 초전도성이라 한다.

헬륨(He)과 같이 극저온 분위기의 임계 온도(critical temperature, T_c)에서 전기 저항이 영이 되는 금속을 초전도 금속이라 한다. 〈그림 4-3〉에 초전도체를 나타내었다.

〈그림 4-3〉 초전도체

(1) 초전도 재료의 특성

초전도 상태는 온도(temperature, T), 자기장(magnetic field, H), 전류 밀도(current density, J)가 각각 어느 임계값 T_c, H_c, J_c 이하이어야 한다. 〈그림 4-4〉에 T–H–J 임계

면에 따른 초전도 상태를 나타내었다. 〈그림 4-4〉의 좌표 공간에서 면의 내부는 초전도 상태이고, 면의 외부는 정상 상태이다.

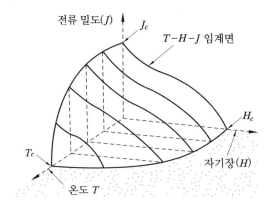

〈그림 4-4〉 $T-H-J$ 임계면에 따른 초전도 상태

T_c가 높은 쪽이 냉각이 용이하고, H_c 및 J_c가 높을수록 강한 자기장을 발생하므로, 기기를 소형화할 수 있어 초전도를 이용하는 장점이 커진다. 〈그림 4-5〉에 소결공정으로 제조한 초전도 재료의 조직을 나타내었다. 〈그림 4-5〉의 조직은 결정입계가 많고 입자들의 결정 방위가 무방향으로 배열되어 있다.

〈그림 4-5〉 초전도 재료의 조직

(2) 초전도 재료의 종류

초전도 재료에는 Nb나 V 등의 합금과 Nb_3Sn, V_3Ge 등의 화합물계가 있다. 초전도 재료는 대부분 임계 온도 30K 이하의 저온 초전도체로 Nb-Ti 합금을 주로 사용한다. 이것은 초고감도 자기 센서, 고자장 발생용 초전도 전자석으로 다양한 응용 기기에 사용한다. 임계 온도 30K 이상의 고온 초전도체로 Y-Ba-Cu-O계, Bi-Sr-Ca-O계 등의 금속 산화물 초전도 재료가 사용되고 있다.

초전도 선재에는 Nb-Ti 선재, Nb_3Sn 및 V_3Ge 등의 화합물 선재가 있다. Nb-Ti 합금은 가격이 싸고, 가공이 쉽기 때문에 실용 선재의 대부분을 차지하고 있다. 초전도성은 자기부상열차, 고에너지 가속기, 전기 기기 응용 연구 등의 여러 분야에서 이용한다. 〈그림 4-6〉에 초전도 전자석 케이블을 나타내었고, 〈그림 4-7〉에 자기부상열차를 나타내었다.

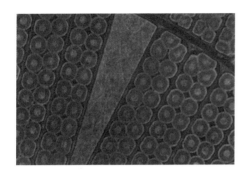

〈그림 4-6〉 초전도 전자석 케이블

〈그림 4-7〉 자기부상열차

Q 예제 ▶

헬륨(He)과 같은 극저온 분위기의 임계 온도(critical temperature, T_c)에서 전기 저항이 영이 되는 금속을 무엇이라 하는가?

해설 초전도 금속

1-4 ● 자성 재료

일반적으로 자기의 응용은 변압기, 모터의 철심 재료, 또는 영구 자석 재료 등으로 이용되었으나, 전자 기술의 발달로 자성 재료는 오디오용, 비디오용, 현금 카드, 지하철 티켓 등에 이용한다. 예전에는 철, 코발트, 니켈 등의 철족 금속이 사용되었으나, 현재는 희토류 금속이 새롭게 실용 재료로 활용되고 있다.

희토류 금속은 다양한 자성을 나타내고 자기 모멘트도 상당히 크지만, 퀴리 온도(curie temperature)가 낮아 희토류 금속 자체만으로 사용할 수 없다.

따라서 희토류 금속과 철 또는 코발트 등과 합금하여 자석 재료로 사용한다. 희토류 합금계에는 Sm-Co 합금, Fe-Nd-B 합금 등이 있으며, 차세대 자석으로는 교환 스프링 자석, 하이브리드 자석 등이 연구 중에 있다.

1-5 ● 반도체 재료

반도체(semiconductor)란 도체와 절연체의 중간 영역에 속하는 물질로 $10^{-4} \sim 10^8 \Omega \cdot cm$ 정도의 저항률을 갖는다. 반도체는 순수한 상태에서 부도체와 비슷한 특성을 보이지만 불순물의 첨가에 의해 전기 전도도가 늘어나기도 한다. 대표적인 반도체 재료로는 Ge, Si 등이 있으며, As, P, Sb, B 등의 불순물을 소량 첨가하여 사용한다. 화합물 반도체에는 GaAs, InSb 등이 있다.

4족의 Ge이나 Si은 4개의 가전자로 공유 결합을 하는 진성 반도체(intrinsic semi-conductor)이다. 4족 원소에 5족 원소를 첨가하면 잉여전자가 발생하여 n형 반도체가 되고, 3족 원소를 첨가하면 반대로 전자가 부족하여 정공(hole)으로 이루어진 p형 반도체가 된다. n형 반도체는 4가의 진성 반도체 중에 5가인 As, P, Sb 등의 불순물을 소량 첨가한 반도체이다. p형 반도체는 4가의 진성 반도체 중에 3가인 B, In, Ga 등의 불순물을 소량 첨가한 반도체이다.

(1) 반도체 재료의 종류

〈표 4-2〉 반도체 재료의 종류

종류		원소 및 화합물
능동 소자 재료	다이오드 재료	Si, Ge, Se, GaAs
	트랜지스터 재료	Si, Ge
	사이리스터 재료	Si
	IC 재료	Si
광전 변환 재료	광전 셀, 광전자 재료	Si, Ge, GaAs, Se, CdS
	광도전 재료	CdS, Sb_2S_3, PbO, Se, ZnO
	형광 재료	ZnS, ZnO, (Zn,Cd)S, Zn_2SiO
	EL 재료	ZnS, ZnSe
	발광 다이오드 재료	GaAs, GaP, Ga(As, P), (Ga, Al)As
	레이저 재료	GaAs, PN 접합
열전 변환 재료	열전 발열 재료	PbTe, $MnSi_2$, In(As, P)
	열전 냉각 재료	Bi_2Te_3, $(Bi, Sb)_2Te_3$, $Bi_2(Te, Se)_3$
	열전자 방충 재료	(Ba, Sr)O, ThO_2, LaB_6
	서미스터 재료	NiO, $CaTiO_3$, VO_2, $BaTiO_3$
	발열 재료	SiC
	열전 발전 재료	BiSb, ZnSb, Bi_2Te_3
자전 변환 재료	Hell 소자 재료	InSb, InAs
	자기 저항 재료	InSb, InAs, Bi
압전 변환 재료	압전 변환 재료	Si, Ge, GaAs, GaSb
	압전 반도체 재료	CdS, ZnO, CdSe, $LiGaO_2$

반도체 재료의 종류는 대단히 많으나 무기 재료 반도체와 유기 재료 반도체로 나눌 수 있다. 무기 재료 반도체는 원소 반도체와 화합물 반도체로 분류된다.

원소 반도체 재료에는 Ge, Si, Se, Te 등이 있다. 화합물 반도체 재료에는 Ⅲ-Ⅴ족간 화합물(GaAs, GaP, InSb, InAs)과 Ⅱ-Ⅵ족간 화합물(Cd, ZnS), 이외에도 Ⅳ-Ⅵ족간 화합물(PbO, PbS) 및 Ⅴ-Ⅵ족간 화합물(Sb_2S_3, Bi_2Te_3) 등이 있다. 〈표 4-2〉에 반도체 재료의 종류를 나타내었다.

Q 예제

반도체 재료의 종류를 나열하시오.

해설 표 4-2 참조

1-6 ◉ 형상기억합금

형상기억합금(shape memory alloy)이란 처음에 주어진 특정 모양의 금속 재료를 인장하거나 소성 변형된 것에 적당한 열을 가하면 원래의 모양으로 돌아오는 합금이다. 보통의 금속 재료는 탄성한도 이하의 변형은 하중을 제거하면 완전히 원상태로 돌아가나, 항복점을 넘으면 탄성 변형분만 회복되고, 소성 변형분은 남아서 영구 변형이 된다.

형상기억합금은 비교적 낮은 온도에서 소성 변형을 시킨 후, 적당히 높은 온도로 가열하면 변형 이전의 형태로 되돌아간다.

〈그림 4-8〉에 형상 기억 현상에 따른 결정 변화를 나타내었다.

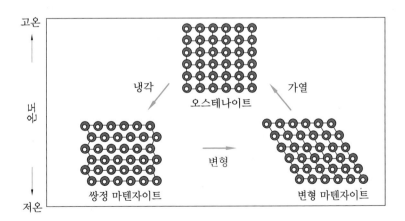

〈그림 4-8〉 형상 기억 현상에 따른 결정 변화

〈그림 4-8〉에서와 같이 형상 기억 현상에 따른 원자 배열은 고온상의 오스테나이트이고, 냉각하면 저온상의 마텐자이트로 변하며, 가열하면 본래의 상태로 변형하는 재료이다.

(1) 형상기억합금의 종류

형상 기억 현상을 나타내는 합금으로는 Ni-Ti계와 Cu계의 Cu-Al-Ni, Cu-Zn-Al 합금이 있다.

① 니켈-티타늄계 합금

Ni-Ti계 합금은 내식성, 내마모성, 내피로성 등이 좋으나 값이 비싸고 소성 가공에 숙련된 기술이 요구된다. Ni과 Ti을 1 : 1의 원자비로 함유한 Ni-Ti계 합금은 금속간 화합물이지만 소성 가공을 할 수 있고, 상온 부근에서 마텐자이트 변태를 하는 특성이 있다. 이 합금은 마텐자이트 변태 온도 이하에서 진동감쇠능이 있어 제진재, 방음재로 사용한다. 마텐자이트 변태 온도보다 높은 구역에서는 우수한 내식성과 내마모성을 겸비한 구조재로 사용한다.

합금의 종류에는 Ti-50% Ni과 Ti-51% Ni이 있다. 〈그림 4-9〉에 Ti-Ni-Si 합금의 조직을 나타내었다. 〈그림 4-9〉에서 밝게 보이는 기지 내에 검은 점들이 제2상의 조직이며, 제2상들은 Ti_5Si_3, $Ni_{16}Ti_6Si_7$, $Ni_4Ti_4Si_7$로 되어 있다.

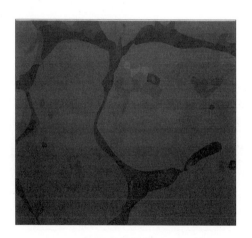

〈그림 4-9〉 Ti-Ni-Si 합금의 조직

② 구리계 합금

Cu계 합금 중에서 Cu-Zn-Al 합금은 결정립의 미세화가 곤란하여 내피로성이 좋지 않다. Ni-Ti계 합금보다 내식성, 내마모성은 떨어지나 가격이 싸고, 소성 가공성이 좋아 파이프 이음쇠(fittings) 등에 이용한다.

(2) 형상기억합금의 용도

형상기억합금은 탄성계수 변화 및 치수 변화에 온도 의존성이 작은 엘린바 합금, 인바 합금으로 사용하고, 치수 변화에 온도 의존성이 큰 바이메탈(bimetal)용 합금으로 사용한다.

일상생활 용품으로는 여성용 브래지어, 치열 교정용, 냉난방겸용 에어컨 등에 사용한다. 또한 우주 수신용 안테나, 제트 전투기의 유압 배관 계통의 파이프 이음쇠, 원자력 잠수함이나 선박의 배관, 해저 송유관의 파열 보수 공사에도 사용한다.

Q 예제

형상기억합금(shape memory alloy)이란 무엇인지 설명하시오.

해설 처음에 주어진 특정 모양의 금속 재료를 인장하거나 소성 변형된 것에 적당한 열을 가하면 원래의 모양으로 돌아오는 합금

1-7 ● 수소저장합금

수소저장합금(hydrogen storage alloy)이란 수소와 반응하여 금속 수소화물의 형태로 수소를 포착하여 가열하면 수소를 방출하는 특성을 가지는 성질의 합금이다. 이 합금은 가역적으로 수소를 흡장, 방출하는 기능을 갖고 있다. 흡장 시에는 발열을 하고, 방출 시에는 흡열을 수반함으로써 에너지 변환 기능을 갖는 신소재이다.

금속 수소화물은 단위 부피 $1cm^3$ 중에 10^{22}개의 수소 원자를 포함하여 기체 수소의 약 1,000배의 용적률을 가지며, 101.3MPa의 고압 수소 가스의 밀도와 같게 된다. 〈표 4-3〉에 수소 밀도의 비교를 나타내었다.

〈표 4-3〉 수소 밀도의 비교

수소의 상태	기체 수소 (N.T.P)	액체 수소 (−235℃)	TiH_2	$LaNi_5H_{6.7}$	FeTiH	ZrH_2
수소 밀도 (원자/cm³)	5.4×10^{19}	5.3×10^{22}	9.1×10^{22}	7.6×10^{22}	6.3×10^{22}	7.2×10^{22}

(1) 수소저장합금의 종류

수소저장합금으로는 Mg계, Fe-Ti계 등과 이외에 희토류계 합금이 있다. Mg계의 금속 수소화물은 MgH_2의 형을 가지며, 수소 저장률이 큰 것이 장점이다. 그러나 수소의 방출 온도가 높고 반응 속도가 느린 단점이 있어서 Ni, Cu, Na 등을 첨가하여 사용한다. 〈그림 4-10〉에 Mg-1% Ni계 합금의 조직을 나타내었다. 〈그림 4-10〉의 조직은 Mg 합금에 Ni을 수소 해리의 촉매 원소로 작용하기 위하여 첨가하였으며, Ni 첨가량이 증가할수록 α-Mg상이 미세화된다.

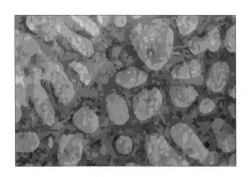

〈그림 4-10〉 Mg-1% Ni계 합금의 조직

(2) 수소저장합금의 기능과 용도

수소 저장용 합금의 기능과 용도는 다음과 같다.

① 수소 저장성

FeTi계, Mg$_2$Ni계, 희토류계, 금속간 화합물(LaNi$_5$) 등은 자동차 연료용, 연료 전지의 발전용으로 사용한다.

② 수소 분리 및 정제

희토류계, MnNi$_{4.5}$, Al$_{0.5}$ 등은 순도 99.9999%의 수소이다.

③ 열에너지의 저장 및 수송

FeTi계, LaNi$_5$계, Mg$_2$Ni계 등은 열펌프(heat pump), 태양열 시스템, 냉온방용으로 사용한다.

④ 금속의 미분말화 작용

금속(Ti, Zr, V, Nb, Ta) 분말의 제조 등에 사용한다. 이외에도 자동차산업용 액추에이터(actuator) 또는 센서(sensor) 등에 사용한다.

1-8 ● 비정질 합금

결정은 원자 배열이 규칙적으로 되어 있는데, 그와 같은 규칙성이 없는 상태를 비정질(amorphous)이라 한다. 비정질 구조로 되어 있는 재료에는 유리 금속, 비결정, 불규칙계가 있다. 〈그림 4-11〉에 결정질 재료와 비정질 재료의 배열 상태를 나타내었다.

〈그림 4-11〉에서와 같이 비정질 재료는 구성 원자의 배열에 장거리 규칙성이 없는 불규칙한 구조로 되어 있으며, 결정이 없고, 결정입계도 없는 균질한 상태이다. 비정질 재료는 결정을 만들기 어려워 합금하기 어려운 금속 간에서도 넓은 범위에 걸쳐 합금을 만들 수 있으며, 기계적 특성과 내식성, 자기 특성이 우수한 신재료이다. 비정질 합금의 제조 방법에는 전기 또는 화학 도금, 스퍼터링(sputtering), 액체 급랭법 등이 있다.

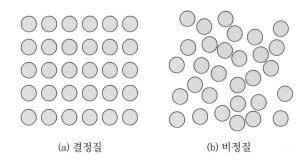

(a) 결정질   (b) 비정질

〈그림 4-11〉 결정질 재료와 비정질 재료의 배열 상태

(1) 비정질 합금의 종류와 성질

비정질 합금 조성은 TM-X로 표시되며, TM은 천이금속(Fe, Ni, Co 등)이나 귀금속 원소 (Au, Pd)이고, X는 유리질 비금속 원소(B, Si, C, P 등)를 나타내는 것으로서 원자 15~30% 함유하는 공정점 부근의 조성을 가진다. 1980년대에는 Cu-Zr, Ni-Zr, Cu-Ti 등의 금속-금속계 비정질 합금도 제조되었지만 금속-비금속계 비정질 합금에 대한 연구가 더 많이 이루어지고 있다.

비정질 합금은 고강도이고 인성이 우수하며, 높은 내식성 및 전기 저항성과 고투자율성, 초전도성이 있다. 크롬과 인을 함유한 스테인리스계 비정질 재료는 기존의 재료보다 내식성이 우수하다. 〈표 4-4〉에 비정질 합금의 종류와 기계적 성질을 나타내었다.

〈표 4-4〉 비정질 합금의 종류와 기계적 성질

합금계	합금 조성(%)	비커스 경도(H_v)	인장강도(MPa)	Young률(MPa)
Fe 합금	80Fe-20B	1,080	3,432	166.7×10^3
	80Fe-13P-7C	760	3,040	1216×10^3
	78Fe-10B-12Si	910	3,334	118×10^3
	62Fe-20Mo-18C	970	3,824	–
	46Fe-16Cr-20Mo-18C	1,130	3,922	–
Co 합금	73Co-15Si-12B	910	3,001	88.3×10^3
	56Co-26Cr-18C	890	3,236	–
	44Co-36Mo-20C	1,190	3,824	–
	34Co-16Cr-20Mo-18C	1,400	4,021	–
Ni 합금	78Ni-10Si-12B	860	2,452	78.5×10^3
	34Ni-24Cr-24Mo-18C	1,060	3,432	–
기타	80Pd-20Si	325	1,334	66.7×10^3
	80Cu-20Zr	410	1,863	–
	50Nb-50Ni	893	–	129.4×10^3
	50Ti-50Cu	610	–	98.1×10^3

이 합금은 경도와 강도가 일반 금속 재료보다 훨씬 높아 Fe 합금은 3,922MPa, Co 합금은 4,021MPa, Ni 합금은 3,432MPa의 인장강도를 나타낸다.

파괴강도와 탄성률과의 비는 0.025~0.03, 경도와 인장강도와의 비는 2.5~3 정도이며, 경도(H_V)는 300~1,000 정도이다.

(2) 비정질 합금의 용도

비정질 합금은 변압기용 철심 재료, 오디오 및 비디오 테이프용 고투자율 재료, 광자기 메모리용 자성박막 재료 등에 응용한다.

1-9 ● 방진 및 제진 합금

방진 합금(isolation alloy)이란 내부 마찰(internal friction)이 커서 외부에서 가한 진동 에너지의 대부분을 열로 전환시키는 합금으로 제진 합금(damping alloy)이라고도 한다. 방진 합금은 진동 에너지를 열에너지로 분산하여 없어지게 하는 능력이 있어 고체 음이나 고체 진동의 경우에는 음원이나 진동원에 사용하는 공진, 진폭, 진동 속도를 감쇠시키는 특징이 있다.

(1) 방진 합금의 종류

방진 합금에는 Cu계, Al계, Mg계, 철강 재료 등이 있으며, 방진 기구에 적합한 사용법을 선택해야 한다. 방진 합금은 강판이나 합금을 만들어 기계 장치의 표면에 부착하여 그 진동을 제어하기 위하여 사용되는 재료를 말하며, 산업이 고도화됨에 따라 각종 기기에 널리 사용한다. 〈표 4-5〉에 방진 합금의 분류를 나타내었다.

〈표 4-5〉 방진 합금의 분류

명 칭	방진 기구	실예	
		합금계	실용 합금
복합형	모상과 제2상 사이의 계면에서의 점성유동	Fe-C-Si	편상 흑연주철
		Fe-C-Si	구상 흑연주철
		Al-Zn	–
강자성형	자구벽의 비가역이동에 의한 자기 기계적 정이력	Fe-Ni	TD
		Fe-Cr Fe-12Cr-3Al	12% Cr강 silentalloy
		Fe-Al, Co-Ni	NIVICO-10
전위형	전위가 불순물 원자에 의한 고착으로부터 이탈할 때 발생하는 정이력	Mg-Zr	KIXI 합금

		Mn-Cu	소노스톤
쌍정형	모상과 마텐자이트의 경계의 이동에 관련된 정이력	Mn-Cu	인크라뮤트
		Cu-Al-Ni	-
		Ti-Ni	-
방진강판	구속형	Fe-plastic-Fe	바이브레스

방진강판은 우수한 강도, 가공성과 고분자 재료의 큰 감쇠능을 이용한 복합체로서 구속형과 비구속형이 있다. 〈그림 4-12〉에 방진강판의 구조와 방진 기구를 나타내었다.

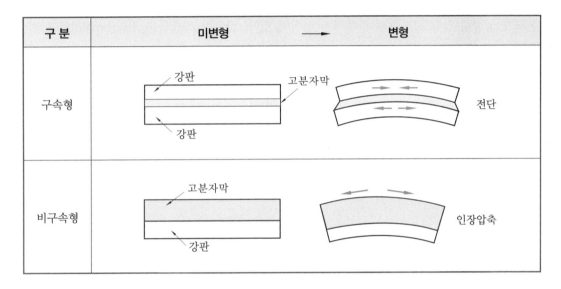

구 분	미변형　　→　　변형	
구속형	강판 / 고분자막 / 강판	전단
비구속형	고분자막 / 강판	인장압축

〈그림 4-12〉 방진강판의 구조와 방진 기구

(2) 방진 합금의 성질과 용도

① 복합형 합금

Al-Zn 합금은 넓은 응력 범위에 걸쳐서 방진 특성을 나타내며, 가격이 싸고 가벼워서 전축 등에 사용한다.

② 강자성형 합금

실용 합금인 NIVICO-10 또는 12% Cr강은 높은 응력 범위에서 큰 방진 특성을 나타낸다.

③ 전위형 합금

Mg-Zr 합금은 미사일 발사 시에 정밀 기계를 충격으로부터 보호하기 위하여 사용한다.

④ 쌍정형 합금

Mn-Cu 합금은 해수에 대한 내식성이 좋아서 선박의 추진기로 사용한다.

1-10 ● 금속간 화합물

금속간 화합물(intermetallic compounds)이란 금속과 금속 사이의 친화력이 클 때 2종 이상의 금속 원소가 간단한 원자비로 결합되어 성분 금속과는 다른 성질을 가지는 독립된 화합물이다. 합금의 상태도를 보면 각종 합금 조성에서 금속간 화합물을 찾아볼 수 있다.

(1) 금속간 화합물의 종류

금속간 화합물에는 약 300 종류 정도가 있다. 〈표 4-6〉에 실용화되기 시작한 금속간 화합물을 나타내었다.

기능성 재료는 금속 재료와는 다른 특이한 성질이 있다. 예를 들면 Ti-Ni이나 Ni_3Al처럼 온도가 상승하면 강도도 함께 강해지는 성질이 있다. 금속간 화합물은 취약(brittle)하고 견고하며, 연성이 떨어지는 공통된 단점이 있어 실용화하기가 어렵다. 그러나 Ni_3Al에 미량의 붕소를 첨가하여 연성을 30% 정도 개선하는 방법이 개발되었다.

〈표 4-6〉 실용화되기 시작한 금속간 화합물

화합물	밀도(g/cm³)	융점(℃)	장 점	대체 대상 재료
Ni_3Al	7.4	1,397	가공성	Ni 합금
Fe_3Al	6.7	550⁺	가격, 내산화, 내황화성	스테인리스강
FeAl	5.6	1,330	가격, 비중, 내산화성	Ni, Fe 합금
Ti_3Al	4.2	1140⁺	비중	Ti 합금

주 +는 규칙 불규칙 변태온도

(2) 금속간 화합물의 성질

금속간 화합물의 성질은 다음과 같다.

① 물성 : 〈표 4-7〉에 고비강도 금속간 화합물의 물성을 나타내었고, 〈표 4-8〉에 고융점 금속간 화합물의 물성을 나타내었다.

〈표 4-7〉 고비강도 금속간 화합물의 물성

화합물	밀도(g/cm³)	융점(℃)	장 점	단 점
TiAl	3.8	1,480	비강도	내산화성
$TiAl_3$	3.4	1,342	비중, 내산화성	연성
$ZrAl_3$	4.1	1,580	비중, 내산화성	연성
$NbAl_3$	4.5	1,607	비중, 내산화성	연성

<표 4-8> 고융점 금속간 화합물의 물성

화합물	밀도(g/cm³)	융점(℃)	장 점	단 점
NiAl	5.9	1,638	내산화성	고온강도, 연성
Nb_3Al	7.3	1,960	융점	내산화성, 연성
Nb_2Al	6.9	1,871	융점	연성
$MoSi_2$	6.3	2,030	융점	연성
Ti_5Si_3	4.4	2,130	융점, 비중, 내산화성	연성

② **가공성** : 취약성은 미량의 원소 첨가와 결정립의 미세화, 결정 방위의 제어 등으로 개선해 나가고 있지만 아직 개선해야 할 여지는 많이 남아 있다. 가공법으로는 정밀주조, 분말야금, 초소성 가공 등이 응용되고 있다.

(3) 금속간 화합물의 용도

금속간 화합물의 대표적인 용도는 다음과 같다.

① 터빈 날개

내열성을 요구하는 터빈 날개는 Ni_3Al, $MoSi_2$, NbAl/NbAl_3 등과 같은 금속간 화합물의 경우 13,00~1,350℃ 정도인 반면에 Ni기 합금 단결정은 1,000℃ 정도이다. 그러나 아직 품질의 균일성, 신뢰성을 보장할만한 단계까지는 이르지 못하고 있다.

② 유인 항공우주 수송기 재료

기체 표면은 마하 2.5 전후에서 주위의 표면 온도가 약 250℃, 마하 5~8의 SHT에서는 900~1,000℃, 무인 스페이스 프레인 HOPEM26은 1,550℃에 이를 것이라고 한다. 이 때문에 TiAl, $TiAl_3$의 복합 재료가 검토되고 있다.

③ 기타

그 밖에 터빈 디스크, 베어링 재료 등의 연구가 추진되고 있고, 자동차 분야에는 TiAl계가 검토되고 있다. 경량, 내고온, 고강도의 성질을 지닌 밸브, 터보 등에 대한 적용 사례로 Ti가 검토되고 있다.

또 Ni_3Al계에는 고융점 성질을 가진 디젤 엔진의 부재료나, 고온 단조용 형재로의 이용도 실용화 단계에 있다.

1-11 ● 금속 초미립자

금속 초미립자(ultra fine metal particle)란 지름 $0.1\sim0.001\mu m$ 정도의 흑색 금속 입자를 말한다. 벌크 모양의 금속과는 달리 미립으로 만들수록 전체의 표면적이 증가하여, 1g의 표면적이 약 $70m^2$에 이르는 것도 있다. 철계의 초미립자는 보통 것보다 강한 자성을 나타내며, 크롬계와 금의 초미립자는 빛을 잘 흡수한다.

또한 은과 니켈, 구리 등의 초미립자는 저온에서 소결하여, 보통 분말에 초미립자를 첨가하면 소결 온도를 낮출 수 있다.

(1) 금속 초미립자의 성질과 제조법

① 물성

표면적이 크고 미세화한 특성이 있다. 표면적이 크기 때문에 활성화되어 있으며 고체로서의 반응성에 기인하는 용해성 및 물질의 이동성 향상을 들 수 있다. 자성 재료의 경우 철의 보자력 470Oe가 200Å에서는 2500Oe로 향상된다.

금의 융점은 1336K의 것이 70Å이 되면 1230K로 낮아진다. 또한 소결 온도를 저하시킬 수 있다.

벌크재인 철의 경우는 900K 이상이 요구되지만, 입자의 크기가 20nm에서는 360K로 낮아진다. 빛의 흡수력도 벌크재인 금의 경우는 2~3% 정도이나 10nm에서는 95%로 향상된다.

② 제조법

미립자의 제조법에는 다음과 같은 방법이 있다.

㈎ **물리적 방법** : 가스 증발법, 스퍼터링법, 금속증기 합성법, 유동상 진공 증발법

㈏ **액상 방법** : 콜로이드법, 알코시드법, 공침법(coprecopitation method)

㈐ **기상 방법** : 유기 금속 화합물의 열분해법, 금속 염화물의 수소 분위기 환원법, 산화물 · 함수탄화물의 수소 환원법

㈑ **화학적 방법** : 화합물의 가수분해법

현재 가스 증발법(gas evaporation method)이 널리 사용되고 있으며, 이 방법은 Ar, He 등의 불활성 가스 중에서 증발된 금속 등이 증발 직후에 가스 분자와 충돌하고, 응축하여 초미립자를 형성한다. 물리적 방법 중에서도 결정성이 좋은 초미립자를 형성하는 것이 특징이다.

습식, 건식의 기계적 분쇄법, 액상의 용융 금속을 노즐을 통하여 분출하고, 미립화하는 원자화법 등으로 초미립자를 만든다. 가공법은 성형 소결이 주류를 이루고 있다.

(2) 금속 초미립자의 용도

① 자성 재료

Fe-Ni계, Fe-Co계는 입자 크기를 10nm 이하로 하면 다자구(多磁區) 구조가 단자구 구조

로 변하고, 자기 특성은 보자력이 4배로 향상된다. 자기 테이프용으로 사용할 수 있으나 비용이 비싸므로 실용화에는 어려운 점이 있다.

② 센서

스마트 센서(Si 웨이퍼)에 광센서(금속 초미립자 막), 온도 · 가스 센서(금속 산화물 초미립자 막)를 동시에 장착한 다기능 센서가 있다. 본래 활성도가 높은 불안정한 미립자를 디바이스 위에 직접 석출시켜 안정화시킨다. 이 석출법은 대면적에 비교적 단시간에 표면막을 형성할 수 있기 때문에 표면 개질이나 표면 기능화의 방법으로 일부 실용화되고 있다.

③ 촉매

표면적이 크고, 표면 활성이 강하므로 촉매재로 매우 유망하다. 자동차의 배기가스용, 로켓 고체연료용 등이 앞으로 연구 대상이다.

1-12 ⊙ 고순도 금속

고순도 금속이란 순금속 가운데 순도 한계가 99.999%~99.99999%인 금속으로 주로 화합물 반도체를 제조하는 데 사용한다. 철을 고순도로 하면 4.2K의 저온에서도 연성을 나타낸다. O_2를 제거하면 상온에서 구리에 가까운 유연성을 나타내고, 재결정 온도가 200K까지 낮아진다. 이러한 고순도 제품을 기본으로 합금을 제조하면 그 성질은 현저하게 개선된다. 고순도 Fe-Cr 합금의 내식성은 매우 우수하다. 새로운 재료의 개발은 우선 초고순도 제품의 성질을 확인하고, 거기에 다른 순금속을 첨가하여 성질을 분석하면 전혀 새로운 금속 합금이 만들어질 가능성이 있다.

(1) 고순도 금속의 성질

예를 들면 4N(nine)이란 99.99%로 표시한다. 단, 이 숫자는 그 물질의 절대 함유량은 아니고 불순물량을 100에서 뺀 값이다. 따라서 같은 숫자라도 제작자, 사용 위치, 측정 장소에 따라 불순물의 종류, 측정법이 다르다. 동일한 금속이고 순도 또한 같을지라도 불순물이 다르면 변화하므로, 사용 전에 충분히 검토할 필요가 있다.

(2) 고순도 금속의 용도

① 일렉트로닉스용 및 고기능 재료용

(가) 반도체용 고순도 금속

실리콘 반도체의 칩은 용량이 점점 커지고 고집적화하여 소형으로 되어가고 있다. 다결정 Si을 정제하여 사용하는 웨이퍼의 순도는 11N으로 초고순도를 요구하는 광기술 재료와 모든 고기능 재료에 사용한다.

〈표 4-9〉에 반도체용 고순도 금속의 순도와 용도를 나타내었다.

〈표 4-9〉 반도체용 고순도 금속의 순도와 용도

금속명	순도	용도	최종 용도
아연	7N	화합물 반도체(ZnS, ZnSe)의 원료, 증착제	가시 LED, 탄산가스 레이저용 창, 렉트로루미네선스
카드뮴	7N	화합물 반도체(CdS, CdSe, CdTe)의 원료, 증착제	전자사진용 감광체, 태양전지, 광센서
붕소	5N	반도체 프로세스용	–
알루미늄	5~6N	반도체 프로세스용 에피택시얼(CaAs-CaAlAs)의 원료	LSI 배선재, 반도체 레이저
갈륨	~7N	화합물 반도체(CaAs, CaP)의 원료, 에피택시얼(CaAs-GaP)의 원료	발광 다이오드, 반도체 레이저, 마이크로 소자, 고속 IC
인듐	~7N	화학물 반도체(InP, InSb, InAs)의 원료, 에피택시얼(In, 다결정 InP, 다결정 InAs)의 원료	반도체 레이저, 장파장 수광소자, 홀소자
탈륨	5~6N	탄산가스 레이저 광전송용 파이버(TICI, TIBr)의 원료	탄산가스 레이저, 광전송용 파이버, 적외선 투과창
실리콘	6~11N	어모퍼스 태양전지용 원료, 전자사진용 감광체 원료	어모퍼스 태양전지, 전자사진용 감광체, 실리콘 웨이퍼
인	6N	화합물 반도체(CaP, InP)의 원료, 반도체 프로세스용 약품	발광 다이오드, 반도체 레이저, 장파장 수광소자, 고속 IC
비소	6N	화합물 반도체(CaAs)의 원료, 어모퍼스반도체(금속비소)의 원료, 에피택시얼(다결정, CaAs, As, 다결정 InAs)의 원료, 반도체 프로세스용 약품	반도체 레이저, 발광 다이오드, 마이크로파 소자, 홀소자, 전자사진, 촬상관 수광소자, 고속 IC, 대용량 화상 파일, 가역 광메모리
안티몬	6N	화합물 반도체(InSb, GaSb)의 원료, 반도체 프로세스용 약품	홀소자(InSb), 장파장 레이저(CaSb)
황	5~6N	화합물 반도체(ZnS, CdS)의 원료, 어모퍼스 광반도체의 원료	가역 광메모리(AsSe-SGe)(기타 카드뮴, 아연의 항 참조)
셀렌	6N	어모퍼스 광반도체, 화합물 반도체(ZnS, CdSe)의 원료	전자사진(Se,Se-Te, As_2Se_3), 촬상관 수광소자(Se-As-Te), 대용량 화상 파일, 가역 광메모리(기타 아연, 카드뮴의 항 참조)
텔루르	7N	어모퍼스 반도체의 원료, 박막 트랜지스터	액정 등 디스플레이 구동회로(기타 셀렌의 항 참조)
구리	7~8N	본딩 와이어, ABT, 음향, 비디오용 고순도 케이블	LSI, 프린터 회로 기판용

⑷ 고순도 희귀금속

사용 용도는 극 대규모 집적 회로(ultra large scale integration, ULSI) 관련 재료, Ⅲ ~V족 화합물 반도체, Ⅱ~Ⅵ족 화합물 반도체, 초격자, 초전도체, 광학 결정, 화합물 광파이버, 희토류 자석, 고밀도 메모리, 촉매, 핵융합로 재료, 형상기억합금, 수소저장합금 등의 전반적인 분야에 사용한다.

② 스퍼터링 타깃

글로 방전(glow discharge)을 이용하여 이온을 형성하고, 이를 전자기장으로 가속하여 타깃 물질인 고체 표면에 충돌시킨다. 이때 내부의 원자와 분자들이 운동량 교환을 통해 표면 밖으로 튀어나오는 현상을 스퍼터링(sputtering)이라 한다.

Al, Cr, Ta, Mo 등의 금속박막과 화소 전극으로 사용하는 투명 전도막인 ITO 박막은 스퍼터 기술을 사용하여 형성한다.

〈그림 4-13〉에 스퍼터링의 원리 및 반응을 나타내었고, 〈표 4-10〉에 스퍼터링 타깃 제품의 종류를 나타내었다.

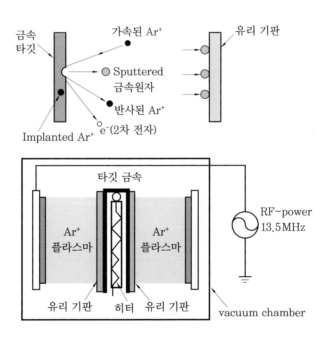

〈그림 4-13〉 스퍼터링의 원리 및 반응

〈표 4-10〉 스퍼터링 타깃 제품의 종류

구 분	품 명	조 성	순 도
반도체용	알루미늄	Al : Al-Si, Al-Cu Al-Ti, Al-Si-Pd 등	6N
	고융점 금속	Mo : W : Ti : Ti-W	6N
	실리사이드	Mo-Si : W-Si : Ti-Si	5N
	실리콘	B-도프 Si : P-도프 Si	
	금	Au : Au-Si, Au-Ge 등	5N
	니켈	Ni	4N
광 · 광자기 기록용	칼코겐계 (광디스크용)	Te : Te-Se : Te-Se Pb Te-Sb-Ge 등 Te 합금 Se, Se-Sb, Se-Su 등 Su 합금 Sb 합금, In 합금	4N
	희토류 전이 금속계 (광자기디스크용)	Tb-Fe : Tb-Fe-Co Dy-Tb-Fe-Co Gd-Tb-Fe-Co : Nd-Fe-Co	3N
자기 기록용	코발트 합금	Co-Ni : Co-Ni-Cr, Co-Cr-Ta 등	3N
	니켈 합금	Ni-Fe(퍼멀로이)	
	철 합금	Fe-Co, Fe-Si-AI : Fe-Ca-Si(센더스트)	
	크롬	Cr	2N8~4N5
기능성	초전도	Y-Ba-CuO : Bi-Sr-Ca-CuO 등	3N
	사이알론	Si-Y-Ai-O-N	
	석영	SiO_2	5N
	실리콘	B-도프 Si, P-도프 Si, 논도프 Si	
	귀금속	Au, Ag	4N : 5N
		Pd, Pt	4N

③ 기타

전자공업에서 사용하는 접합용 구리나 자성 재료의 고순도철, 고성능 합금을 미세하게 구분하기 위한 고순도강, 희토류 원소의 고기능화 등이 새로운 개척 분야가 되고 있다.

2. 구조용 신금속 재료

2-1 ◉ 고강도강

고강도 합금은 기계, 구조물 등에 사용되는 합금으로 경하고 강한 재료로서, 초강력강, 티타늄 합금, 알루미늄 합금 등이 있다. 고강도 합금의 강화 기구에는 고용체 강화, 석출 강화, 입계 강화, 가공 강화 등이 있다. 고강도 재료는 항공기, 로켓, 초고층 빌딩이나 원자로의 압력 용기 등에 이용한다.

(1) 금속의 강화 기구

금속을 강화시키는 메커니즘(mechanism)은 격자 결함의 이동성을 방해하는 방법을 이용하는 것이다.

① **고용체 강화** : 용매 원자의 격자에 용질 원자가 고용하면 순금속보다 강도, 경도가 증가한다. 치환형 또는 침입형 고용체를 형성하면 뒤틀림이 생기고, 용질 원자 부근에 응력장이 형성된다. 용질 원자에 의해 생긴 응력장은 이동 전위의 응력장과 상호 작용을 하여 전위의 이동을 방해하여 강화된다. 이러한 형태의 강화를 고용체 강화(solid solution hardening)라 한다.

② **석출 강화** : 제2상이 과포화 고용체로부터 석출에 의해 형성될 때에 강화되는 현상을 석출 강화(precipitation hardening)라 한다. 초강력강, 티타늄 합금, 알루미늄 합금 등의 강화는 이 강화 기구를 이용한다.

③ **입계 강화** : 결정입계에 의한 강화는 결정립 내의 슬립을 상호 간섭함으로 강화된다. 즉 결정 입자가 미세화되면 입계가 증가하므로 전위의 이동을 방해하여 강화된다. 이러한 형태의 강화를 입계 강화라 한다.

④ **가공 강화** : 재료가 소성 변형될 때 생기는 전위 밀도의 증가에 의하여 강화되는 현상을 가공 강화라 한다.

(2) 고강도강의 종류

① 초강력강

초강력강(ultra high strength steel)은 Ni, Cr, Mo, V 등의 원소를 첨가하여 강화한 합금강이다. 고강도를 얻기 위하여 불순물 원소를 최대한 낮추고, 열처리 조작을 통하여 조직 제어를 실시한 합금강이다. 이들의 강종은 합금 원소의 함유량에 따라 저합금계, 중합금계, 고합금계 강으로 분류한다. 〈표 4-11〉에 초강력강의 종류를 나타내었다.

〈표 4-11〉 초강력강의 종류

합금 함유량	중탄소	저탄소(0.1~0.2%)	극저탄소(0.03% 이하)
저합금계(5% 이하)	Ni-Cr-Mo	–	–
중합금계(5~10%)	5% Cr-Mo-V	5% Ni-Cr-Mo 5~7% Ni-Cr-Mo-V	–
고합금계(10% 이상)	9% Ni-4% Co	9% Ni-4% CO 10% Ni-8% Co PH 스테인리스강	마르에이징강

초강력강은 높은 강도와 용적 강도를 가지고 있으므로 구조용 신금속 재료로 사용되고 있다. 처음으로 사용된 Ni-Cr-Mo계 합금강은 인장강도가 1,000 MPa 정도에서 2,100 MPa까지 개선되어 항공기 이착륙 장치에 사용한다.

대표적인 초강력강으로는 극저탄소 마텐자이트를 시효 석출에 의하여 강화한 마르에이징강이 있다. 이 강은 Fe-Ni 합금에 Co, Mo, Ti, Al 등을 첨가하여 금속간 화합물의 석출 강화를 도모한 강이다. 인장강도가 1,372~2,352 MPa 정도로 높고 인성이 우수하여 항공 우주 산업, 압력 용기, 기계 구조용 등에 사용한다.

② 티타늄 합금

티타늄 합금은 밀도가 낮고 높은 비강도를 나타내며, 내식성 및 우수한 고온 성질을 지닌 합금이다. 대표적인 고강도 Ti 합금에는 Ti-Al-V계, Ti-Si계, Fe-Al계, Ti-Al계 등이 있다.

㈎ Ti-6% Al-4% V계 합금

가공성이 나쁘고 냉간 가공을 할 수 없는 주조용 합금으로 주로 절삭 가공에 의하여 제작한다. 이 합금은 경량 수송기기재료, 생체이식재료, 석유화학소재 등 첨단재료로 사용한다. 〈그림 4-14〉에 Ti-6% Al-4% V계 합금의 조직을 나타내었다.

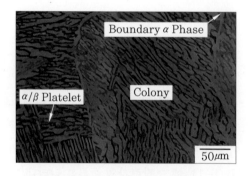

〈그림 4-14〉 Ti-6%Al-4%V계 합금의 조직

〈그림 4-14〉의 조직은 β결정립계를 따라 α상이 두껍게 형성되어 있으며, β결정립 내에는 얇은 lath 형태의 β상과 α상이 층상 구조 형태를 이루는 colony들이 형성되어 있다.

(나) Ti-37~44% Si계 합금

이 합금은 고융점 및 저비중 합금으로 내산화성과 내부식성이 우수한 고온 구조용 재료로 이용한다.

(다) Fe-24% Al계 합금

이 합금은 Al 함량에 따라 불규칙 α상과 규칙상이 공존하는 영역이 존재하는 합금으로 고온 구조용에 견딜 수 있는 합금이다. Fe-Al계 금속간 화합물은 스테인리스강과 같이 비슷한 강도를 가지며, 고온 부식 저항성을 갖는 합금이다. 주로 항공기, 선박, 자동차 엔진 등에 사용한다.

(라) Ti-Al계 합금

융점이 높아 내산화성과 고온 크리프 저항성 등이 높고, 가벼우면서도 고온 강도가 크기 때문에 고온 구조용 경량 재료 등에 사용한다.

③ 알루미늄 합금

알루미늄 합금은 비강도가 초강력강이나 티타늄 합금에 비하여 떨어지지만, 가격과 가공성이 좋아서 항공기 기체 재료로 사용한다. 최근에는 합성수지 속에 섬유 기재를 혼입시켜 기계적 강도를 향상시킨 재료로 대체하는 경향이 있다. 현재 항공기 기체에 이용하는 알루미늄 합금은 Al-Cu-Mg계와 Al-Zn-Cu-Mg계의 시효 경화형 합금이 있다.

비강도와 비탄성률의 향상을 목적으로 Al-Li계 합금이 개발되고 있다. 이러한 종류의 합금은 Li를 2% 정도 첨가한 합금으로 Al-Cu-Li계, Al-Mg-Li계, Al-Cu-Mg-Li계 등이 있다. 인장강도는 400~600MPa 정도이고, 비탄성률은 기존의 합금보다 20% 정도 증가하였다.

Q 예제

고강도강의 종류를 나열하시오.

해설 ① 초강력강   ② 티타늄 합금
      ③ 알루미늄 합금

2-2 ● 섬유 강화 금속

(1) 복합 재료

복합 재료(composite materials)란 2가지 또는 그 이상의 재료를 혼합하여 각각의 구성 재료보다 우수한 성질을 나타내는 재료이고, 기지(matrix)와 강화재(reinforcement materials)로 구성되어 있다.

〈그림 4-15〉에 강화재의 형상에 따른 분류를 나타내었다. 〈그림 4-15〉에서와 같이 강화재는 형상에 따라 장섬유, 단섬유, 입자로 분류한다.

복합 재료는 무기계, 금속계, 고분자계로 대별한다. 〈표 4-12〉에 복합 재료 소재의 조합에 따른 분류를 나타내었다.

장섬유   단섬유   입자

〈그림 4-15〉 강화재의 형상

〈표 4-12〉 복합 재료 소재의 조합에 따른 분류

연속상(matrix) \ 분산상(filler)	유기 재료		무기 재료	금속 재료
유기 재료 (섬유, 고무, 플라스틱, 펄프, 목재 chip 등)	FRP	FRTP(열가소성 수지+섬유) FRTS(열경화성 수지+섬유)	세라믹-플라스틱 복합체, 세라믹-플라스틱 적층판, 폴리머-혼합 시멘트, 석고, 섬유 혼합 시멘트	금속-플라스틱 적층판
	WP(목재+플라스틱) 복합막			
탄소 재료 (카본 블랙, 흑연 입자, 탄소 섬유 등)	CFRP(플라스틱+탄소섬유), 도전성 고무(고무+탄소분)		세라믹-탄소 복합 전극 재료, 탄소 섬유 혼합 시멘트	탄소 피막 금속 재료
유리 (유리 섬유, 유리 입자)	GFRP(플라스틱+유리 섬유), 입자 충전 플라스틱		유리 섬유 혼합 시멘트, 석고	금속-유리 적층판
무기 재료 (미립자, 세라믹 섬유, 세라믹 위스커)	플라스틱-세라믹 복합체, 입자 충전 플라스틱, 폴리머-담체 무기 촉매		질화규소 위스커-강화 세라믹스, 지르코니아 섬유 강화 세라믹스	세라믹 피복 금속, CFRM (금속+세라믹 섬유), 입자 분산강화 합금(Al_2O_3 소결 금속, ThO_2 분산 Ni 등)
금속 재료 (금속 섬유, 금속 위스커, 금속판)	MFRP(플라스틱+금속 섬유), 도전성 고무, 접착제(플라스틱+금속분), 플라스틱-금속 적층판		MFRC(세라믹스+금속 섬유), 세라믹 담체 금속 촉매	MFRM(금속+금속 섬유), 금속 · 금속 적층판, 금속 담체 금속 전극, 촉매

㈜ FR : fiber reinforced, P : plastics, TP : thermoplastics, TS : thermosetting plastics, WPC : wood-plastics composite, C : carbon or ceramics, M : metal

복합 재료에는 유리 섬유 강화 플라스틱(GFRP), 탄소 섬유 강화 플라스틱(CFRP), 섬유 강화 금속(FRM) 등이 있다. GFRP보다 성능을 개선시킨 ACM(advanced composite materials)는 탄소 섬유, 붕소 섬유, 아라미드(aramid) 섬유, 위스커(whisker) 등의 강화재를 사용한다.

(2) 섬유 강화 금속

섬유 강화 금속(FRM : fiber reinforced metals, MMC : metal matrix composite)은 최고 사용 온도 377~527℃ 범위이고, 비강성, 비강도가 큰 것을 목적으로 한다. 저용융점계 섬유 강화 금속은 기지로 Al, Mg, Ti 등의 경금속을 사용한다. 고용융점계 섬유 강화 초합금(fiber reinforced super alloy, FRS)은 기지를 Fe, Ni 합금으로 사용하여, 927℃ 이상의 고온에서 강도나 크리프 특성을 개선하였다. 〈표 4-13〉에 FRM용 강화 섬유의 성질을 나타내었다.

〈표 4-13〉 FRM용 강화 섬유의 성질

섬 유	인장강도(MPa)	탄성률(GPa)	밀도(g/cm³)	지름(μm)	비 고
붕소	3,432	0.39	2.46	100, 140, 200	단섬유(monofilament)
SiC	3,089	0.42	3.16	100, 140	단섬유(monofilament)
C(PAN)	2,844~3,237	0.24~0.26	1.70~1.77	7~9	섬유속(multifilament)
C(피치)	2,060	0.38	2.02	5~10	섬유속(multifilament)
알루미나	2,550	0.25	3.20	9	섬유속(multifilament)

섬유 강화 초합금은 고온 강도, 특히 크리프 파단 강도가 높고 피로 특성, 고온 내식성도 우수하다. 예를 들면 FRS의 크리프 파단 강도는 36vol% W-Hf-C재, Fe-Cr-Al-Y재에서 1,093℃, 100h일 때 2,353MPa 정도이다. 강화 섬유는 모재 금속과의 상호 확산, 용해 등을 억제하기 위하여 산화물, 탄화물, 질화물 등을 CVD법, 이온 플레이팅(ion plating)법, 활성화 반응 증착법 등으로 피복한다.

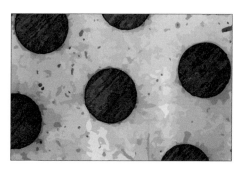

〈그림 4-16〉 금속 섬유 복합 재료의 조직

FRM은 경량 구조용 항공 우주 분야의 구조 부품, 농축 우라늄 원심 분리기의 회전통, 선박구조 부분 등에 응용된다. 내열 재료로는 자동차 엔진 주변부, 터빈 엔진 등에 사용하고,

내마모성과 방음 제진이 요구되는 분야 등에 응용되고 있다. 〈그림 4-16〉에 금속 섬유 복합 재료의 조직을 나타내었다. 〈그림 4-16〉의 조직은 Mg 합금에 0.4mm의 STS304 스테인리스강 와이어를 강화재로 한 복합 재료이다.

2-3 ◉ 입자 분산 강화 금속

입자 분산 강화 금속(particle dispersed strengthened metals, PSM)은 금속 중에 0.01~0.1μm 정도의 미립자를 수% 정도 분산시켜 입자 자체가 아니고, 모체의 변형 저항을 높여서 고온에서 탄성률, 강도 및 크리프 특성을 개선시키기 위하여 개발한 재료이다.

입자 분산 강화 금속은 디젤 엔진의 피스톤 헤드 부분에 이용한다. 또한, Ni 기지에 ThO_2 입자를 분산한 TD Ni은 제트 엔진 부품으로 사용한다. PSM은 섬유 강화 복합 재료와 같이 이방성이 없고, 고온에서의 강도와 내크리프성이 우수하며, 압출, 압연과 같은 소성 가공도 가능하므로 고온용 재료로 사용한다.

2-4 ◉ 극저온용 구조 재료

극저온용 구조 재료는 액체 He 온도(4K) 부근에서 기기의 구성 부재로 사용된다. 극저 온용 구조 재료에는 금속 재료 및 유기 재료가 사용되고 있다. 금속 재료로는 STS304L, STS316L 등의 오스테나이트계 스테인리스강을 주로 사용한다.

극저온용 오스테나이트계 스테인리스강의 물리적 특성은 온도에 따라 변화하나 동일 재료간의 변동은 적다. 반면 기계적 특성은 온도에 따라 변화는 적으나 동일 재료 간의 변동은 큰 특징이 있다.

극저온용 구조 재료는 극저온에서 취화하지 않는 것이 필수 조건이며, 기기의 성능이나 안정상으로도 고강도, 고인성이 요구된다.

〈표 4-14〉에 극저온용 Ni강의 특성을 나타내었다.

〈표 4-14〉 극저온용 Ni강의 특성

온 도	77K						4K					
특 성 강 종	내력 (MPa)	인장강도 (MPa)	연신율 (%)	단면 감소율 (%)	충격치 (J)	파괴인성 (MPa$\sqrt{m}$)	내력 (MPa)	인장강도 (MPa)	연신율 (%)	단면 감소율 (%)	충격치 (J)	파괴인성 (MPa$\sqrt{m}$)
12Ni강	932	978	31	73	209	203	1253	1426	23	72	75	81
13Ni강	919	1121	22	75	199	123	1223	1510	15	68	130	114

질소 강화 Mn강으로 니트로닉(nitronic)계 합금이 개발되었다. 이 재료는 N에 의한 강화가 극저온에서 현저하며, Mn은 오스테나이트상의 마텐자이트 변태에 따른 페라이트상의 출현 억제와 극저온에서의 비자성화에 효과가 있다.

석출 강화 비자성강이 개발되어 넓은 온도 범위에서 강도가 높아 초전도 회전기 로터(rotor), 핵융합로용 초전도 자석의 지지 재료 등에 사용한다. 극저온 기술은 LNG 온도 구역에서는 물론 초전도 기술을 중심으로 하는 액체 He 온도에서도 산업화되어 핵자기 공명 단층 촬영(MRI-CT) 등에 사용한다.

3. 신소재 재료

3-1 ○ 탄소

온도에 따른 탄소(carbon)의 변화는 3,650℃까지이고, 흑연(graphite)이 안정한 상이다. 그 이상의 온도에서는 액상을 거치지 않고 승화한다. 다이아몬드는 흑연의 동소체로 산소가 없는 상태에서는 2,000℃/1atm에서 흑연으로 변화한다. 다이아몬드는 흑연보다 산화가 어렵지만 공기 중에서는 700℃ 이상에서 연소한다.

이전에는 탄(炭)이라는 개념이 강했던 탄소가 오늘날 가장 관심을 이끄는 재료가 되어 연구 개발이 추진되고 있다. 〈표 4-15〉에 신소재 재료로 사용하는 탄소의 분류를 나타내었다.

〈표 4-15〉 신소재 재료로 사용하는 탄소의 분류

종 류	분 류
카본	어모퍼스, 성형품, 흑연, 섬유
다이아몬드	박막, 다결정, 단결정
축구공형 탄소 분자(C60)	—

이 중에서 현재 특히 관심을 모으고 있는 것은 탄소 섬유와 다이아몬드 박막이고, C60은 연구 대상에 있다. 탄소 섬유는 우주·항공, 일상생활, 해양까지 광범위한 분야에서 응용이 추진되고 있다. 다이아몬드 박막은 저온도·저압력에서 합성이 가능하다는 사실이 인식되고 있다. C60은 새로운 성질이 발견되고 있다.

(1) 탄소의 물성

흑연, 다이아몬드 및 무정형 탄소 재료는 성질이 크게 다르므로 각각의 특징을 살린 용도에 사용된다. 〈표 4-16〉에 흑연과 다이아몬드의 물성을 비교하여 나타내었다.

흑연과 다이아몬드는 열전도율, 비저항, 경도에 있어서 큰 차이가 있다. 흑연은 편린상(片鱗狀)의 결정이고, 결정 방향에 따라서 저항이 100배 정도 차이가 있다. 흑연은 천연산 외에도 코크스 등의 탄소 재료를 장시간 소성하여 흑연화한 인조흑연이 있다.

흑연은 내열 충격성이 크고 용융 금속, 슬래그 등에 의하여 내침식성이 크다. 인조흑연은 다공질이기 때문에 합성수지, 금속 등을 함침시켜 통기성을 차단한 용도로 사용한다. 특히 금속을 함침시킨 것은 SC(sliding composite)라고 하여 접동 재료로 사용한다.

〈표 4-16〉 흑연과 다이아몬드의 물성

항 목	흑 연	다이아몬드
비중	2.3	3.5
선팽창률(1/℃)	0.4×10^{-5}	0.12×10^{-5}
비열(J/kg · K)	0.17	0.12
열전도율(W/m · K)	0.38	0.33
비저항(Ω · cm)	10^{-3}	$>10^{13}$
경도	1~2	10

다이아몬드는 등방성의 물질로 높은 경도와 강한 인성을 가지고 있어서 기계 부품과 절삭용 공구로 가장 적합하다. 높은 전기 절연성과 큰 열전도율이 있어서 전자 부품으로서도 중요한 재료의 하나이다.

다이아몬드는 자외선에서부터 적외선까지 넓은 파장 영역의 빛을 투과하므로 광학 부품으로 중요한 재료이다. 결점은 다른 재료에 비하여 값이 비싼 점이다. CVD법 등을 이용하여 박막과 코팅 연구가 활발하게 이루어지고 있다.

무정형 탄소로는 열분해 탄소, 탄소 섬유가 있다. 무정형 탄소는 비중이 2 이하로 내충격성이 크며, 열팽창률은 작고, 열 및 전기 전도성이 우수하다. 산화 분위기에서의 사용은 문제가 있지만 광범위한 용도에 적합한 능력을 가지고 있다. 특수한 3차원 그물눈 구조를 갖는 열경화성 수지를 원료로 이제까지의 제품에 비해 내마모성이 10배나 되는 글라스상 탄소가 개발되었다.

(2) 탄소의 용도

탄소 섬유 및 다이아몬드를 중심으로 새로운 용도 개발이 추진되고 있다. 탄소 섬유를 활성탄으로 사용하거나 입체적으로 가공하여 구조용 소재로 사용하는 것이 시도되고 있다. 탄소와 탄소 섬유를 복합화한 C-C 콤퍼짓(carbon-carbon-composite material)의 개발이 추진되고 있다.

〈표 4-17〉에 탄소와 관련되는 제품의 사용 예를 나타내었고, 〈그림 4-17〉에 탄소 섬유의 조직 사진을 나타내었다.

〈표 4-17〉 탄소와 관련되는 제품의 사용 예

용 도		응용 예
분말(카본블랙)		인쇄 잉크, 고무, 플라스틱용 충전재, 성형용 원료
성형품	야금용	전극, 벽돌, 발열체, 도가니
	화학용	주형, 전해조 전극, 전지 전극, 격벽, 펌프 개스킷, 여과재, 흡착제, 라이너, 열교환기, 생체용 재료
	기계용	베어링, 윤활재, 마모재, 방전가공용 전극, 패킹재, 치구
	전기용	저항체, 접동재, 전자파 차폐재
	원자력용	감속재, 연료집
	섬유	FRP, FRC, 내화 단열재, 필터, 건재
다이아몬드		절삭공구, 접동판, 보석, 히트 싱크, 수술용 메스, 서멀헤드, 반도체, 각종 코팅

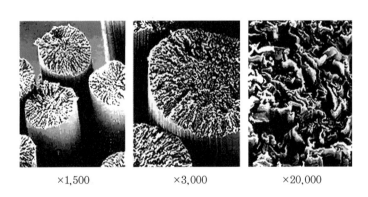

×1,500   ×3,000   ×20,000

〈그림 4-17〉 탄소 섬유 조직 사진

3-2 ◉ 질화규소

질화규소(Si_3N_4)는 저온형의 α-Si_3N_4, 고온형의 β-Si_3N_4가 존재한다. 이 2상 사이에는 전이 관계가 존재한다고도 하는데, 그 전이의 조건은 명확하지 않다. 질화규소는 질소 기류 중에서 1,850℃/1atm 이상에서는 분해하여 Si와 N_2로 된다. 산과 알칼리에서는 내식성이 강하고, 용융 금속과 반응성도 낮다.

Si 원자와 반지름이 비슷한 Al 원자와 넓은 범위에서 치환하여 연속 고용체를 만든다. 질화규소의 N원자를 O원자와 치환하는 것도 가능하여 Si_3N_4–Al_2O_3–ALN–SiO_2의 4원소로 다수의 화합물이 존재한다. 이러한 화합물은 구성하는 원소 기호를 묶어서 사이알론(sialon)이라 한다.

사이알론은 이밖에 Mg, Li, Y 등의 원소와 치환형 고용체를 만드는 것으로 알려져 있으며, 매우 많은 화합물이 존재한다. 사이알론은 내산화성이 질화규소보다 강하여 공기 중에서 사용하는 고온 재료로 응용이 기대되고 있다.

(1) 질화규소의 물성

〈표 4–18〉에 질화규소 성형품의 물성 범위와 대푯값을 나타내었다. 〈표 4–18〉에서 보는 바와 같이 질화규소는 비산화물 세라믹스인 탄화규소에 비하여 굽힘강도, 파괴인성, 내열충격성이 우수하다.

〈표 4–18〉 질화규소 성형품의 물성 범위와 대푯값

항 목	범 위	대푯값
벌크 비중	2~3.3	3.25
기공률(%)	0~32	0
압축강도(MPa)	0.5~49.0	34.3
굽힘강도(MPa)	0.3~11.8	9.8
영률(MPa)	$0.1~0.5×10^4$	$0.3×10^4$
파괴인성(MN/mm^2)	1~12	6
푸아송비	0.24~0.28	0.26
비커스경도(MPa)	107.8~186.2	156.8
열팽창계수(1/℃)	$1.9~6×10^6$	$3.3×10^6$
열전도율(W/m · K)	0.001×0.07	0.056
내열충격성 ΔT[℃]	400~900	700
비열(J/kg · K)	0.12~0.25	0.17
유전율	7~9.5	8
부피고유저항(Ω · cm)	$10^8~10^{17}$	10^{17}
내전압(kV/mm)	–	14

질화규소의 성형품에는 분체를 성형 소성한 것과 Si의 성형체를 질화하면서 반응 소결한 두 가지 종류가 있다. 반응 소결품은 기공률이 20%대로 높고, 강도는 낮지만 고온 특성 및 성형성은 우수하다. 질화규소도 탄화규소와 마찬가지로 섬유와 위스커로도 사용된다.

또한 질화규소는 박막 코팅 또는 비정질 상태에서의 이용이 추진되고 있다. 질화규소는 전기 절연성이 높고, 화학적으로 안정하여 차세대 고집적회로 등에 응용한다. 이 경우 절연막의 미세한 부분까지 균일성을 달성하기 위한 비정질화가 하나의 과제가 된다.

(2) 질화규소의 용도

질화규소는 가혹한 조건에서 사용되는 자동차 부품 등의 구조 재료로 사용될 가능성이 높다. 사이알론을 알루미늄 용탕과 접하는 부위에서 사용하면 종래의 주철, 내열강 흑연으로는 얻을 수 없는 내구성을 얻을 수 있고, 제품에 대한 오염 문제도 적다.

〈표 4-19〉에 질화규소의 용도를 나타내었다. 질화규소로 만든 베어링은 800℃의 고온에서 윤활유 없이 사용할 수 있을 뿐만 아니라 대부분의 화학약품에서 사용할 수 있다. 가격이 일반 베어링에 비교하여 100배 이상이 되어 아직은 특수한 용도에 국한하고 있다.

〈표 4-19〉 질화규소의 용도

부품·재료		응용
분말		코팅재, 내화물 배합 원료
성형품	내마모품	롤러, 다이스, 분쇄 미디어, 노즐 절삭공구, 플로터용 핀가이드
	기계 부품	자동차 부품, 펌프 부품, 롤러, 베어링, 다이스, 메커니컬 실 베어링
	내열성 부품	도가니, 균열관, 내화물
	내식성 부품	게이지블록, 용탕 부품, 용접용 치구
전기 제품		반도체 기판
섬유·위스커		FRP, FRM, FRC

3-3 ◉ 탄화규소

탄화규소(SiC)의 융점은 2,700℃이고, 2,830℃에서 열분해하여 Si 과잉의 기상과 탄소가 되는 것으로 알려져 있다. 공유 결합에 의해 고온에서도 강도 저하가 적은 물질이지만 2,000℃ 이상의 온도에서는 열분해가 시작된다. 결정상에는 육방정계의 α형과 입방정계의 β형이 있다. 공기 중에서는 고온에서도 안정하여 내화물, 연마재, 발열체 등으로 사용되어 왔다.

탄화규소는 반도체 성질도 있어서 디스플레이 분야 및 전력 변환 반도체 소자로도 이용이 예상된다. CVD법을 이용하여 성질이 다른 비정질 실리콘 카바이드 박막을 적층함으로써 빨강에서 녹색까지의 색깔을 내는 발광 다이오드가 개발되었다.

(1) 탄화규소의 물성

〈표 4-20〉에 탄화규소 성형품의 물성 범위와 대푯값을 나타내었다. 파인 세라믹스를 대표하는 알루미나의 물성과 비교하여 굽힘강도, 경도, 파괴인성, 내열 충격성 등의 제반 특성은 알루미나를 상회하고, 열팽창률은 작지만 열전도율은 크다.

탄화규소의 이러한 성질은 구조 재료로서 바람직하다. 제조 방법이 개선되고 비용을 낮추면 사용 범위가 더욱 확대될 전망이다. 비저항의 폭을 넓게 변화시킬 수 있어서 기판에는 저항이 높은 것, 발열체로는 저항이 낮은 것에 적용할 수 있다.

탄화규소는 섬유 및 위스커에도 사용한다. 섬유의 인장강도는 약 39.2MPa로 알루미나 섬유의 약 2배 정도이고, 위스커는 약 98MPa 정도이다. 위스커는 길이 20~30μm, 지름 0.1~1.0μm의 매우 뛰어난 소재로 알루미늄 합금을 사용한 FRM(fiber reinforced metal)으로, 파괴인성이 개선된 재료로는 FRP(fiber reinforced plastics), FRC(fiber reinforced ceramics)가 자동차 부품 등으로 기대가 크다.

〈표 4-20〉 탄화규소 성형품의 물성 범위와 대푯값

항 목	범 위	대푯값
벌크 비중	2.3~3.34	3.1
기공률(%)	0~25	0
압축강도(MPa)	2.0~41.2	39.2
굽힘강도(MPa)	0.6~9.3	5.9
영률(MPa)	0.2~0.5×10^4	0.4~10^4
파괴인성(MN/mm^2)	2.4~5.6	4
푸아송비	0.12~0.51	0.18
비커스경도(MPa)	176.4~362.6	254.8
열팽창계수(1/℃)	3.1~4.6×10^6	4.1×10^6
열전도율(K/m · K)	0.0071~0.48	0.32
내열충격성 ΔT[℃]	200~700	500
비열(J/kg · K)	0.16~0.37	0.16
부피고유저항(Ω · cm)	0.05~10^6	10^6

(2) 탄화규소의 용도

　탄화규소는 박막 및 섬유, 소결체 형태로 사용되고, 용도는 구조 재료에서 기능 재료까지 다양하다. 위스커와 관련된 탄화규소 재료의 개발도 활발하게 이루어지고 있다. 위스커는 매우 주목되는 소재이지만 고가로 특수 용도에 한정되고 있다. 최근에는 주변 기술의 진보로 소재의 고성능화를 위한 제조 기술의 발전과 이용 기술의 개발이 활발하다. 위스커의 지름을 $0.1{\sim}0.9\mu m$에서 $2{\sim}3\mu m$으로 한 것도 개발이 되었으며 복합재료의 파괴인성 향상이 기대되고 있다.

　용도 면에서 FRM 및 FRC의 개발에 탄화규소, 무라이트를 사용한 것도 추진되고 있다. 탄화규소의 복합화를 위하여 위스커와 탄소 섬유로부터 시트를 만들고 이것을 FRM으로 만드는 기술 개발도 이루어졌다.

　탄화규소의 다공체를 사용하여 용선을 여과하는 방법으로 용선 속에 포함되는 Al_2O_3 등을 주성분으로 하는 개재물을 제거하는 공정이다. 용선의 온도는 1400℃ 전후이고, 용강(溶鋼)의 온도는 1700℃이다. 이 300℃의 온도차가 세라믹스의 열적 스포링을 격렬하게 하여 동일한 기술을 용강에 적용하는 데 저해 요소로 작용하고 있다고 한다. 〈그림 4-18〉에 탄화규소가 사용된 예를 나타내었다.

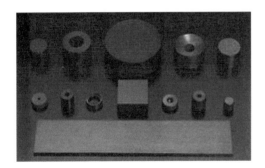

〈그림 4-18〉 탄화규소가 사용된 예

3-4 ● 알루미나

　알루미나(alumina)는 수산화물의 저온 탈수에 의해서 생성하는 낮은 결정성의 γ-알루미나와 1,000℃ 이상 가열하여 생성하는 안정된 α-알루미나가 있다. 알루미나의 결정 변화는 불가역이며 α상은 상온에서도 안정한 상으로 소결 부품으로 사용할 수 있다.

　α-알루미나 이외의 것은 활성 알루미나 또는 γ-알루미나라 총칭하기도 한다. 알루미나는 많은 원소와 고용체를 만들고, 그 성질도 크게 변화한다. 특히 나트륨은 열간에서 강도를 현저하게 저하시킨다.

β''-알루미나($NaO \cdot 11Al_2O_3$)는 사용 온도는 낮지만 스포링에 강하므로 내화 재료로 사용하고, Na^+의 이온 전도도가 크므로 나트륨 황전지의 격막으로 주목되고 있다.

(1) 알루미나의 물성

〈표 4-21〉에 알루미나 성형품의 물성 범위와 대푯값을 나타내었다. 표에서와 같이 알루미나는 다른 재료에 비하여 뛰어난 물성은 없다. 그러나 전체적으로 매우 균형이 잡힌 재료이고 선택의 폭이 넓다. α화된 것은 상 변화도 없고, 대기와 반응성도 없어 안전하다. 이 때문에 알루미나는 가장 사용하기 편하고, 안전한 세라믹스 원료로 오래전부터 사용되어 왔다.

지금까지 알루미나는 대기 중에서 사용온도 한계가 1,300℃ 정도이었지만 산화알루미늄에 산화이트륨과 산화알루미늄을 첨가하여 1,600℃에서도 사용할 수 있는 재료를 개발하였다. 제트 엔진과 발전용 터빈에 이용이 기대되고 있다.

〈표 4-21〉 알루미나 성형품의 물성 범위와 대푯값

항 목	범 위	대푯값
용적 비중	2.4~4.0	3.9
기공률	0.5 이하	0
압축강도(MPa)	9.8~39.2	23.5
굽힘강도(MPa)	0.5~8.3	3.4
영률(MPa)	$0.2\sim0.5\times10^4$	0.3×10^4
파괴인성(MN/mm²)	3.0~4.6	3.9
푸아송비	0.19~0.26	0.23
비커스경도	1,200~2,300	1,600
열팽창계수(1/℃)	$4.6\sim9.3\times10^6$	75×10^6
열전도율(cal/cm·s·℃)	0.004~0.10	0.055
내충격성 ΔT(℃)	180~500	200
비열(cal/g·℃)	0.17~0.33	0.20
유전율	5~10	9.2
유전손실	$5\sim19\times10^{-4}$	5.7×10^{-4}
부피고유저항(Ω·cm)	$10^6\sim10^8$	10^{14}
내전압(kV/mm)	8~30	13
Te값	740~1,100	910

(2) 알루미나의 용도

알루미나는 범용 재료이므로 함유율 수십 %의 것에서부터 고순도품까지 널리 사용되고 있다. 최근에는 항균 문제가 주목되고 있으므로 항균 처리한 분체로서 상품화된 것도 있다. 세라믹스의 응용 분야는 새로운 아이디어를 도입하여 개질 개선이 활발히 진행되고 있다. 그중에서 주목되고 있는 것은 초미분화 기술이다. 초미분화를 하면 비표면적이 증가하여 표면 에너지가 증가하는 새로운 특성이 부여된다. 합성수지의 물성 개선을 목적으로 충전 강화제로 이용한 예이다.

〈표 4-22〉에 알루미나의 용도를 나타내었고, 〈그림 4-19〉에 알루미나가 사용된 예를 나타내었다.

〈표 4-22〉 알루미나의 용도

소재 · 재료		응용
분말		글라스, 복합 광물, 첨가 · 충전제, 코팅제, 연마제, 촉매, 세라믹스 분산 합금, 서멧, 도자기
성형품	기판	IC, 저항용 등, 후막, 박막, 초박막
	전기 전열재	슈퍼 플러그, 유리
	내마모 부품	롤러, 유발, 계도, 분쇄 미디어, 노즐, 절삭 공구
	치구	다이스, 가이드 롤러, 측정구
	기계 부품	펌프 제품, 분쇄 혼련기 부품, 롤러, 베어링, 기어
	내열 · 내식 부품	도가니, 버너 균열관 보트, 인공뼈, 치근
	바이오 세라믹스	나트륨 램프, 광파이버
	투광성	커넥터
단결정		인공보석, 기계 부품, 레이저 관련 부품, 바이오 세라믹스
다공질		필터, 파인 세라믹스 소성용 세터, 버너, 연료전지
섬유(내화 · 단열재)		FRM, FRC, 필터, 페이퍼

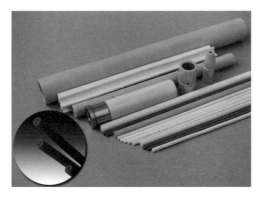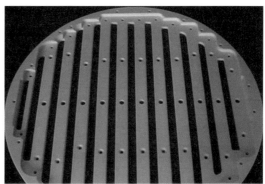

〈그림 4-19〉 알루미나가 사용된 예

3-5 ● 실리카

실리카(SiO_2)는 온도 변화에 따라서 결정 변화가 복잡하며, 실온에서 준안정한 트리디마이트(tridymite)와 안정한 크리스토발라이트(cristobalite)가 존재한다. 변태 속도는 석영(quartz)의 저온형 → 고온형을 제외하고는 느리며, 변화 속도는 불순물의 종류 및 양에 따라서 영향을 받는다. 고온에서 용융한 것은 석영 글라스가 되어 실온에서도 비정질 상태로 안정하게 존재한다. 〈그림 4-20〉에 온도 변화에 따른 실리카의 결정을 나타내었다.

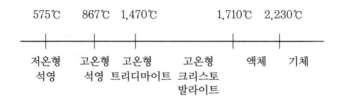

〈그림 4-20〉 온도 변화에 따른 실리카의 결정

실리카의 성질은 제품을 제조하는 원료에 따라 크게 달라진다. 규석을 원료로 하면 투명 석영 글라스가 된다. 그러나 천연물을 원료로 하는 석영 글라스에는 미량의 금속 불순물이나 OH기가 포함되어 있어서, 그것들이 빛을 흡수하므로 높은 정밀도를 필요로 하는 광통신용 파이버에는 적합하지 않다. 이 용도로는 $SiCl_4$ 또는 SiH_4 등의 정제된 원료를 산화 분해한 것이 사용된다.

(1) 실리카의 물성

실리카는 수정 석영 글라스, 섬유, 미분 상태로 사용하고, 함수(含水) 실리카 겔, 화이트 카본으로 사용한다. 물을 함유한 것은 비중 2.66, 모스경도 7, 비저항 $10^{14} \sim 10^{16} \, \Omega \cdot cm$로 압전 특성을 갖는다. 주파수의 온도 의존성도 작고, 미세한 변화도 작아 진동자로 널리 사용한다.

석영 글라스는 연화점이 1,600℃ 이상으로 산화물계 글라스 중에서 가장 높다. 열팽창률은 $5 \times 10^{-17}(1/℃)$로 알루미나에 비하여 작으므로 내충격성이 매우 높다. 산수소염을 사용하여 글라스를 세공할 수 있다. 또한 경도는 63.7MPa로 보통 판유리 51.9MPa보다 높고 단단하여 흠이 쉽게 생기지 않는다.

광선 투과율이 적외선 4.5μm에서 자외선 2000nm의 넓은 범위에 걸쳐 높아 광학 부품으로 적합하다. 또한 실리카 섬유의 중심부에 산화에르븀(erbium)을 5% 이상 첨가하는 기술이 개발되어 빛을 10배 정도 증폭하는 것이 가능하게 되었다. P_2O_5, GeO_2, B_2O_2, Na_2O, CaO 등을 첨가하면 굴절률이 변화한다. 이 굴절률의 변화와 석영 글라스의 광선 투과율 크기를 이용하여 광파이버를 만든다.

실리카 섬유는 석영 글라스로 1,100℃ 이상의 온도에서 결정화하여 취화한다. 석영 글라스의 성질을 가지고 있으므로 내산성, 낮은 열팽창률이 요구되는 용도에 사용한다.

미립의 실리카로는 석영 글라스를 미분쇄한 것과 $SiCl_4$ 또는 SiH_4 등을 화염 속에서 산화 분해한 건식 실리카(fumed silica)가 있다. 석영 글라스를 미분쇄한 것은 열팽창률 및 유전율성이 낮고, 전기절연성이 높다. 내수성 수지와 친화성이 우수하여 LSI의 봉지재로 사용한다. 퓸드 실리카는 10nm 정도의 다공질 초미분으로 액체 또는 분체에 소량 첨가하여 유동성을 개선한다.

함수 실리카는 실리카졸, 실리카겔, 화이트 카본 등이 있다. 모두 비표면적이 크고, 표면에 다수의 실라놀기(SiOH)를 가지고 있다. 콜로이달 실리카는 함수 실리카의 $10\mu m$ 정도의 미립자를 수중에 현탁한 것으로, 동결하거나 pH를 11 이상으로 높이면 겔화하여 고화한다.

(2) 실리카의 용도

파인 세라믹스와 차이점은 소결체로서 사용하는 일이 매우 적은 점이다. 실리카의 소결체는 다른 재료에 비하여 고온에서 특성이 그다지 우수하지 않고, 다른 물질로는 얻을 수 없는 글라스 상태의 석영 글라스만의 특성이 우수하기 때문이다. 〈표 4-23〉에 소재 및 재료에 따른 실리카의 응용 예를 나타내었다.

〈표 4-23〉 실리카의 응용 예

소재 · 재료	응용
수정	수정발진자, 필터, 공예 재료
석영 글라스	광학용(렌즈, 프리즘, 창, 셀 조명램프, 디스플레이 기판), IC 마스크 기판, 반도체 제조용 치구, 노심관, 도가니, 열전대 보호관, 적외선 히터관, 다공체(필터, 효소 고정), 주형
섬유	광파이버, 경량 단열 타일, FRP
미분 발룬 함수 실리카	IC 봉지재, 필러(실리콘 고무)
실리카 겔	크래프트지의 마찰계수 증대, 바인더, 자기 테이프, 연마제, 촉매 담체, 오르가노졸
실리카 졸 화이트 카본	건조제, 크로마토 충전재, 침전 방지제(도료), 고무용 필러, 종이(잉크 흡착제), 농약

그 밖의 용도로 코팅재로 사용되고, 오르가노졸은 수지 표면에 하드 코팅을 실시할 수 있다. 또한 PVD 기법을 적용하면 각종 재료에 견고한 실리카 절연막을 형성할 수 있다. 정밀주조품 제조에 순도 99% 이상의 용융 실리카가 사용되며 열팽창 거동이 안정되고, 크리스토발

라이트의 첨가 등으로 열팽창을 조정할 수 있다. 〈그림 4-21〉에 석영 글라스를 나타내었다.

〈그림 4-21〉 석영 글라스

3-6 ● 지르코니아

지르코니아(ZrO_2)는 온도에 따라서 결정 구조가 변화한다. 단사정과 정방정의 전이는 가역적이고 5% 정도의 부피 변화가 생기므로 순수한 ZrO_2의 결정체는 이 전이를 반복할 때마다 크랙이 발생하여 파괴된다. 〈그림 4-22〉에 온도 변화에 따른 지르코니아의 결정 구조를 나타내었다.

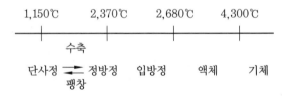

〈그림 4-22〉 온도 변화에 따른 지르코니아의 결정 구조

ZrO_2에 Y_2O_3, MgO, CaO, CeO 등을 첨가하여 고용하면 입방정 및 정방정의 안정화 영역을 저온 쪽으로 넓힐 수 있다. 안정화제가 많은 것은 상온에서도 입방정으로 안정화 지르코니아(full stabilized zirconia, FSZ)라 한다. 안정화가 비교적 적은 것은 부분 안정화 지르코니아(partially stabilized zirconia, PSZ)라 한다.

FSZ는 산소 결함의 생성으로 산소 이온의 양도성은 고체 전해질로 이용된다. PSZ는 준안정 정방정의 파괴인성을 증가시키는 것이 발견되어 구조성 세라믹스로 이용되고 있다. 알루미나, 질화규소, 탄화규소 등으로 분산시킨 재료는 지르코니아의 변태로 강화되어 강화 세라믹스 또는 지르코니아 강인화 세라믹스라고 한다.

(1) 지르코니아의 물성

지르코니아의 벌크 비중은 6으로, 다른 세라믹스의 성형품, 알루미나 4, 질화규소 3.3과 비교하여 높다. 굽힘강도는 알루미나의 3배이고, 질화규소, 탄화규소 등의 비산화물과 비교해서도 높다. 단위 중량당 강도는 비산화물에 가깝고, 파괴인성은 알루미나의 2.5배, 탄화규소의 2배 정도이다. 열팽창계수는 세라믹스 중에서는 크고 금속에 가깝다.

열전도율은 알루미나, 비산화물 세라믹스와 비슷하며 단열성이 매우 큰 물질이라 할 수 있다. 비열은 세라믹스로는 작아서 알루미나의 2/3 정도로 금속에 가깝다. 내열충격성은 알루미나의 1.5배로 크지만 질화규소에 비하면 1/3 정도이다. 〈표 4-24〉에 지르코니아 성형품의 물성 범위와 대푯값을 나타내었다.

〈표 4-24〉 지르코니아 성형품의 물성 범위와 대푯값

항 목	범 위	대푯값
벌크(bulk) 비중	4.2~9.5	6.05
예상기공률	0~3	0
압축강도(MPa)	24.5~39.2	31.4
굽힘강도(MPa)	0.2~19.6	12.7
영률(MPa)	$0.21~0.3×10^4$	$0.2×10^4$
파괴인성(MN/mm^2)	6~12	9
푸아송비	0.13~0.54	0.03
비커스경도(MPa)	73.5~156.8	127.4
열팽창계수(1/℃)	$5.4~11.5×10^4$	9.5~10
열전도율(W/m · K)	0.004~0.07	0.007
내열충격성 ΔT(℃)	200~470	320
비열(J/kg · K)	0.09~0.13	0.12

(2) 지르코니아의 용도

산소 센서는 기능 재료로 FSZ 또는 PSZ의 판 양면에 다른 농도의 산소를 접촉시켜서 산소 농도가 높은 쪽에서 낮은 쪽으로 이동하는 고체 전해질의 성질을 이용한 것이다. 산소 센서는 고체 전해질 양면에 다공질의 백금 전극을 접착하고, 두 전극 간의 전위차를 검출하는 방법이다.

지르코니아의 고체 전해질로 박막의 산화 촉매도 만들어지고 있다. 이것은 이트리아 안정화 지르코니아(yttria stabilized zirconia, YSZ) 기판 양면에 전극을 증착하여 한쪽 전극 위에 산화 촉매를 박막으로 증착시킨 것이다. 이 전극 간에 적당한 전위차를 부여하면 촉매가

없는 면에서 산소가 흡입되어 활성 산소로서 촉매에 공급된다. 촉매 면에 반응가스를 유입시키면 제어된 상태에서 산화 반응이 이루어진다.

PSZ의 초소성 현상은 그 후의 연구가 진행되어 160%의 변형을 얻었다. 또한 재질로는 부분 안정화 지르코니아와 알루미나의 복합 재료에서도 초소성 현상이 발견되었으며 200%의 변형을 얻고 있다.

초소성을 이용한 세라믹의 가공법도 추진되고 있으며 자동차의 피스톤링을 시험 제작하였다. 〈표 4-25〉에 지르코니아의 응용 예를 나타내었고, 〈그림 4-23〉에 지르코니아가 산소 센서에 사용된 예를 나타내었다.

〈표 4-25〉 지르코니아의 응용 예

구 분		응 용
분말		PZT(티탄산 지르콘산) 등의 배합 원료
성형품	센서	산소 센서
	치구	다이스, 가이드 롤러, 측정구
	도류	가위, 식칼, 커터
	내마모 부품	롤러, 사도(絲道), 스파이크, 노즐, 유발, 분쇄 미디어, 펜볼
	기계 부품	펌프 부품, 분쇄 혼련 기계 부품, 베어링, 기어, 스프링
	내열 · 내식품	금속 용해용 도가니
	엔진 부품	로커 암, 피스톤 헤드
	광학 부품	광파이버 커넥터
다공질		가스 흡착제, 용융금속 여과제
시트		기판, 절연판 산소 센서, 촉매
섬유		FRM, FRC, 필터
코팅재		글라스, 플라스틱 기판, 고체 연료 전지용 소자

〈그림 4-23〉 지르코니아가 산소 센서에 사용된 예

1. 초소성(super plasticity)이란 무엇인지 설명하시오.

2. 초소성 성형 방법의 종류를 나열하시오.

3. 초탄성(superelasticity)이란 무엇인지 설명하시오.

4. 초전도 재료 상태란 무엇인지 설명하시오.

5. 초전도 재료의 응용 분야를 나열하시오.

6. 반도체 재료의 종류를 나열하고, 분류하시오.

7. 형상기억합금(shape memory alloy)의 개념 및 용도에 대하여 설명하시오.

8. 수소저장합금(hydrogen storage alloy)이란 무엇인지 설명하시오.

9. 비정질(amorphous)에 대해 설명하고, 제조 방법에는 어떠한 것이 있는지 나열하시오.

10. 방진 합금의 성질과 용도를 설명하시오.

11. 초강력강(ultra high strength steel)이란 무엇인지 설명하시오.

12. 금속간 화합물(intermetallic compounds)이란 무엇인지 설명하시오.

13. 복합 재료란 무엇인지 설명하시오.

14. 고용융점계 섬유강화초합금의 특성이 무엇인지 설명하시오.

15. 입자분산강화금속이란 무엇인지 설명하시오.

16. 극저온용 구조 재료란 무엇인지 설명하시오.

17. 신소재 재료로 사용하는 탄소의 종류를 나열하시오.

18. 온도 변화에 따른 실리카의 결정을 설명하시오.

19. 온도 변화에 따른 지르코니아의 결정 구조를 설명하시오.

비금속 재료

비금속 재료

1. 합성수지

1-1 ◉ 합성수지의 성질

합성수지(synthetic resine)는 석탄, 석유, 천연가스 등의 원료를 인공적으로 합성시켜 얻어진 고분자 물질로 특정한 온도에서 가소성(plasticity)을 갖는 성질이 있다. 가소성이란 외력에 의해 형태가 변형된 물체가 외력이 제거되어도 원래의 형태로 돌아오지 않는 성질이다. 가소성 물질은 인장, 굽힘, 압축 등의 외력을 가하면 어느 정도의 저항력으로 그 형태를 유지하는 성질이 있다.

합성수지는 인조수지로 다음과 같은 성질이 있다.

① 가공성이 크고 성형이 간단하다.

② 전기 및 열 절연성이 좋다.

③ 비중이 낮아 가볍고 튼튼하다.

④ 내식성 및 내산성이 좋다.

⑤ 투명체가 많으며 착색이 자유롭다.

⑥ 단단하나 열에는 약하다.

(1) 합성수지의 일반적 성질

합성수지는 금속 재료보다 기계적 성질, 내열성 등은 떨어지나 화학적 저항성, 전기 절연성 및 가공성 등이 우수하여 기계 구조용 재료, 전기 재료 및 의식주용 재료 등에 사용한다.

① **물리적 성질** : 비중은 1~1.5 정도이고, 비중에 비하여 비강도가 높다. 아크릴 수지는 광투과율이 90~92% 정도이다.

② **기계적 성질** : 인장강도는 98MPa 이하로 작지만, 폴리에스테르(유리직포)는 211~ 352MPa 이다. 강성률은 금속 재료에 비하여 떨어지고, 표면 경도가 낮아 흠집이 나기 쉽다.

③ **열적 성질** : 열전도성은 금속의 1/100 정도로 낮고, 열팽창성은 금속보다 크다. 열분해 온도가 낮아 열에 약하다.

1-2 　합성수지의 종류 및 성형법

합성수지는 고분자(polymer)라는 수지의 고리상 구조를 가지며, 가소성과 온도와의 관계에 따라 열경화성수지(thermosetting resin)와 열가소성수지(thermoplastic resin)로 분류한다.

(1) 합성수지의 종류

① 열경화성수지

열경화성수지는 가열하면서 가압 및 성형하면 굳어지고, 다시 가열해도 연화하거나 용융되지 않는 수지이다. 내열성이 우수하고, 강도가 커서 베어링 케이스, 소형 기구의 프레임, 핸들 등에 사용한다. 열경화성수지에는 페놀수지, 요소수지, 멜라민수지, 폴리에스테르수지, 실리콘수지 등이 있다. 〈표 5-1〉에 열경화성수지의 종류와 특성을 나타내었다.

〈표 5-1〉 열경화성수지의 종류와 특성

종　류	특성	용도
페놀수지	경질이고, 내열성이 우수하다.	전기 기구, 가정 용품, 판재
요소수지	착색이 용이하고, 광택이 난다.	건축 재료, 일반 잡화, 성형품
멜라민수지	내수성 및 내열성이 우수하다.	가구, 테이블판 가공
폴리에스테르수지	성형성이 우수하고, 가볍다.	파상형상판 판재
실리콘수지	절연성 및 내열성, 내한성이 우수하다.	전기 절연 재료, 도료, 그리스

㈎ 페놀수지

페놀수지(phenol resin)는 페놀과 포름알데히드(formaldehyde)를 산 또는 알칼리와 반응시켜 제조하며, 종류에는 베이클라이트(bakelite), 포마이카(formica) 등이 있다. 0℃ 이하에서는 균열이 생기고, 60℃ 이상에서는 강도가 저하된다. 비중이 낮고 가공성은 좋으나, 착색은 용이하지 못하다. 액체 상태로는 페인트, 접착제 등으로 사용한다. 용도는 전기절연체, 전화기, 핸들, 가재도구, 기어, 프로펠러, 선체 부품 등으로 사용한다.

㈏ 요소수지

요소수지(urea resin)는 강도, 내수성, 내열성 및 전기 절연성은 떨어진다. 가공성이 우수하고, 착색이 용이하여 완구용, 가정 용품, 가구 등에 사용한다. 열탕에 접하면 광택이 감소되고 균열이 생기기 쉬운 단점이 있다.

㈐ 멜라민수지

멜라민수지(melamine resin)는 멜라민과 포름알데히드를 반응시켜 제조한다. 무색의 가벼운 침상 결정체로 요소수지보다 강도, 내수성, 내열성이 좋고, 착색이 용이하다. 포르말린,

석탄산, 요소 등과 혼합하여 각종 성형품 및 접착제, 페인트, 섬유 제조 등에 사용한다.

㈃ 폴리에스테르수지

폴리에스테르수지(polyester resin)는 알코올과 다염기산의 중합체로 가볍고, 기계적 강도가 커서 항공기, 선박, 차량 등의 구조재로 사용한다. 내식성이 우수하여 건축 내장재, 의자, 테이블, 욕조 등에 사용한다.

㈄ 실리콘수지

실리콘수지(silicone resin)는 수지상, 고무상, 유상, 그리스상 등이 있으며, 절연성, 내식성 등이 우수하다. 일반 합성수지보다 내열성이 좋고, 기계 가공성도 우수하다. 주로 전기 절연 재료, 방청 도료, 접착제 등으로 사용한다.

② 열가소성수지

열가소성수지(thermoplastic resin)는 열을 가하여 성형한 후, 다시 열을 가하면 형태를 변형시킬 수 있는 수지이다. 가열하면 분자 간의 결합력이 약해져서 작은 힘으로도 유동하고, 화학적 변화가 없다. 내열성은 열경화성수지에 비하여 약하다.

열가소성수지에는 스티렌수지, 염화비닐수지, 폴리에틸렌수지, 초산비닐수지, 아크릴수지, 폴리아미드수지 등이 있다. 〈표 5-2〉에 열가소성수지의 종류와 특성을 나타내었다.

〈표 5-2〉 열가소성수지의 종류와 특성

종 류	특 성	용 도
스티렌수지	성형이 용이하고, 투명도가 크다.	절연 재료, 광학 렌즈, 장식품
염화비닐수지	가공이 용이하다.	배관재, 판재, 건축 재료
폴리에틸렌수지	유연성이 있다.	판재, 필름, 사출 성형품
초산비닐수지	접착성이 좋다.	접착제
아크릴수지	강도가 크고, 투명도가 특히 좋다.	방풍 유리, 광학 렌즈

㈎ 스티렌수지

스티렌수지(styrene resin)는 비중이 낮고, 투명도가 크며, 성형성이 우수하다. 전기 절연물로서 우수한 특성이 있어서 동축 케이블의 중심 도체의 지지물, 광학 렌즈 등에 사용한다.

㈏ 염화비닐수지

염화비닐수지(vinyl chloride resin, PVC)는 비중이 1.4이고, 가공성은 우수하나 열에 약하다. 석회석, 석탄, 소금 등을 원료로 사용하여 내산성 및 내알칼리성이 우수하다. 황산, 염산, 수산화나트륨 등의 약품이나 바닷물에 용해하거나 부식되지 않아 전선관, 수도관, 건축 재료 등으로 사용한다. -20℃ 이하에서는 취약하고 80℃에서 연화된다.

㈐ 폴리에틸렌수지

폴리에틸렌수지(polyethylene resin)는 비중이 0.92~0.96이고, 유연성이 좋으며, 충격에 강하다. 사출 성형이 용이하고, −60℃에서도 경화되지 않는다. 내화성이 우수하여 석유 상자, 전선피복재, 필름, 수도관 등에 사용한다.

㈐ 초산비닐수지

초산비닐수지(polyvinyl acetate resin)는 탄성이 우수하고, 투명성, 접착성이 있어 접착 제, 도료 등에 사용한다. 초산비닐과 염화비닐을 혼합하여 전기 기구, 타일, 필름, 식탁용 커버, 합성 섬유 원료 등에 사용한다.

㈐ 아크릴수지

아크릴수지(acrylic resin)는 탄성이 크고, 투명성이 좋아 안전 유리의 중간층 재료, 케이 블 피복 재료, 도료 등에 사용한다. 광학 특성이 우수하여 렌즈 제조에도 사용하고, 항공기 방풍 유리, 치과 재료, 시계 부속품 등에 사용한다.

(2) 합성수지의 성형법

대표적인 합성수지의 성형 방법에는 압축 성형, 사출 성형, 압출 성형, 주조 성형 등이 있다.

① 압축 성형

압축 성형(compression moulding)은 요철형 금형에 성형 재료를 넣고, 140~180℃로 가열 하면서 980~1,960 MPa 정도로 가압하여 성형한다. 이 방법은 열경화성수지나 열가소성수지 를 성형하는 데 적합하며, 너무 복잡한 성형은 곤란하다.

② 사출 성형

사출 성형(injection molding)은 성형 재료를 성형기의 사출 실린더에서 가열·용융시켜 유 동화한 후, 스크루 등으로 금형 속에 압입하고, 고화 또는 경화시켜 성형한다. 이 방법은 열가 소성수지를 성형하는 데 적합하며 연속적으로 성형할 수 있고, 소형에서 대형 제품까지 복잡 한 성형도 가능하다.

③ 압출 성형

압출 성형(extrusion moulding)은 성형 재료를 금형에서 밀어내어 일정한 모양의 단면을 가진 연속체로 변환시켜 성형한다. 이 방법은 열가소성수지를 성형하는 데 적합하며 폴리에틸 렌수지나 염화비닐수지 등의 중요한 성형법이다.

Q 예제

열경화성수지란 무엇인지 설명하시오.

해설 열경화성수지는 가열하면서 가압 및 성형하면 굳어지고, 다시 가열해도 연화하거나 용융 되지 않는 수지로 페놀수지, 요소수지, 멜라민수지, 폴리에스테르수지, 실리콘수지 등의 종류가 있다.

2. 연삭 및 연마 재료

2-1 ● 연삭 및 연마 재료의 종류

연삭(grinding)이란 연삭재를 사용하여 피절삭물의 표면을 가공하는 방법이다. 금속의 표면을 연삭하는 연삭재 또는 표면 처리한 면의 연마(polishing)에 사용하는 연마재는 금속 산화물이나 탄화물과 같이 용융점이 높은 분말을 사용한다. 연삭 및 연마 재료에는 천연 재료와 인조 재료가 있다.

(1) 천연 재료

천연 재료에는 다이아몬드(diamond), 에머리(emery), 가닛(garnet), 트리폴리(tripoli) 등이 있다.

① **다이아몬드** : 가장 강도 및 경도가 높아 드릴, 연삭 공구, 다이스 등으로 제조하여 사용한다.

② **에머리** : 주성분은 Al_2O_3이고, 소량의 Fe_3O_4 또는 Fe_2O_3를 첨가하여 숫돌, 연마포 등으로 사용한다.

③ **가닛** : 에머리보다 경도가 조금 낮으며, 석류석 성분으로 되어 있다. 연마포, 목재 연마, 판유리의 연마 등에 사용한다.

④ **트리폴리** : 주성분은 SiO_2이고 핑크색이나 갈색이며, 유지 연마재로 금속, 비금속 다듬질 연삭에 사용한다.

(2) 인조 재료

인조 재료에는 산화알루미늄(Al_2O_3), 탄화규소(SiC), 탄화붕소(B_4C), 산화철(Fe_2O_3), 산화크롬(Cr_2O_3), 소성 알루미나 등이 있다.

① **산화알루미늄** : 숫돌로 많이 사용하고, 강도가 큰 재료의 연삭용으로 적합하며 연마포, 에머리 페이스트, 버프 연마 등으로 사용한다.

② **탄화규소** : 규석과 탄소를 전기로에서 제조한 것으로 카보런덤(carborundum)이라 하고, 숫돌 및 제품의 연삭에 사용한다.

③ **탄화붕소** : 경도가 다이아몬드 다음으로 높아 보석의 연마에 사용한다. 숫돌로 제조하여 초경공구의 연마 등에 사용한다.

④ **산화철** : 산화철을 유지와 혼합한 연마재를 적봉이라 하고, 판유리의 다듬질용으로 사용하며, 귀금속의 연마나 도금한 표면 연마에 사용한다.

⑤ **산화크롬** : 산화크롬을 유지와 혼합한 연마재를 청봉이라 하고, 금속 표면, 도금면 등의 연

2. 연삭 및 연마 재료 257

마에 사용한다.

⑥ **소성 알루미나** : 소성 알루미나를 유지와 혼합한 연마재를 백봉이라 하고, 금속 표면, 도금 면 등의 연마에 사용한다.

2-2 **연마포 및 유지성 연마재**

(1) 연마포

연마포는 연마재를 동물성 아교 또는 젤라틴(gelatine) 등의 접착제를 사용하여 면포에 접착한 것이다. 재질이 경한 금속재에는 용융 알루미나, 에머리 연마포 등을 사용하고, 연한 금속재에는 탄화규소 연마포를 사용한다. 연마지로는 크라프트(craft)지 또는 화지를 사용한다.

(2) 유지성 연마재

유지성 연마재는 지방산, 지방질, 수지 등을 결합한 것으로 청봉, 적봉, 백봉 트리폴리 및 에머리 페이스트 등이 있다. 이 연마재는 도금하기 전의 연마, 도금한 면의 연마, 금속면의 연마 또는 다듬질에 사용한다.

3. 윤활유 및 절삭유

3-1 **윤활유**

윤활유(lubrication oil)는 서로 미끄럼 운동을 하는 마찰면 사이에 유막을 형성시켜 원활한 운동이 이루어지도록 하기 위해서 사용한다. 윤활유는 기계 요소와 작동 조건에 따라 그 종류가 다양하다. 사용 목적에 따라 필요한 성질은 다음과 같다.

① 적당한 점성을 가져야 한다.

② 적정한 유막을 형성해야 한다.

③ 열과 산화에 대한 안정성이 있어야 한다.

〈표 5-3〉에 윤활유의 종류와 용도를 나타내었다.

〈표 5-3〉 윤활유의 종류와 용도

종 류	용 도
스핀들유(spindle oil)	경질의 소형 전동기의 고속 전동기 베어링, 경기계의 윤활유
다이나모유(dynamo oil)	중형 또는 대형 전동기, 롤러 베어링 또는 볼 베어링, 고속 베어링
터빈유(turbine oil)	각종 터빈, 전동기 등의 고속 회전축
머신유(machine oil)	일반 기계의 저속 및 중속 베어링, 차축용
실린더유(cylinder oil)	증기 기관의 실린더, 밸브 및 고하중 베어링
냉동기유(refrigerating machine oil)	암모니아 냉동기
모빌유(mobile oil)	자동차 기관, 디젤 기관, 베어링 및 기어 박스
디젤기관유(disel oil)	디젤 기관, 가스 기관, 진공 펌프, 고하중 저회전 속도용 베어링
그리스(grease)	일반 기계의 그리스컵용, 볼 베어링, 롤러 베어링

3-2 ● 절삭유

절삭유(cutting oil)는 절삭 공구로 금속을 절삭할 때에 가공물 및 공구의 온도 상승을 방지하고 절삭면을 정밀하게 가공할 목적으로 사용한다. 절삭유는 절삭 조건에 따라 그 종류가 다양하며, 필요한 성질은 다음과 같다.

① 공구의 날을 냉각시켜 경도 저하를 방지해야 한다.

② 가공물을 냉각시켜 가공 정밀도의 저하를 방지해야 한다.

③ 절삭 작업 시 윤활 작용을 하여 공구 마모를 적게 해야 한다.

④ 칩의 제거 작용을 하여 절삭 작업을 용이하게 해야 한다.

〈표 5-4〉에 절삭 가공에 따른 절삭유를 나타내었다.

〈표 5-4〉 절삭 가공에 따른 절삭유

재 질	황 삭	다듬질 절삭	나사 절삭
연강	가용성유	가용성유, 등유	가용성유, 식물성유
공구강	가용성유	각종 동식물유	라드(lard)
합금강	가용성유	각종 동식물유, 가용성유, 비눗물	벤졸, 테레빈유, 등유
주강	가용성유	-	가용성유, 비눗물
가단주철	-	유화유	식물성유
주철	-	등유	식물성유, 등유
황동	가용성유	-	식물성유
청동	가용성유	-	식물성유
구리	가용성유	-	식물성유
알루미늄	가용성유	등유	식물성유, 가용성유
두랄루민	-	등유	식물성유
실루민	가용성유	등유	등유, 식물성유, 가용성유

1. 합성수지의 특성을 설명하시오.

2. 가소성이란 무엇인지 설명하시오.

3. 인조수지의 성질이 무엇인지 설명하시오.

4. 열경화성수지의 개념과 성질 및 용도에 대하여 설명하시오.

5. 요소수지의 특성을 설명하시오.

6. 열가소성수지란 무엇인지 설명하시오.

7. 폴리에틸렌수지의 특성을 설명하시오.

8. 천연 재료로 사용하는 연삭 및 연마재의 종류를 나열하시오.

9. 윤활유의 필요한 성질은 무엇인지 설명하시오.

10. 절삭유의 필요한 성질은 무엇인지 설명하시오.

기계 재료 시험

제6장 기계 재료 시험

1. 기계적 시험법

1-1 ● 인장 시험

　인장 시험(tension test)은 시험편의 인장력에 대한 기계적 성질을 측정하는 시험을 말하며, 최대하중, 인장강도, 항복강도, 내력, 연신율, 단면수축률 등의 측정 이외에 탄성한도, 비례한도, 탄성계수, 응력−변형 곡선 등을 측정한다.

　인장 시험기는 하중을 가하는 방법에 따라 유압식, 스프링식, 지렛대식, 진자식 등이 있으며, 인장 시험뿐만 아니라 압축, 굽힘 등의 시험도 할 수 있는 유압식 만능 시험기(universal testing machine, UTM)가 널리 사용되고 있다. 〈그림 6-1〉에 암슬러 만능 재료 시험기(Amsler's universal tester)의 구조를 나타내었다. 인장 시험기는 KS B 5521에 의해 적합 여부를 확인한 후 사용한다.

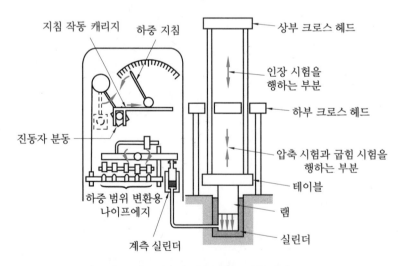

〈그림 6-1〉 암슬러 만능 재료 시험기의 구조

인장 시험기가 갖추어야 할 조건은 다음과 같다.

① 시험기의 안전성이 있어야 한다.

② 정밀도 및 감도가 우수해야 한다.

③ 내구성이 크고, 정밀 측정이 가능해야 한다.

④ 조작이 간편해야 한다.

인장 시험에 사용하는 시험편은 KS B 0801에 규정되어 있으며, 시험 방법은 KS B 0802에 규정되어 있다. 〈그림 6-2〉에 봉재용 KS 4호 시험편의 규격을 나타내었고, 〈그림 6-3〉에 판재용 KS 5호 시험편의 규격을 나타내었다.

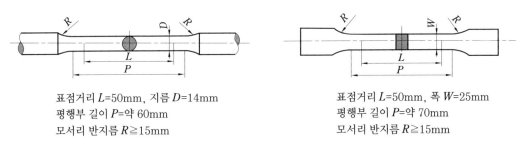

표점거리 L=50mm, 지름 D=14mm
평행부 길이 P=약 60mm
모서리 반지름 $R \geqq$ 15mm

〈그림 6-2〉 KS 4호 시험편의 규격

표점거리 L=50mm, 폭 W=25mm
평행부 길이 P=약 70mm
모서리 반지름 $R \geqq$ 15mm

〈그림 6-3〉 KS 5호 시험편의 규격

(1) 응력-변형 곡선

인장 시험기에 시험편을 고정하고, 하중을 가하면 축 방향으로는 외력에 비례되는 연신이 생기고, 직각 방향으로는 수축이 생기면서 횡단면적이 변화한다. 〈그림 6-4〉에 각종 금속의 응력-변형 곡선을 나타내었다.

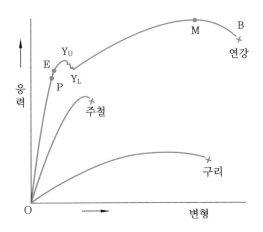

〈그림 6-4〉 각종 금속의 응력-변형 곡선

〈그림 6-4〉에서와 같이 연강의 인장 시험에서 응력의 증가에 따라 변형도 증가한다. 응력이 작은 범위 내에서는 응력을 제거하면 변형도 원상태로 돌아오는데, 이러한 성질을 탄성(elasticity)이라 한다. $\overline{OE}$는 응력을 제거하면 변형이 원상태로 돌아오는 탄성한도(elastic limit) 구간이고, $\overline{OP}$는 응력이 증가하면 변형도 일정하게 비례적으로 증가하는 비례한도(proportional limit) 구간이다.

재료의 강도를 이론적으로 나타낼 때에는 응력의 값은 하중을 시편의 실제 단면적으로 나눈 값을 사용하는데, 이 값을 진응력(true stress)이라 한다. 이에 대하여 처음의 단면적으로 나눈 값을 공칭응력(nominal stress)이라 한다.

시험편의 처음의 단면적 A_0, 변형 후의 단면적 A_1, 처음의 길이 l_0, 변형 후의 길이 l_1, 공칭응력 σ_0, 진응력 σ_t, 변형량 ε, 하중 P라고 할 때, 공칭응력과 진응력은 다음 식과 같이 표시한다.

$$\text{공칭응력}(\sigma_0) = \frac{P}{A_0}\,[\text{Pa}] \quad\quad\quad\quad \text{〈식 6-1〉}$$

$$\text{진응력}(\sigma_t) = \frac{P}{A_1}\,[\text{Pa}] \quad\quad\quad\quad \text{〈식 6-2〉}$$

$$\text{변형량}(\varepsilon) = \frac{l_1 - l_0}{l_0}\,[\text{Pa}] \quad\quad\quad\quad \text{〈식 6-3〉}$$

비례한도 내에서는 응력-변형 곡선은 직선이고, 혹의 법칙 $E = \dfrac{\sigma}{\varepsilon}$ 이 성립한다.

(2) 항복점

탄성한도 E점 이상으로 하중을 증가시키면 소성 변형이 생기면서 상부 항복점 Y_U(upper yielding point)에 이르게 되고, Y_U점에서 급격히 하중이 감소하면 하부 항복점 Y_L(lower yielding point)의 하중으로 되며, 하중을 증가시키지 않아도 시험편은 변형된다. Y_L점을 지나면 영구 변형은 더욱 증가되고, 하중을 제거하여도 원상태로 복귀되지 않는 영구 변형이 잔류하게 된다.

상부 항복하중 P_Y, 처음의 단면적 A_0, 항복강도 σ_Y라고 할 때, 항복강도는 다음 식과 같이 표시한다.

$$\text{항복강도}(\sigma_Y) = \frac{P_Y}{A_0}\,[\text{Pa}] \quad\quad\quad\quad \text{〈식 6-4〉}$$

재료에 따라 여러 가지로 항복점 구간의 형태가 나타난다. 〈그림 6-5〉에 여러 가지 형태의 항복점을 나타내었다.

〈그림 6-4〉에서와 같이 연강은 항복점이 분명하게 나타나지만, 고탄소강, 주철 및 비철금속 재료 등은 항복점에서 응력-변형 곡선이 끊어져서 항복점을 측정하기가 곤란하다. 이러한 경우에는 0.2%의 영구변형을 일으키는 하중을 시험편의 처음 단면적으로 나눈 값을 측정하는데, 이것을 내력(proof stress)이라 한다.

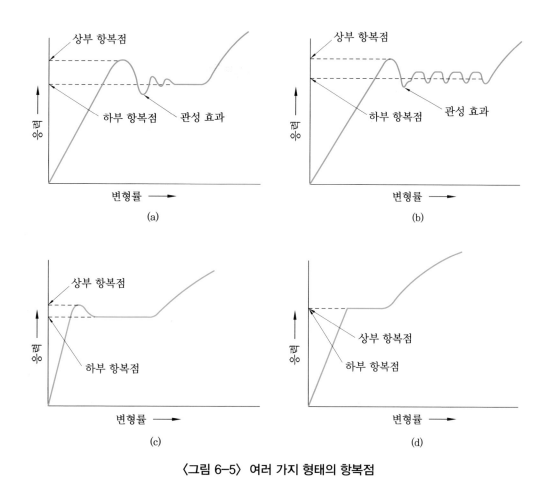

〈그림 6-5〉 여러 가지 형태의 항복점

(3) 인장강도

하중을 Y_L점 이상으로 증가시키면 최대 하중 M점에 이르게 되고, 이 점에서는 최대 하중에 대응하여 최대 응력이 발생한다. M점을 지나면 외력이 증가되지 않아도 변형이 생겨서 시험편의 단면적 방향으로는 수축이 일어나고, 길이 방향으로는 늘어나 B점의 파괴점에서 파단하게 된다.

인장 시험은 하중을 가하여 B점에 이르기까지의 재료의 기계적 성질을 측정하는 데 목적이 있다. 그 중 최대 하중에 대한 강도(strength)를 그 재료의 인장강도(tensile strength) 또는 최대 인장응력(ultimate tensile stress)이라 한다.

최대 하중 P_{max}, 처음의 단면적 A_0, 인장강도 σ_{max}라고 할 때, 인장강도는 다음 식과 같이 표시한다.

$$\text{인장강도}(\sigma_{max}) = \frac{P_{max}}{A_0} [\text{Pa}]$$ 〈식 6-5〉

(4) 연신율

연신율(elongation)은 시험편이 파단되기 직전의 길이(l_1)와 처음의 길이(l_0)의 차를 처음의 길이에 대한 백분율로 나타낸다. 연신율은 다음 식과 같이 표시한다.

$$\text{연신율}(\varepsilon) = \frac{l_1 - l_0}{l_0}[\%] \qquad\qquad \langle\text{식 } 6\text{-}6\rangle$$

(5) 단면수축률

단면수축률(reduction of area)은 시험편이 파단되기 직전의 단면적(A_1)과 처음의 단면적(A_0)의 차를 처음의 단면적에 대한 백분율로 나타낸다. 단면수축률은 다음 식과 같이 표시한다.

$$\text{단면수축률}(\phi) = \frac{A_1 - A_0}{A_0}[\%] \qquad\qquad \langle\text{식 } 6\text{-}7\rangle$$

Q 예제

인장 시험기가 갖추어야 할 조건을 설명하시오.

해설　① 시험기의 안전성이 있어야 한다.
　　　② 정밀도 및 감도가 우수하여야 한다.
　　　③ 내구성이 크고, 정밀 측정이 가능하여야 한다.
　　　④ 조작이 간편하여야 한다.

Q 예제

인장강도(tensile strength)에 대하여 설명하시오.

해설　최대 하중을 시험편의 처음 단면적으로 나눈 값으로, 최대하중 P_{max}, 처음의 단면적 A_0, 인장강도 σ_{max}라고 할 때, 인장강도는 $\sigma_{max} = \dfrac{P_{max}}{A_0}$으로 표시한다.

1-2 ◉ 압축 시험

압축 시험(compression test)은 시험편의 압축력에 대한 항압력을 측정하는 시험을 말하며, 압축강도, 비례한도, 항복점, 탄성계수 등을 측정한다. 압축강도는 취성 재료를 시험할 때에 사용하며, 연성 재료에서는 최후까지 파괴하지 않으므로 편의상 균열이 발생하는 응력으로 압축강도를 측정한다. 압축 시험은 내압에 사용하는 주철, 베어링, 건축재, 콘크리트 등의 재료에 적용한다.

압축 시험편은 원주 형태가 많이 사용되고, 시험 목적에 따라 소성 구역의 경우에서는 가로의 길이와 지름의 비가 $L/D = 1 \sim 3$ 정도의 것을 사용한다.

〈그림 6-6〉에 압축 변형을 나타내었다.

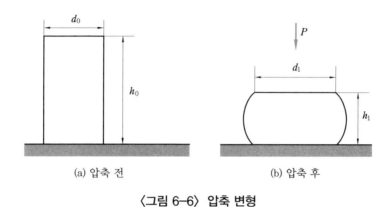

(a) 압축 전   (b) 압축 후

〈그림 6-6〉 **압축 변형**

〈그림 6-6〉에서와 같이 압축 전의 단면적 A_0, 지름 d_0, 높이 h_0인 시험편을 하중 P로 압축하여, 압축 후에 단면적 A_1, 지름 d_1, 높이 h_1로 변형하였다면 압축응력, 압축률, 단면변화율은 다음 식과 같이 표시한다.

$$\text{압축응력}(\sigma_c) = \frac{P}{A_0} = \frac{P}{\pi d_0^2/4} \text{ [Pa]} \qquad \text{〈식 6-8〉}$$

$$\text{압축률}(\varepsilon_c) = \frac{h_0 - h_1}{h_0} \times 100(\%) \qquad \text{〈식 6-9〉}$$

$$\text{단면변화율}(\phi_c) = \frac{A_1 - A_0}{A_0} \times 100(\%) \qquad \text{〈식 6-10〉}$$

압축 시험은 외력이 재료를 압축하는 방향으로 작용하는 것 이외에는 인장 시험과 비슷하다.

Q 예제

압축 시험(compression test)으로 측정할 수 있는 종류를 나열하시오.

해설 압축강도, 비례한도, 항복점, 탄성계수 등

1-3 ◉ 굽힘 시험

굽힘 시험(bending test)에는 재료의 굽힘에 대한 저항력을 조사하는 항절 시험과 재료의 전
성, 연성, 균열의 유무를 조사하는 굴곡 시험이 있다. 〈그림 6-7〉에 굽힘 시험 방법을 나타내
었다.

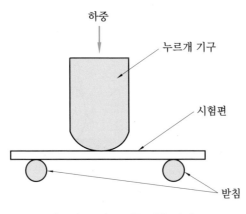

〈그림 6-7〉 굽힘 시험 방법

〈그림 6-7〉과 같이 2개의 지점에 받쳐진 시험편에 한 방향에서 힘을 가하여 변형에 필요한 힘
이나 변형량을 측정하는 방법이다. 이 시험의 특징은 시험편에 힘이 가하여지는 방향으로는 압
축력이 작용하고, 반대 방향으로는 인장력이 작용한다. 따라서 그 중간에 응력이 0이 되는 중립
면이 존재한다. 〈그림 6-8〉에 굽힘 시험의 시험편 단면의 응력 분포 상태를 나타내었다.

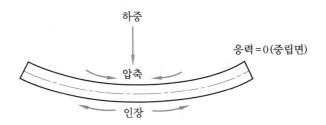

〈그림 6-8〉 굽힘 시험의 시험편 단면의 응력 분포 상태

굽힘 시험에서는 시편의 중앙부 만곡을 측정하여 하중-만곡 곡선을 결정할 수 있다. 이것에
서 파단하중, 최대 만곡량을 측정할 수 있으나, 굽힘 시험의 하중-만곡 곡선은 인장 시험이나
압축 시험의 응력-변형 곡선처럼 일치하지는 않는다. 따라서 굽힘 시험은 주로 실용적으로 이
용되고 있다.

실제로 기계나 구조물에 사용되고 있는 금속 재료에는 굽힘응력이 생기는 경우가 많다. 주철
과 같은 재료는 취약하여 인장 시험으로는 연신량을 측정하기가 곤란하므로, 치수가 긴 시험

편을 만들어 굽힘 시험을 하여 만곡량을 측정하고, 이것으로 재료의 연성을 비교한다.

　주철의 굽힘 시험에서 응력은 보통 파단계수로써 그 크기를 결정한다. 파단계수는 단면계수와 최대 굽힘 모멘트의 비로 나타낸다. 따라서 파단계수는 최대응력이고, 이때 파괴점에서 후크의 법칙이 적용된다면 최대 응력값은 단면의 크기와 형상에는 무관하므로, 응력은 다음 식과 같이 표시한다.

$$\sigma = \frac{Pl}{4Z}$$ 〈식 6-11〉

① 단면이 장방형일 때

$$Z = \frac{bt^2}{6}$$ 〈식 6-12〉

② 단면이 원형일 때

$$Z = \frac{\pi d^3}{32}$$ 〈식 6-13〉

　　여기서, P : 굽힘하중, l : 지점간의 거리, Z : 단면계수, b : 시험편의 폭,
　　　　　t : 시험편의 두께, d : 시험편의 지름

1-4 ● 경도 시험

　경도란 재료에 힘을 가하여 변형시킬 때, 재료의 소성 변형에 대한 저항력이라 할 수 있다. 경도를 측정하는 방법과 경도 시험(hardness test)에는 다음과 같은 종류가 있다.

(1) 경도의 측정 방법

　① **압입자를 이용한 방법** : 단단한 물체로 시험편에 압입하여 생기는 변형에 의하여 경도를 측정한다.
　② **반발을 이용한 방법** : 단단한 물체를 시험편의 표면에 낙하시켜 반발되어 튀어 오르는 높이에 의하여 경도를 측정한다.
　③ **스크래치(scratch)를 이용한 방법** : 단단한 물체로 시험편의 표면을 긁어서 생기는 홈에 의하여 경도를 측정한다.

(2) 경도 시험

　① **압입 경도** : 브리넬 경도(Brinell hardness), 로크웰 경도(Rockwell hardness), 비커스 경도(Vickers hardness), 마이어 경도(Meyer hardness)

② **반발 경도** : 쇼어 경도(Shore hardness)
③ **스크래치 경도** : 모스 경도(Mohs hardness)

(3) 브리넬 경도

브리넬 경도는 강구(steel ball)를 시험편에 압입하여 생기는 압흔의 면적으로 압입에 필요한
하중을 나눈 값으로 표시한다. 〈그림 6-9〉에 브리넬 경도의 강구와 압흔과의 관계를 나타내
었다.

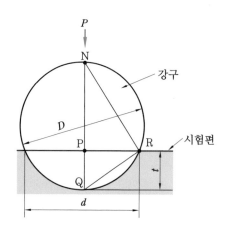

〈그림 6-9〉 브리넬 경도의 강구와 압흔과의 관계

〈그림 6-9〉의 강구와 압흔과의 관계에서 브리넬 경도(HB)는 다음 식과 같이 표시한다.

$$H_B = \frac{P}{A} = \frac{P}{\pi D t}$$ ·· 〈식 6-14〉

여기서, P : 하중, A : 압흔의 면적, D : 압입자의 지름, t : 압흔의 깊이

〈그림 6-9〉에서 △NPR ∽ △RPQ이므로

$$\frac{PQ}{PR} = \frac{PR}{NP} \quad \text{또는} \quad \frac{t}{\frac{d}{2}} = \frac{\frac{d}{2}}{D-t}$$

그러므로 t를 구하면 다음과 같다.

$$t_2 - tD + \frac{d^2}{4} = 0$$

$$\therefore \ t = \frac{D \pm \sqrt{D^2 - d^2}}{2}$$ ·· 〈식 6-15〉

압흔의 깊이는 강구의 지름보다 작으므로 〈식 6-15〉는 다음과 같이 표시한다.

$$\therefore \ t = \frac{D - \sqrt{D^2 - d^2}}{2}$$ ·· 〈식 6-16〉

〈식 6-14〉, 〈식 6-16〉으로부터

$$H_B = \cfrac{P}{\cfrac{\pi D}{2}(D - \sqrt{D^2 - d^2})}$$

$$= \frac{2P}{\pi D(D - \sqrt{D^2 - d^2})} \text{ ----------------------------- 〈식 6-17〉}$$

　브리넬 경도의 단위는 Pa이나 단위를 붙이지 않고 정수값으로 표시한다. 강구의 지름은 5mm, 10mm 것을 사용하고, 하중은 500, 1,000, 1,500, 2,000, 2,500, 3,000kgf 등의 일정 하중을 가한다. 압흔의 지름(d)을 알게 되면 〈식 6-17〉에 의한 경도값을 구할 수 있으며, 이외에도 환산표를 참조하여 환산 경도값을 구하는 방법도 있다.

　일반적으로 브리넬 경도 시험은 H_B 450 이하의 재질에 적용하며, 압흔의 깊이가 0.2 ~0.5D 가 되도록 하중과 압입자를 선정한다. 경도 측정 위치는 압흔 지름 d의 2.5배 안쪽으로 하고, 측정 간격은 4d 이상으로 하며, $H_B < 50$에서는 소수 첫째자리까지 표시한다.

　〈그림 6-10〉에 유압식 브리넬 경도기를 나타내었고, 〈그림 6-11〉에 유압식 브리넬 경도기의 구조를 나타내었다.

〈그림 6-10〉 유압식 브리넬 경도기

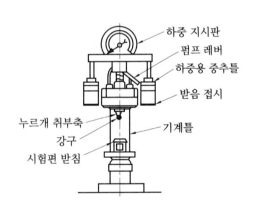

〈그림 6-11〉 유압식 브리넬 경도기의 구조

하중 지시판
펌프 레버
하중용 중추틀
받음 접시
누르개 취부축
강구
시험편 받침
기계틀

(4) 로크웰 경도

　로크웰 경도는 강구 또는 다이아몬드 원추체를 시험편에 압입하여 생기는 압흔의 깊이로 표시한다. 로크웰 경도 시험은 압입 자국이 작아서, 얇은 재료 및 열처리한 재료에 사용한다. 〈그림 6-12〉에 로크웰 경도기를 나타내었고, 〈그림 6-13〉에 로크웰 경도기의 구조를 나타내었다.

　로크웰 경도 시험은 초하중(10kgf)을 작용시키고, 이것에 하중을 증가시켜 본 시험 하중으로 가한 후, 다시 초하중 상태로 하중을 제거했을 때 생기는 압흔의 깊이 차로 표시된다. 로크웰 경도 시험에는 여러 가지 시험 조건이 있으나 표준형은 B스케일과 C스케일이 있으며, 압흔 깊이를 h로 했을 때 다음과 같이 표시한다.

$$H_{RB} = 130-500h$$
$$H_{RC} = 100-500h$$

(a) 다이얼식   (b) 디지털식

〈그림 6-12〉 로크웰 경도기

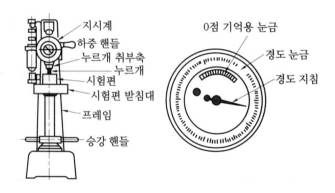

〈그림 6-13〉 로크웰 경도기의 구조

〈표 6-1〉에 로크웰 경도의 각종 스케일과 시험 조건을 나타내었다. 로크웰 경도값은 H_R로 표시하고, 하중의 크기와 압입자의 종류에 따라 B스케일은 H_{RB}, C스케일은 H_{RC}로 표시하며, H_{RB}의 눈금판은 적색, H_{RC}의 눈금판은 흑색으로 표시되어 있다.

로크웰 경도에서 압흔의 깊이 2/1000mm가 경도값 1에 해당한다. 경도 측정 위치는 압흔 지름 d의 2배 이상으로 하고, 안쪽으로는 측정 간격의 $4d$ 이상으로 한다. 시험편의 두께는 $10h$ 이상이 요구되며, 담금질 및 표면 경화된 재료는 0.7mm 이상의 두께가 요구된다.

〈표 6-1〉 로크웰 경도의 각종 스케일과 시험 조건

스케일	압입자	하중(kgf)	적용 재료
H	1/8″ 강구	60	대단히 연한 재료
E	1/8″ 강구	100	대단히 연한 재료
K	1/8″ 강구	150	연한 재료
F	1/16″ 강구	60	백색 합금 등의 연한 재료
B	1/16″ 강구	100	강 등의 비교적 단단한 재료
G	1/16″ 강구	150	강 등의 비교적 단단한 재료
A	다이아몬드 원뿔	60	초경합금 등의 단단한 재료
D	다이아몬드 원뿔	100	초경합금 등의 단단한 재료
C	다이아몬드 원뿔	150	극히 단단한 재료

(5) 비커스 경도

비커스 경도는 꼭지각 136°의 다이아몬드 4각추를 시험편에 압입하여 생기는 압흔의 면적으로 압입에 필요한 하중을 나눈 값으로 다음 식과 같이 표시한다.

$$H_V = \frac{P}{A} = \frac{1.8544P}{d^2} \text{ ──────────────── 〈식 6-18〉}$$

여기서, P : 하중, A : 압흔의 면적, d : 압흔의 대각선 길이

비커스 경도의 단위는 Pa이나 단위를 붙이지 않고 수치값으로 표시한다. 하중은 1, 5, 10, 25, 50, 100kgf 등의 일정 하중을 가한다. 브리넬 경도의 경우와 같이 환산표를 참조하여 환산 경도값을 구하는 방법도 있다.

〈그림 6-14〉에 비커스 경도기를 나타내었고, 〈그림 6-15〉에 비커스 경도기의 구조를 나타내었다.

〈그림 6-14〉 비커스 경도기

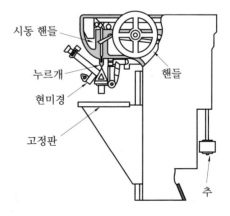

〈그림 6-15〉 비커스 경도기의 구조

비커스 경도 시험은 시험편의 두께와 관계없이 박판 재료에까지도 사용한다. 비커스 경도 시험은 시험 하중을 변화시켜도 경도 측정치에는 변화가 없고, 압흔 자국이 극히 작아서, 침탄층, 질화층, 탈탄층의 경도 시험에 적당하다.

또한, 하중을 그램 단위로 가할 수 있는 미소 경도 시험(micro-vickers hardness test)은 금속의 결정 입내와 결정 경계의 경도 또는 2상 혼합 조직의 경도도 측정한다.

Q 예제

압입자를 이용한 경도 시험(hardness test)의 종류를 나열하시오.

[해설] 브리넬 경도(Brinell hardness), 로크웰 경도(Rockwell hardness), 비커스 경도(Vickers hardness), 마이어 경도(Meyer hardness)

(6) 쇼어 경도

쇼어 경도는 다이아몬드 해머를 일정 높이에서 시험편에 낙하시킬 때 해머가 반발하는 높이에 비례하는 값으로 표시하며, 다음 식과 같이 나타낸다.

$$H_S = \frac{10,000}{65} \times \frac{h}{h_0} \quad\text{〈식 6-19〉}$$

여기서, h_0 : 낙하 높이, h : 반발한 높이

〈그림 6-16〉에 쇼어 경도기를 나타내었고, 〈그림 6-17〉에 쇼어 경도기의 구조를 나타내었다. 〈그림 6-16〉과 같은 쇼어 경도기의 종류에는 C형, SS형, D형이 있다.

〈그림 6-16〉 쇼어 경도기

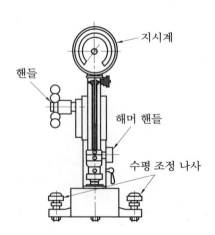

〈그림 6-17〉 쇼어 경도기(D형)의 구조

C형은 낙하 높이 254mm에서 낙하시켜 해머의 반발 높이가 165.1mm이 되는 경도를 100으로 한다. 따라서 H_S=1은 해머의 반발 높이가 1.651mm에 해당된다. 〈표 6-2〉에 쇼어 경도기의 형식을 나타내었다.

〈표 6-2〉 쇼어 경도기의 형식

구 분 ＼ 형 식	C형	SS형	D형
낙하 높이(h_0)	254mm	225mm	19mm
해머 무게	2.36g	2.5g	36.2g
경도 단위당 반발 높이(h)	1.651mm	1.658mm	0.1238mm
눈금의 형태	목측형	목측형	다이얼 게이지형

쇼어 경도에 사용되는 시험편의 크기는 일반적으로 두께 10mm가 적당하고, 담금질한 강은 0.2mm, 풀림한 강은 0.3mm, 구리 및 청동은 0.4mm 이상이 요구된다. 측정 위치는 시험편 끝에서 $4d$ 이상 안쪽으로 하고, 측정 간격은 $2d$ 이상으로 한다. 경도값은 0.5단위로 표시하며, 단위는 붙이지 않는다.

쇼어 경도 시험은 간편하고, 압흔이 작아 제품에 직접 적용할 수 있는 장점이 있으나, 측정 오차가 나기 쉬운 단점이 있다.

Q 예제

반발을 이용한 경도 시험(hardness test)을 무엇이라 하는가?

해설 쇼어 경도(Shore hardness)

(7) 스크래치 경도

모스 경도는 광물이나 암석류를 서로 긁어 흠을 주어서 대략적으로 경도를 측정하는 시험으로 정확도가 떨어진다. 〈표 6-3〉에 모스 경도를 나타내었다.

〈표 6-3〉 모스 경도

경도수	1	2	3	4	5	6	7	8	9	10
물질	활석 (talc)	석고 (gypsum)	방해석 (calcite)	형석 (fluorite)	인회석 (apatite)	정장석 (orthoclase)	석영 (quartz)	황옥석 (topaz)	강옥석 (corundum)	금강석 (diamond)

또 다른 방법으로는 다이아몬드를 사용하여 시험편의 표면을 긁어 그 흠의 모양에 의해서 경도를 측정하는 것이다.

1-5 ◉ 충격 시험

충격 시험(impact test)은 충격적인 하중을 가할 때에 재료의 충격 저항을 측정하는 시험이다. 충격력에 의하여 재료가 파괴될 때에 필요한 에너지를 충격값이라 하고, 이 힘에 대한 저항력을 인성(toughness)이라 한다. 인성은 재료가 파괴될 때까지 에너지를 흡수할 수 있는 능력이라 할 수 있다.

재료의 성질은 정적인 시험으로는 판단하기 어려운 경우가 많으며, 인장 시험으로는 알 수 없는 뜨임 취성과 같은 성질은 충격 시험으로는 판단할 수 있다. 충격 시험에는 샤르피 충격 시험(Charpy impact test)과 아이조드 충격 시험(Izod impact test)이 있다.

(1) 샤르피 충격 시험

〈그림 6-18〉에 샤르피 충격 시험기를 나타내었고, 〈그림 6-19〉에 샤르피 충격 시험기의 원리를 나타내었다.

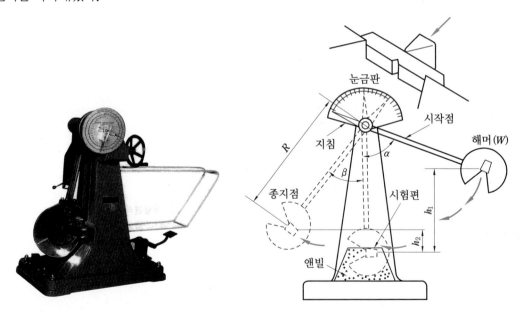

〈그림 6-18〉 샤르피 충격 시험기　　　　〈그림 6-19〉 샤르피 충격 시험기의 원리

〈그림 6-19〉에서와 같이 해머를 시작점인 각도 α만큼 올린 후, 낙하시켜 최하점에서 시험편에 충격을 가하여 시험편을 파단하고 종지점으로 올라간다. 시험편이 파단될 때 필요한 에너지

E[J]와 충격값 U[J/cm^2]는 ①, ②와 같이 표시한다.

① 시험편이 파단될 때 필요한 에너지는 파단 전·후의 해머가 갖는 위치 에너지의 차로 표시하므로, 시작점에서의 위치 에너지 Wh_1는 〈식 6−20〉과 같다.

$$Wh_1 = WR + WR\cos(180 - \alpha)$$
$$= Wh(1 - \cos\alpha) \qquad\qquad\qquad \text{〈식 6−20〉}$$

종지점에서의 위치 에너지 Wh_2는 〈식 6−21〉과 같다.

$$Wh_2 = W(R - R\cos\beta)$$
$$= WR(R - R\cos\beta) \qquad\qquad\qquad \text{〈식 6−21〉}$$

위치 에너지의 차는 〈식 6−22〉와 같다.

$$E = Wh_1 - Wh_2$$
$$= W(h_1 - h_2)$$
$$= WR(\cos\beta - \cos\alpha) \qquad\qquad\qquad \text{〈식 6−22〉}$$

② 충격값은 시험편을 파단하는 데 필요한 에너지를 노치부의 단면적으로 나눈 값으로 표시하므로, 〈식 6−23〉과 같다.

$$U = \frac{E}{A_0} = \frac{WR(\cos\beta - \cos\alpha)}{A_0} \qquad\qquad\qquad \text{〈식 6−23〉}$$

여기서, W : 해머의 무게(N)

R : 해머의 회전축 중심선에서 해머의 중심까지의 길이(m)

α : 시작점에서의 해머 각도(°)

β : 종지점에서의 해머 각도(°)

h_1 : 시작점에서의 해머 높이(m)

h_2 : 종지점에서의 해머 높이(m)

A_0 : 시험편의 노치부 단면적(cm^2)

〈그림 6−20〉에 샤르피 충격 시험편의 고정법을 나타내었다.

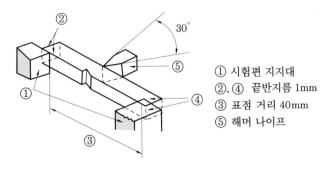

① 시험편 지지대
②, ④ 끝반지름 1mm
③ 표점 거리 40mm
⑤ 해머 나이프

〈그림 6−20〉 샤르피 충격 시험편의 고정법

〈그림 6-20〉에서와 같이 충격 시험에서 시험편을 지지대에 고정할 때에는 시험편 맞춤 도구를 이용하여 해머가 노치부 뒷면을 정확히 타격할 수 있게 놓는다.

시험편은 노치의 반지름이 작을수록 응력집중이 크므로 노치 깊이가 동일하여도 반지름이 작은 것이 파단될 때 필요한 에너지가 적게 소모된다. 또한, 노치의 형상과 반지름이 동일하여도 노치 깊이가 클수록 에너지는 감소한다.

(2) 아이조드 충격 시험

아이조드 충격 시험은 충격적인 힘을 가하는 방법은 같으나 시험편을 타격하는 부분과 시험편의 치수 및 고정법이 사르피 충격 시험과 다르다. 〈그림 6-21〉에 아이조드 충격 시험편의 고정법을 나타내었다.

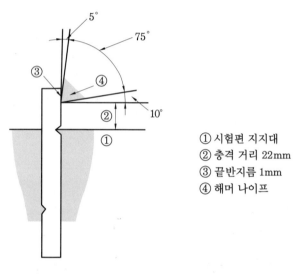

① 시험편 지지대
② 충격 거리 22mm
③ 끝반지름 1mm
④ 해머 나이프

〈그림 6-21〉 아이조드 충격 시험편의 고정법

Q 예제

인성과 취성 같은 성질을 알아보는 시험법은 무엇인가?

해설 충격 시험(impact test)

1-6 ⊙ 비틀림 시험

　비틀림 시험(torsion test)은 재료에 비틀림 모멘트를 가하여 비틀림 강도와 강성률 등을 측정하는 시험이다. 시험 방법은 시험편의 한쪽 끝을 고정시키고 다른 쪽에서 비틀림 모멘트를 부여한다. 고정된 시험편의 중심선과 시험기의 중심선이 일치하지 않으면 굽힘의 영향을 받아서 정확성이 떨어진다.

　피아노선, 구리선, 강선 등과 같은 가는 선재의 비틀림 시험에서는 응력을 측정하기보다는 비틀림 횟수 또는 비틀림 각을 측정하여 시험 결과로 사용한다.

　비틀림 모멘트를 측정하는 방법에는 펜듈럼식, 탄성식, 레버식 또는 레버와 스프링 장치를 사용한 것 등이 있다.

　〈그림 6-22〉에 선재의 비틀림 횟수와 인장응력과의 관계를 나타내었다.

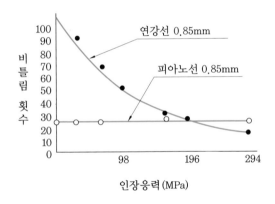

〈그림 6-22〉 선재의 비틀림 횟수와 인장응력과의 관계

1-7 ⊙ 피로 시험

　재료에 파괴강도보다 훨씬 낮은 응력을 반복하여 작용하면 결국은 파괴되는 경우가 있다. 이러한 현상을 피로(fatigue)라 하고, 상당히 긴 시간을 사용한 기계 부품이나 구조물 등에서 흔히 나타난다. 재료에 반복응력을 가하여도 피로에 의하여 파괴되지 않는 한계를 피로한도(fatigue limit)라 하며, 이것을 측정하는 시험이 피로 시험(fatigue test)이다.

　피로 시험은 재료가 파괴될 때까지의 시간을 측정하는 것으로 하중을 가하는 방법에는 여러 가지가 있다. 〈그림 6-23〉에 피로 시험에서의 응력 변화를 나타내었다.

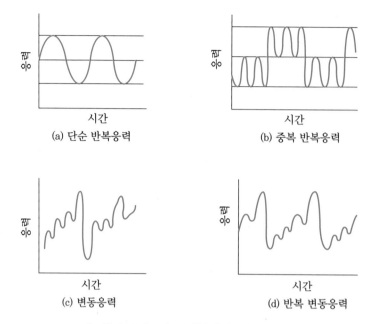

(a) 단순 반복응력

(b) 중복 반복응력

(c) 변동응력

(d) 반복 변동응력

〈그림 6-23〉 피로 시험에서의 응력 변화

대부분의 기계 운동은 반복 변동응력 상태이고, 일정한 간격을 두고 부하가 걸리는 기계 부품 등은 중복 반복응력 상태이다. 피로 시험에는 반복 굽힘, 반복 인장 압축, 반복 비틀림, 반복 충격 등이 있다. 〈그림 6-24〉에 반복 굽힘식 피로 시험기와 구조를 나타내었다.

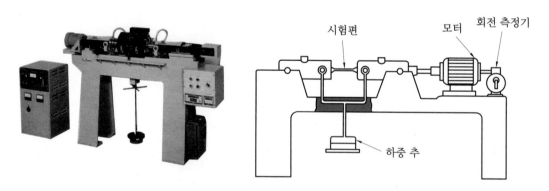

〈그림 6-24〉 반복 굽힘식 피로 시험기와 구조

피로 시험은 시험편에 대하여 하중을 변화하여 시험한 후 응력(S)과 반복 횟수(N)의 관계를 그림으로 나타내는데, 이 곡선을 S-N 곡선이라 한다. 〈그림 6-25〉에 0.83% C 탄소강의 S-N 곡선을 나타내었다.

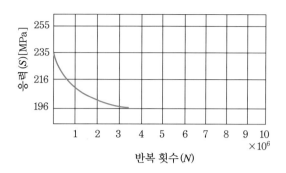

〈그림 6-25〉 0.83% C 탄소강의 $S-N$ 곡선

$S-N$ 곡선에서 응력이 크면 반복 횟수가 적어도 파괴되고, 응력이 작아지면 반복 횟수는 늘어난다. 철강의 경우 반복 횟수는 $10^6 \sim 10^7$ 정도로 한다. 응력 반복 기준 횟수를 $(10 \sim 15) \times 10^6$으로 하여 파괴되지 않는 것으로 간주한다. 비철금속 재료는 $10^7 \sim 10^8$의 반복 횟수에 견딜 수 있는 응력값을 피로한도로 한다.

피로 시험은 많은 시험편과 오랜 시간이 소요되고, 시험편의 형상, 표면 상태, 가공 상태 등에 따라 결과가 달라진다.

Q 예제

피로한도(fatigue limit)란 무엇인지 설명하시오.

해설 재료에 반복응력을 가하여도 피로에 의하여 파괴되지 않는 한계

1-8　마모 시험

재료가 다른 물체와 접촉하여 마찰되면서 손상하는 현상을 마모(wear)라 한다. 기계 또는 그 밖의 운동으로 기계 부품이 파괴되는 원인은 마모에 의한 경우가 많다. 마모는 마찰력에 의하여 영향을 받으므로 접촉면에 가해지는 접촉 압력과 접촉면에서 두 물체가 운동하는 마찰 속도에 영향을 받는다.

재료의 마모 저항을 측정하는 시험을 마모 시험(wear test)이라 하고, 시험 측정은 시험편의 치수 또는 중량의 감소에서 마모량을 결정한다.

마모의 종류에는 두 물체가 서로 미끄럼 운동을 하여 일어나는 미끄럼 마모 및 회전 마모, 충돌 마모 등이 있다. 마모 시험은 다음과 같은 방법으로 한다.

① 회전하는 원판이나 원통에 시험편을 넣어 접촉하는 방법
② 왕복 운동을 하는 평면에 시험편을 접촉하는 방법

③ 같은 크기의 원주 형태의 시험편을 끝면에서 접촉시키면서 회전하는 방법

접촉 압력의 영향은 접촉하는 재료나 마찰 속도에 따라 달라지며, 접촉 압력이 커지면 마모량도 증가한다. 그러나 포화 압력 이상에서는 마모량이 증가하지 않는 경우와 임계 압력에 도달하기까지는 마모가 일어나지 않는 경우가 있다.

마찰 속도의 영향은 접촉 압력의 크기에 따라 달라지며, 마찰 속도가 커지면 마모량도 증가한다. 특정한 마찰 속도에서 마모량이 최대값인 경우도 있고, 접촉 압력이 커지면 최대값도 커진다.

기계 부품의 마모 손실을 방지하기 위한 방법으로는 침탄, 질화, 고주파경화 등의 표면경화법을 이용하거나 윤활제, 볼 베어링, 함유 베어링 등의 마찰 감소법을 사용한다.

1-9 ◉ 크리프 시험

크리프(creep)란 재료에 일정한 응력을 가하여 시간의 경과에 따라서 생기는 변형량이다. 크리프 현상은 온도가 높을수록 발생하기 쉽고, 용융점이 낮은 금속은 상온에서도 발생한다. 금속이 고온 상태로 유지되면 열진동이 커져서 원자의 확산이 활발하여 항복점 이상의 하중을 가하면 변형이 된다.

크리프 시험은 일정한 하중을 가한 상태에서 실행하며, 변형이 일정한 값에서 정지하는 한계까지의 응력을 크리프한도(creep limit)라 한다.

〈그림 6-26〉은 크리프 곡선으로, 응력을 처음 가하였을 때 생기는 초기 변형(ε_0)에서 3단계까지의 크리프 과정을 나타내었다. 1단계는 변형률이 감소하는 구간이고, 2단계는 변형률이 일정한 정상 상태이며, 3단계는 파괴가 일어날 때까지 변형률이 급격히 증가하는 구간이다. 재료는 정상 상태의 단계에 있으므로 이 구간에서의 크리프율이 재료의 수명을 결정하는 요인이 된다.

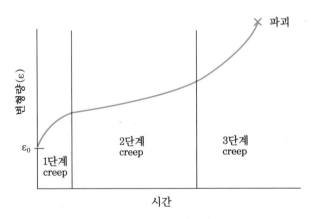

〈그림 6-26〉 크리프 곡선

2. 비파괴 시험법

2-1 ● 초음파 탐상 시험

초음파 탐상 시험(ultrasonic testing, UT)은 0.5~25 MHz의 초음파를 금속 재료 등에 입사하여 표면 및 내부의 결함을 비파괴적으로 검출하는 시험이다. 초음파 탐상 시험의 장점은 다음과 같다.

- 고감도이므로 작은 결함도 검출할 수 있다.
- 투과력이 우수하여 내부 결함의 검출도 할 수 있다.
- 내부 결함의 위치, 크기, 방향, 형상 등을 알 수 있다.
- 인체에 무해하고, 장비 휴대가 편리하다.

초음파의 종류는 다음과 같다.

① **종파**(longitudinal wave) : 압축파(compression wave)라고도 하며 금속 재료의 시험에 가장 많이 이용하는 초음파이다. 수직 탐상 및 두께 측정에 이용한다.

② **횡파**(transverse wave) : 종파 속도의 약 1/2로 파장이 작아 작은 결함 검출에 이용한다.

③ **표면파**(surface wave) : 횡파 속도의 약 90% 정도로 표면 탐상 시험에 이용한다.

④ **램파**(lamb wave) : 판파(plate wave)라고도 하며 얇은 판재의 결함 검출에 이용한다.

초음파 탐상 시험의 종류에는 펄스 반사법, 투과법, 공진법이 있고, 일반적으로 펄스 반사법을 많이 사용한다. 펄스 반사법의 탐상 장치로는 0.5~10 MHz의 주파수를 가진 초음파 발생 장치를 이용하며, 반사 에코(echo)를 나타내는 브라운관, 초음파를 송수신할 수 있는 탐촉자로 구성되어 있다.

초음파의 송수신에는 수직법, 경사법, 수침법이 있으며 피검사체의 크기, 형상 및 결함의 종류 등에 따라 결정된다. 수직법은 환봉, 후판 등의 결함 검출에 이용되고, 경사법은 용접부 결함 검출, 수침법은 표면이 거칠고 형상이 복잡한 소형 제품의 결함 검출에 이용한다.

2-2 ● 방사선 탐상 시험

방사선 투과 시험(radiographic testing, RT)은 X선, γ선, 중성자 선의 투과 방사선을 이용하여 시험체의 두께와 밀도 차이에 따른 변화로 내부 결함 또는 내부 구조 등을 조사하는 시험이다. 주로 주조품, 용접부 등의 결함 검출에 이용되며, 객관성 및 기록성의 면에서 우수하여 널리 사용된다. 방사선원장치의 종류에는 휴대식 X선 장치, γ선 투과 촬영 장치, 고에너지 X선 장치 등이 있다. 〈그림 6-27〉에 방사선 투과 시험의 원리를 나타내었다.

 γ 선에 의한 투과 시험에서는 γ 선을 방출하는 Co-60, Cs-137, Ir-192 등의 동위원소가 사용되며 방사선원, 투과도계, 필름의 순서로 배치한다.

 피검체의 1면에서 방사선을 투사하면 그것이 반대 면까지 투과하고, 시험체의 두께, 횟수에 따라 투과도는 약화되지만 시험체 내부에 결함이 존재하면 흡수의 변화가 결함의 정도에 따라 달라진다.

 X선관은 보통 수백 시간~1,000시간 이상 사용할 수 있으며, X선 필름은 빛에도 감광되기 때문에 증감지와 함께 배치한다.

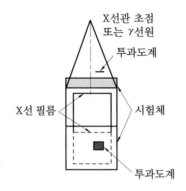

〈그림 6-27〉 방사선 투과 시험의 원리

2-3 ● 자분 탐상 시험

 자분 탐상 시험(magnetic particle testing, MT)은 자성 재료의 표면 및 표면 부근의 결함을 검출하는 시험이다. 주로 철강 재료 등의 강자성체의 표면흠, 균열이 보이지 않는 소지흠, 용접부 결함 검출 등에 이용한다. 〈그림 6-28〉에 자분 탐상 시험의 원리를 나타내었다.

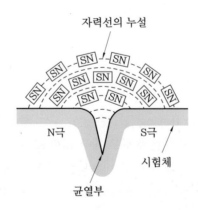

〈그림 6-28〉 자분 탐상 시험의 원리

〈그림 6-28〉에서와 같이 자성을 가진 시험체를 자화하면 결함 부근에 누설 자장이 발생하는데, 이곳에 미세한 철분이나 형광물질을 뿌리면 결함부에 자분이 응집 및 흡착되어 결함을 검출한다. 〈표 6-4〉에 자분 탐상 시험법의 분류를 나타내었다. 자화 방법에서 극간법이 가장 많이 이용되고, 소형 부품의 대량 검사에는 코일법을 이용한다.

〈표 6-4〉 자분 탐상 시험법의 분류

항 목	분 류
자화 방법	축통전법, 직각통전법, 전류관통법, 플로트법, 코일법, 자속관통법, 극간법
자화 전류 종류	직류, 교류, 충격 전류
자분 산포 시기	연속법, 잔류법
자분 종류	형광 자분, 비형광 자분(녹색, 흑색, 적색, 청색)
자분 분산 매체	건식, 습식

〈표 6-5〉에 선상 자분 모양의 등급 분류를 나타내었고, 〈표 6-6〉에 원형상 자분 모양의 등급 분류를 나타내었다.

〈표 6-5〉 선상 자분 모양의 등급 분류(KS D 0213)

(단위 : mm)

등급 \ 종별	1종	2종	3종	4종
1급	2 이하	5 이하	25 이하	50 이하
2급	2~4	5~10	25~35	50~100
3급	4~6	10~20	35~50	100~150
4급	6~8	20~30	50~70	150~200
5급	8 초과	30 초과	70 초과	200 초과

주 선상 자분 모양 간의 거리가 2mm 이하이면 연속 자분 모양으로 간주함.

〈표 6-6〉 원형상 자분 모양의 등급 분류(KS D 0213)

(단위 : mm)

등 급	자분 모양의 긴 지름
1급	2 이하
2급	2~4 이하
3급	4~8 이하
4급	8 초과

주 원형상 자분 모양 간의 거리가 2mm 이하이면 연속 자분 모양으로 간주함.

2-4 ● 침투 탐상 시험

침투 탐상 시험(penetration testing, PT)은 침투액과 현상액을 사용하여 시험체의 표면 결함을 눈으로 관찰하여 탐상하는 시험이다.

〈그림 6-29〉에 침투 탐상 시험의 순서를 나타내었다.

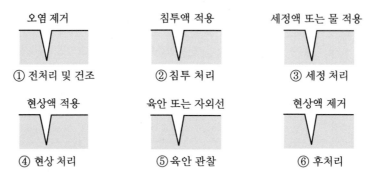

〈그림 6-29〉 침투 탐상 시험의 순서

〈그림 6-29〉에서와 같이 침투 탐상 시험은 전처리 및 건조, 침투 처리, 세정 처리, 현상 처리, 육안 관찰, 후처리 순서로 실시한다. 침투액을 표면에 적용하고, 침투액이 결함부에 침투할 수 있는 충분한 시간이 경과한 후, 현상액을 적용하여 육안 관찰을 한다. 시험이 끝나면 시험체에 부착되어 있는 현상액을 제거한다.

시험 방법은 침투액의 종류에 따라 형광 침투 탐상 시험과 염색 침투 탐상 시험으로 분류하고, 현상 방법에 따라 건식, 습식 및 무현상법으로 분류한다.

침투액으로는 형광물질의 용액과 염료를 사용하고, 현상액으로는 $CaCO_3$, $BaCO_3$, MgO, Al_2O_3 등의 백색 분말의 현탁액을 사용한다.

〈표 6-7〉에 재질에 따른 침투 시간과 현상 시간을 나타내었다.

〈표 6-7〉 재질에 따른 침투 시간과 현상 시간

재 질	형 태	결함의 종류	침투 시간(분)	현상 시간(분)
알루미늄, 마그네슘, 강, 황동, 청동, 티타늄과 내열합금	주조품, 용접품	기공, 융합 불량, 균열	5	7
	압출품, 단조품, 판	랩, 균열	10	7
초경합금 공구	모든 형태	융합 불량, 기공, 균열	5	7
플라스틱	모든 형태	균열	5	7
유리	모든 형태	균열	5	7
세라믹	모든 형태	균열, 기공	5	7

2-5 ○ 와류 탐상 시험

와류 탐상 시험(eddy current test, ET)은 도체에 교류가 흐르는 코일을 접근시키면 도체에 발생한 와전류가 결함 등에 의해 변화하는 것을 이용하여 결함을 검출하는 시험으로 금속의 재질 판별, 두께 측정 등에도 이용한다.

와류 탐상 시험의 장점은 다음과 같다.

① 검사 결과가 전기 신호로 나타나므로 자동 기록과 자동 선별이 용이하다.

② 시험 속도가 빠르고 비접촉으로 시험할 수 있다.

③ 봉강, 강판, 선재 등의 표면흠 검사에 적합하다.

④ 고온 탐상 시험도 할 수 있다.

Q 예제

비파괴 시험법의 종류를 나열하시오.

해설 ① 초음파 탐상 시험(ultrasonic testing, UT)

② 방사선 투과 시험(radiographic testing, RT)

③ 자분 탐상 시험(magnetic particle testing, MT)

④ 침투 탐상 시험(penetration testing, PT)

⑤ 와류 탐상 시험(eddy current test, ET)

3. 재료 조직 검사법

재료의 조직을 검사하는 방법에는 육안 조직 검사, 파단면 검사, 미세 조직 검사 등이 있다. 파단면 검사는 파단면을 육안, 광학 현미경, 전자 현미경 등을 이용하여 관찰하는 것으로, 파단의 형태 및 원인 분석에 이용한다.

미세 조직 검사는 광학 현미경, 전자 현미경 등을 이용하여 눈으로 보이지 않은 결정립내 또는 입계 등을 관찰하는 데 이용한다.

3-1 ◉ 육안 조직 검사법

육안 검사(visual inspection)는 비파괴 검사의 일종으로 육안으로 관찰하거나 배율 10배 이하의 확대경으로 검사하는 시험이다.

육안으로 관찰할 수 있는 크기는 0.1~0.2mm 정도이고, 이보다 작은 경우는 광학 현미경으로 관찰할 수 있는데 광학 현미경의 배율은 500배 내외가 보편적이며, 1μm 정도의 크기를 관찰할 수 있다. 〈표 6-8〉에 육안 조직 검사의 방법을 나타내었다.

〈표 6-8〉 육안 조직 검사의 방법

검사 분류	부식액	검사 방법	검사 결과
백점, 편석, 슬래그, 담금질 불균일	염산 : 물 = 1:1	① 초연마 ② 액온 60~70℃, 30~60분 침지 ③ 온수 또는 알코올액 세척 후, 건조	담금질 불균일 : 흑색 횡단면 : 점상 종단면 : 선상
황의 분포	2~3% 황산 수용액	① 연마포 #1,000까지 사용하여 연마 ② 인화지를 액 중에 5분 침지 후, 수분 제거 ③ 검출면에 1분간 부착 후 수세 및 건조	FeS, MnS : 다갈색
인, 황의 검출	피크린산 : 5g 알코올액 : 100cc	① 연마포 #1,000까지 사용하여 연마 ② 검출면을 가볍게 부식시킨 후, 수세 및 건조 ③ 철판상에서 가열 및 착색	FeS : 자색 MnS : 백색
인의 검출	염화제2구리 : 10g 염화마그네슘 : 40g 염산 : 20cc 알코올액 : 1,000cc	① 연마포 #1,000까지 사용하여 연마 ② 검출면에 검사액 적용 후, 1분간 유지 ③ 새로운 액을 적용 후, 구리가 침전되면 온수로 세척 및 건조	구리의 침전량에 따라 P의 양을 판정

Q 예제

비파괴 검사의 일종으로 육안으로 관찰하거나 배율 10배 이하의 확대경으로 검사하는 시험을 무엇이라 하는가?

해설 육안 검사(visual inspection)

3-2 ◉ 설퍼프린트법

설퍼프린트(sulphur print)는 철강 재료 중에 FeS 또는 MnS로서 존재하는 황(S)의 분포 상태를 육안으로 검사하는 시험이다. 황의 편석을 검사하는 방법은 다음과 같다.

① 1~5% 황산 수용액에 브로마이드(bromide) 인화지를 5분간 침지한 후, 수분을 제거한다.

② 피검체의 시험면에 1~3분 정도 밀착시킨다.

③ 이때에 철강 중의 황화물과 황산이 반응하여 황화수소가 발생한다.

④ 브로마이드 인화지의 취화은($AgBr_2$)과 반응하여 황화은(AgS)을 생성시켜 황이 있는 부분을 흑색 또는 흑갈색으로 착색시킨다.

⑤ 시험이 끝나면 인화지를 제거하고, 물로 세척한 후, 사진용 티오황산나트륨 15~40% 수용액 중에 5~10분간 침지한다.

⑥ 30분간 흐르는 물에서 수세하여 건조시킨 후, 황의 분포 상태를 관찰한다.

〈표 6-9〉에 설퍼프린트법에 따른 편석의 종류를 나타내었다.

〈표 6-9〉 설퍼프린트법에 따른 편석의 종류

종 류	기 호	일반적 특성
정편석	S_N	황이 강의 외부에서 중심부 방향으로 증가하여 분포하고, 외부보다 중심부 방향에 짙은 농도로 착색된다. 일반 강에서 볼 수 있는 편석이다.
역편석	S_I	황이 강의 외부에서 중심부 방향으로 감소하여 분포하고, 중심부보다 외부 방향에 짙은 농도로 착색된다.
중심부 편석	S_C	황이 강의 중심부에 집중되어 분포하고 특히 농도가 짙은 착색부가 나타난다.
점상편석	S_D	황의 편석부가 짙은 농도로 착색된 점상으로 나타난다.
선상편석	S_L	황의 편석부가 짙은 농도로 착색된 선상으로 나타난다.
주상편석	S_{CO}	중심부 편석이 주상으로 나타난다. 형강 등에서 볼 수 있는 편석이다.

Q 예제

설퍼프린트(sulphur print)에 따른 편석의 종류를 설명하시오.

해설 표 6-9 참조

3-3 ● 현미경 조직 검사법

현미경 조직 검사법은 그 목적에 따라서 광학 현미경에 의한 조직 검사와 전자 현미경에 의한 조직 검사로 분류한다. 일반적으로 광학 현미경에 의한 조직 검사 방법이 가장 많이 쓰이며, 50배 이하의 저배율 현미경과 100~2,000배의 고배율 현미경이 있다. 전자 현미경은 미세한 조직의 관찰, 파단면 또는 미세 조직 중의 화학 성분의 정량화 및 결정 방위의 측정 등에 이용되는데, 대표적인 것으로는 주사 전자 현미경(scanning electron microscope, SEM)과 투과 전자 현미경(transmission electron microscope, TEM)이 있다.

(1) 시험편의 제작 순서

조직 관찰 시험편의 제작 순서는 재료의 종류에 따라서 여러 가지 방법이 이용된다. 〈표 6-10〉에 시험편의 제작 순서를 나타내었다.

시험편의 제작 순서는 〈표 6-10〉과 같으며 목적에 따라 중간 단계의 연마까지만 하는 경우가 있다. 그러나 현미경 조직 관찰을 위해서는 대부분의 경우 광택 연마까지 한다.

〈표 6-10〉 시험편의 제작 순서

제작 순서	세부 제작 순서	용 도
절단(sectioning)	기계적 절단 전기화학적 절단 방전가공 절단	
마운팅(mounting)	기계적 고정 매몰	
조연마(rough grinding)	기계적 연마(~#100) 전기화학적 연마	브리넬 경도 측정 발광 분광 분석
정밀 연마(fine grinding)	기계적 연마(~#1,200) 전기화학적 연마 화학적+기계적 연마	로크웰 경도 측정 비커스 경도 측정 쇼어 경도 측정 육안 조직 관찰
광택 연마(polishing)	기계적 연마 전기화학적 연마 화학적+기계적 연마	미소 경도 측정 현미경 조직 관찰
부식(etching)	광학적 부식 전기화학적 부식 물리적 부식	
세척 및 건조(cleaning & drying)	초음파 세척	

Q 예제

조직 관찰 시험편의 제작 순서를 나열하시오.

[해설] 표 6-10 참조

Q 예제

주사 전자 현미경(scanning electron microscope, SEM)과 투과 전자 현미경(transmission ele-ctron microscope, TEM)의 사용목적을 설명하시오.

해설 미세한 조직을 관찰하거나 파단면 또는 미세 조직 중의 화학 성분의 정량화 및 결정 방위의 측정 등에 이용된다.

(2) 현미경의 조직 관찰

광학 현미경은 금속의 미세 조직 관찰에 있어서 중요하며, 현미경 관찰로 금속 재료의 대부분의 상을 확인할 수 있다. 일반적 부식으로 확인이 어려운 것은 기지와의 경도 차이, 그 상의 고유색, 편광에 대한 반응 또는 부식액에 대한 반응 등으로 확인할 수 있다.

현미경 관찰을 위해서는 시료의 표면 상태가 정연마 또는 부식된 상태이어야 한다. 개재물, 질화물, 금속간 화합물 등은 부식시키지 않아도 관찰할 수 있다. 또한 결정 구조가 입방정이 아닌 금속은 편광에 잘 반응하므로 부식시키지 않아도 관찰할 수 있다. 그러나 대부분의 경우는 결정립이나 특정한 상을 관찰하기 위하여 부식한다.

〈그림 6-30〉은 금속 현미경을 나타낸 것이다.

〈그림 6-30〉 금속 현미경

(3) 주사 전자 현미경

주사 전자 현미경은 다른 현미경들과 비교하여 시험편 준비가 용이하고, 높은 해상도 및 고배율의 미세 조직 관찰, 광범위한 초점심도(depth of field)로 입체적인 영상을 얻을 수 있는 특징이 있다. 따라서 여러 가지 형태의 재료에 대한 표면 형상 및 고배율의 파면 조직 시험 (fractography)을 연구하는 데 널리 사용한다.

최근에는 EDS(energy dispersive X-ray spectrometer)나 WDS(wavelength dispersive X-ray spectrometer) 등을 이용함으로써 재료로부터 발생되는 다양한 전자 신호를 검출 및 분석을 하여 재료 표면의 미세 구조상과 성분에 대한 정성적 또는 정량적 분석이 가능하다.

〈그림 6-31〉에 주사 전자 현미경의 사진과 구조를 나타내었다.

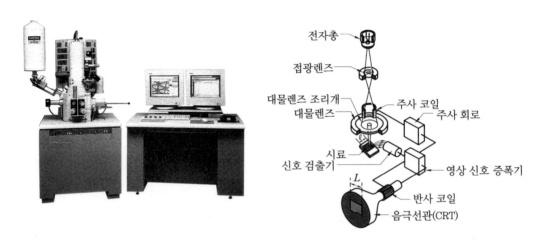

〈그림 6-31〉 주사 전자 현미경의 사진과 구조

〈그림 6-32〉는 AISI 8121 합금강의 조직을 나타낸 것이다. (a)는 등축 구조의 페라이트와 베이나이트가 존재하는 AISI 8121 합금강을 광학 현미경으로 관찰한 조직이고, (b)는 깊은 부 식 처리를 한 AISI 8121 합금강을 주사 전자 현미경으로 관찰한 조직이다.

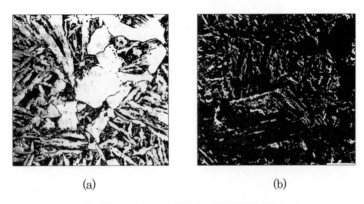

(a)   (b)

〈그림 6-32〉 AISI 8121 합금강의 조직

1. 인장 시험이란 무엇이며 측정할 수 있는 종류는 무엇인지 설명하시오.

2. 항복강도는 어떻게 표시하는지 설명하시오

3. 단면수축률이란 무엇인지 설명하시오.

4. 압축 시험이란 무엇이며 측정할 수 있는 종류는 무엇인지 설명하시오.

5. 굽힘 시험이란 무엇인지 설명하시오.

6. 경도 시험(hardness test)의 종류를 나열하시오.

7. 비커스 경도 시험의 특징이 무엇인지 설명하시오.

8. 충격 시험이란 무엇인지 설명하시오.

9. 피로한도란 무엇인지 설명하시오.

10. 초음파 탐상 시험의 장점은 무엇인지 설명하시오.

11. 방사선 투과 시험이란 무엇인지 설명하시오.

12. 자분 탐상 시험이란 무엇인지 설명하시오.

13. 침투 탐상 시험에 사용하는 현상액을 나열하시오.

14. 육안 검사란 무엇인지 설명하시오.

15. 설퍼프린트란 무엇인지 설명하시오.

16. 전자 현미경의 사용 목적과 종류에 대하여 설명하시오.

부 록

1. 원소 주기율표

범례:
- 원자량 — 55.847, 원소기호 — Fe, 원자번호 — 26, 원소명 — 철
- 원자가: 2, 3 (고딕숫자는 보다 안정한 원자가)
- 철족 원소(위 3개), 백금족 원소(아래 6개)
- 양쪽성 원소 / 금속 원소 / 비금속 원소
- 전이원소, 나머지는 전형원소
- [ ] 안의 원자량은 가장 안전한 동위체의 질량수

주기 \ 족	1A	2A	3B	4B	5B	6B	7B	0
1	1.00797 H 1 수소							4.0026 He 2 헬륨 0
2	6.939 Li 3 리튬	9.0122 Be 4 베릴륨	10.811 B 5 붕소 3	12.01115 C 6 탄소 ±4	14.0067 N 7 질소 ±3 5	15.9994 O 8 산소 −2	18.9984 F 9 플루오르 −1	20.179 Ne 10 네온 0
3	22.9898 Na 11 나트륨	24.312 Mg 12 마그네슘	26.9815 Al 13 알루미늄 3	28.086 Si 14 규소 4	30.9738 P 15 인 ±3 5	32.064 S 16 황 ±2 4 6	35.453 Cl 17 염소 ±1 5 7	39.948 Ar 18 아르곤 0
4	39.098 K 19 칼륨	40.08 Ca 20 칼슘 2	69.72 Ga 31 갈륨 3	72.59 Ge 32 게르마늄 4	74.9216 As 33 비소 ±3 5	78.96 Se 34 셀렌 −2 6	79.904 Br 35 브롬 −1 5	83.8 Kr 36 크립톤 0
5	85.47 Rb 37 루비듐	87.62 Sr 38 스트론튬 2	114.82 In 49 인듐 3	118.69 Sn 50 주석 2 4	121.75 Sb 51 안티몬 3 5	127.6 Te 52 텔루르 2	126.9044 I 53 요오드 ±1 5 7	131.3 Xe 54 크세논 0
6	132.905 Cs 55 세슘	137.34 Ba 56 바륨 2	204.37 Tl 81 탈륨 1 3	207.19 Pb 82 납 2 4	208.980 Bi 83 비스무트 3 5	[209] Po 84 폴로늄	[210] At 85 아스타틴	[222] Rn 86 라돈
7	[223] Fr 87 프랑슘	[226] Ra 88 라듐						

전이원소(8족·1B·2B):

주기	3A	4A	5A	6A	7A	8			1B	2B
4	44.956 Sc 21 스칸듐 3	47.9 Ti 22 티탄 3	50.942 V 23 바나듐 3 5	51.996 Cr 24 크롬 3 6	54.9380 Mn 25 망간 2	55.847 Fe 26 철 2 3	58.9332 Co 27 코발트 2 3	58.7 Ni 28 니켈 2 3	63.546 Cu 29 구리 2 3	65.38 Zn 30 아연 2
5	88.905 Y 39 이트륨 3	91.22 Zr 40 지르코늄	92.906 Nb 41 니오브	95.94 Mo 42 몰리브덴 5	[97] Tc 43 테크네튬 6	101.07 Ru 44 루테늄	102.905 Rh 45 로듐 4	106.4 Pd 46 팔라듐	107.868 Ag 47 은	112.40 Cd 48 카드뮴
6	란탄계열 57~71	178.49 Hf 72 하프늄	180.948 Ta 73 탄탈	183.85 W 74 텅스텐	186.2 Re 75 레늄	190.2 Os 76 오스뮴 4	192.2 Ir 77 이리듐 4	195.09 Pt 78 백금 4	196.967 Au 79 금 1 3	200.59 Hg 80 수은 1 2
7	악티늄계열 89~									

● 란탄 계열:

138.91 La 57 란탄 3	140.12 Ce 58 세륨 4	140.907 Pr 59 프라세오디뮴 3	144.24 Nd 60 네오디뮴 3	[145] Pm 61 프로메튬	150.35 Sm 62 사마륨 3	151.96 Eu 63 유로퓸 3	157.25 Gd 64 가돌리늄 3	158.925 Tb 65 테르븀 3	162.5 Dy 66 디스프로슘 3	164.93 Ho 67 홀뮴 3	167.26 Er 68 에르븀 3	168.934 Tm 69 툴륨 3	173.04 Yb 70 이테르븀 3	174.97 Lu 71 루테튬 3

◆ 악티늄계열:

[227] Ac 89 악티늄 3	232.038 Th 90 토륨 4	[231] Pa 91 프로트악티늄 3	238.03 U 92 우라늄 5	[237] Np 93 넵투늄 4	[244] Pu 94 플루토늄 4	[243] Am 95 아메리슘 3	[247] Cm 96 퀴륨	[247] Bk 97 버클륨	[251] Cf 98 칼리포르늄	[254] Es 99 아인시타이늄	[257] Fm 100 페르뮴	[258] Md 101 멘델레븀	[259] No 102 노벨륨	[260] Lr 103 로렌슘

2. SI 단위계

SI 기본단위와 보조단위

구 분	양(量)	단위의 명칭	단위의 기호
기본단위	길 이 질 량 시 간 전 류 온 도 광 도 물질의 양	미터 킬로그램 초 암페어 켈빈 칸델라 몰	m kg s A K cd mol
보조단위	평면각 입체각	라디안 스테라디안	rad sr

SI 유도단위

구 분	양(量)	단위의 명칭	단위의 기호 정의
고유명칭을 가진 SI 유도단위	주파수 힘 압력 · 응력 에너지, 일, 열량 일률, 동력 전압, 전위 전하, 전기량 조도	헤르츠 뉴턴 파스칼 줄 와트 볼트 쿨롬 럭스	$Hz = s^{-1}$ $N = kg \cdot m/s^2$ $Pa = N/m^2$ $J = N \cdot m$ $W = J/s$ $V = J/C = W/A$ $C = A \cdot s$ $lx = lm/m^2$
고유명칭을 사용한 SI 조립단위	점도 힘의 모멘트 표면장력 열류밀도 열용량 · 엔트로피 비열 열전도율 열관류율	파스칼초 뉴턴미터 뉴턴매미터 와트매제곱미터 줄매켈빈 줄매킬로그램켈빈 와트매미터켈빈 와트매제곱미터켈빈	$Pa \cdot s$ $N \cdot m$ N/m W/m^2 J/K $J/kg \cdot K$ $W/m \cdot K$ $W/m^2 \cdot K$

3. 미터계 단위 환산표

미터계 단위 환산표

양(量)	SI 단위		SI 이외의 미터계 단위				SI로의 환산율
			명칭			기호	
	명칭	기호	CGS계	중력계	기타		
부피	세제곱미터	m^3			리터	L	10^{-3}
시간	초	s			분(分) 시(時) 일(日)	min h d	60 3600 86400
질량	킬로그램	kg			톤(ton)	t	10^3
힘	뉴턴	N	다인	킬로그램중		dyn kgf	10^{-5} 9.80665
압력	파스칼	Pa		킬로그램중 매제곱미터	수주 미터 바 기압 수은주 미터 토르	kgf/m² mH$_2$O bar atm mHg torr	9.80665 9806.65 10^5 101325 101325/0.76 101325/760
응력	파스칼 뉴턴매제곱미터	Pa N/m²		킬로그램중 매제곱미터		kgf/m²	9.80665
에너지	줄	J	에르그	킬로그램중 미터	칼로리 와트시 마력시	erg kgf · m cal W · h PS · h	10^{-7} 9.80665 4.1868 3600 $\fallingdotseq 2.64779 \times 10^4$
열전도율	와트매미터 켈빈	W/m · K		킬로칼로리 매시미터도		kcal/h · m · ℃	1.163
열전달률 열통과율	와트매제곱미터 켈빈	W/m² · K		킬로칼로리매시 제곱미터도		kcal/h · m² · ℃	1.163
비열	킬로줄매킬로그램 켈빈	kJ/kg · K		킬로칼로리매 킬로그램도		kcal/kg · ℃	4.1868

4. 금속 재료 기호 표기법

재료 기호는 보통 3개의 문자로 표시하고 있으나, 때로는 5개의 문자로 표시하는 경우도 있다.

① **첫째 자리 문자**

재질을 표시하는 기호로서 영어의 머리 문자나 원소기호를 표시한다.

② **둘째 자리 문자**

규격명과 제품명을 표시하는 기호로서 판, 봉, 관, 선, 주조품 등 제품의 형상별 종류 등과 용도를 표시한다.

③ **셋째 자리 문자**

금속 종별의 기호로서 최저 인장 강도 또는 재질 종류 기호를 숫자 다음에 기입한다.

④ **넷째 자리 문자**

제조법을 표시한다.

⑤ **다섯째 자리 문자**

제품 형상 기호를 표시한다.

첫째 자리의 문자 (재질 명칭)

기 호	재 질	기 호	재 질
Al	알루미늄(aluminium)	MgA	마그네슘 합금(magnesium alloy)
AlA	알루미늄 합금(Al alloy)	NBS	네이벌 황동(naval brass)
Br	청동(bronze)	Nis	양은(nickel silver)
Bs	황동(brass)	PB	인청동(phosphor bronze)
C	초경질 합금(carbide alloy)	Pb	납(lead)
Cu	동(copper)	S	강철(steel)
F	철(ferrum)	Szb	실진 청동(silzin bronze)
HBs	강력 황동(high strength brass)	W	화이트메탈(white metal)
L	경합금(light alloy)	Zn	아연(zinc)
K	켈밋(kelmet)		

둘째 자리의 문자 (규격명과 제품명)

기 호	재 질	기 호	재 질
AU	자동차용재	KH	철과 고속도강(high sped steel)
B	비철금속봉재	L	궤도(rail)
B	철과 강 보일러(bolier)용 압연재	M	조선용(marine) 압연재
Br	단조용 봉재(forging bar)	MR	조선용 리벳(marine rivet)
BM	비철금속 절삭용(machining) 봉재	N	철과 니켈강(nickel steel)
BR	철과 강 보일러용 리벳(rivet)	NC	니켈크롬강(nickel chromium steel)
C	철과 비철주조품(casting)	NS	스테인리스강(stainless steel)
CM	철과 강 가단 주조품(malleable casting)	P	비철금속 판재(plate)
DB	볼트, 너트용 냉간인발(balt drawn)	S	철과 강 구조용 압연재
E	발동기(engine)	SC	철과 강 철근 콘크리트용 봉재
F	철과 강 단조품(forging)	T	철과 비철 관(tube)
G	게이지(gauge) 용재	TO	공구강(tool steel)
GP	철과 강 가스 파이프(gas pipe)	UP	철과 강 스프링강(spring steel)
H	철과 강 표면 경화(case hardning)	V	철과 강 리벳(rivet)
HB	최강 봉재(high strenghth bar)	W	철과 강 와이어(wire)
K	철과 강 공구강(tool steel)	WP	철과 강 피아노선(piano wire)

셋째 자리의 문자 (금속 종별)

① 인장강도를 kg/mm^2의 수치로 표시한다.

② 숫자 다음에 A는 연질, B는 반경질, C는 경질 등을 기입한다.

③ 단위 길이당 중량을 괄호 안에 기입한다.

셋째 자리의 문자 (금속 기호의 끝에 특별히 첨부하는 기호)

구 분	기 호	기호의 의미	구 분	기 호	기호의 의미
종별에 의한 기호	A B C D E	갑 을 병 정 무	알루미늄 합금의 열처리 기호	A B	형강 봉강
가공법, 용도, 형상 등에 의한 기호	D CK F C P F	냉각, 인발, 절삭, 연삭 표면 경화용 평판(아연철판) 파판(아연철판) 강판(일반용 연강재) 평강(일반용 연강재)		F O H $1/2$H W T_2 T_4	열처리를 하지 않은 재질 풀림 처리한 재질 가공 경화한 재질 반경질 담금질한 후 시효 경화 진행 중의 재료 풀림 처리한 재료(주물용) 담금질한 후 뜨임 처리한 재료

넷째 자리의 문자 (제조법)

기 호	재 질	기 호	재 질
Oh	평로강(open hearth steed)	Cc	도가니강(crucible steel)
Oa	산성(acidic) 평로강	R	압연(rolled)
Ob	염기성(basic) 평로강	F	단조(forged)
Bes	전로강(bessemer steel)	Ex	압출(extruded)
E	전기로강(electric steel)	D	인발(drawn)

다섯째 자리의 문자 (제품 형상 기호)

기 호	제 품	기 호	제 품	기 호	제 품
P	강판	□	각재	▱	평강
○	둥근강	⑥	6각강	I	I 형강
◎	파이프	8	8각강	⊏	채널(channel)

5. 철강 및 비철금속 재료 기호

KS D

KS D	명 칭	종류 기호	인장 강도 (N/mm²)	용 도
3503	일반구조용 압연 강재 (rolled steels for general structure)	SS330	330~430	강판, 평강, 봉강 및 강대
		SS400	400~510	강판, 강대, 평강, 봉강 및 형강
		SS490	490~610	두께 40mm 이하의 강판, 강대, 형강, 평강 및 지름, 변 또는 맞변 거리 40 mm 이하의 봉강
		SS540	540 이상	
		SS590	590 이상	

KS D	명 칭	종류 기호	항복 강도 (N/mm²)	용 도
3504	철근 콘크리트용 봉강 (steel bars for concrete reinforcement)	SD300	300	일반용
		SD350	350	
		SD400	400	
		SD500	500	
		SD600	600	
		SD700	700	
		SD400W	400	용접용
		SD500W	500	

KS D	명 칭	종류 기호	인장 강도 (N/mm²)	용 도
3507	배관용 탄소 강관 (carbon steel pipes for ordinary piping)	SSP (흑관, 백관)	294 이상	사용 압력이 비교적 낮은 증기, 물 (상수도용은 제외), 기름, 가스, 공기 등의 배관에 사용

흑관 : 아연 도금을 하지 않은 관, 백관 : 흑관에 아연 도금을 한 관

배관용 탄소 강관의 치수

호칭지름 A	호칭지름 B	바깥지름 (mm)	두께(mm)	호칭지름 A	호칭지름 B	바깥지름 (mm)	두께 (mm)
6	$\frac{1}{8}$	10.5	2.0	125	5	139.8	4.85
8	$\frac{1}{4}$	13.8	2.35	150	6	165.2	4.85
10	$\frac{3}{8}$	17.3	2.35	175	7	190.7	5.3
15	$\frac{1}{2}$	21.7	2.65	200	8	216.3	5.85
20	$\frac{3}{4}$	27.2	2.65	225	9	241.8	6.2
25	1	34.0	3.25	250	10	267.4	6.40
32	$1\frac{1}{4}$	42.7	3.25	300	12	318.5	7.00
40	$1\frac{1}{2}$	48.6	3.25	350	14	355.6	7.60
50	2	60.5	3.65	400	16	406.4	7.9
65	$2\frac{1}{2}$	76.3	3.65	450	18	457.2	7.9
80	3	89.1	4.05	500	20	508.0	7.9
90	$3\frac{1}{2}$	101.6	4.05	550	22	558.8	7.9
100	4	114.3	4.5	600	24	609.6	7.9

(계속)

KS D	명 칭	종류 기호	인장 강도 (N/mm²) (지름 4mm의 경우)	용 도
3510	경강선 (hard drawn steel wires)	SW−A	1180~1370	0.08mm 이상 10.0mm 이하
		SW−B	1370~1570	0.08mm 이상 13.0mm 이하 주로 정하중을 받는 스프링용
		SW−C	1570~1770	

표준 선 지름										(단위 : mm)
0.08	0.09	0.10	0.12	0.14	0.16	0.18	0.20	0.23	0.26	
0.29	0.32	0.35	0.40	0.45	0.50	0.55	0.60	0.65	0.70	
0.80	0.90	1.00	1.20	1.40	1.60	1.80	2.00	2.30	2.60	
2.90	3.20	3.50	4.00	4.50	5.00	5.50	6.00	6.50	7.00	
8.00	9.00	10.0	11.0	12.0	13.0					

KS D	명 칭	종류 기호	인장 강도 (N/mm²)	용 도
3512	냉간 압연 강판 및 강대 (reduced carbon steel sheets and strip)	SPCC	–	일반용
		SPCD	270 이상	드로잉용
		SPCE	270 이상	딥드로잉용
		SPCF	270 이상	비시효성 딥드로잉용
		SPCG	270 이상	비시효성 초딥드로잉용

KS D	명 칭	종류 기호	인장 강도 (N/mm²)	용 도
3515	용접 구조용 압연 강재 (rolled steels for welded structure)	SM400A	400~510	강판, 강대, 형강 및 평강 두께 200 mm 이하
		SM400B		
		SM400C		
		SM490A	490~610	
		SM490B		
		SM490C		강판, 강대, 형강 및 평강 두께 100mm 이하
		SM490YA	490~610	
		SM490YB		
		SM520B	520~640	
		SM520C		
		SM570	570~720	

KS D	명 칭	종류 기호	인장 강도 (N/mm²)	용 도
3517	기계 구조용 탄소강관 (carbon steel tubes for machine structural purposes)	STKM 11 A	290 이상	기계, 자동차, 자전거, 가구, 기구, 기타 기계 부품에 사용하는 탄소 강관
		STKM 12 A	340 이상	
		STKM 12 B	390 이상	
		STKM 12 C	470 이상	
		STKM 13 A	370 이상	

(계속)

KS D	명 칭	종류 기호	인장 강도 (N/mm²)	용 도
3517	기계 구조용 탄소강관 (carbon steel tubes for machine structural purposes)	STKM 13 B	440 이상	기계, 자동차, 자전거, 가구, 기구, 기타 기계 부품에 사용하는 탄소 강관
		STKM 13 C	510 이상	
		STKM 14 A	410 이상	
		STKM 14 B	500 이상	
		STKM 14 C	550 이상	
		STKM 15 A	470 이상	
		STKM 15 C	580 이상	
		STKM 16 A	510 이상	
		STKM 16 C	620 이상	
		STKM 17 A	550 이상	
		STKM 17 C	650 이상	
		STKM 18 A	440 이상	
		STKM 18 B	490 이상	
		STKM 18 C	510 이상	
		STKM 19 A	490 이상	
		STKM 19 C	550 이상	
		STKM 20 A	540 이상	

A는 열간 가공한 채 또는 열처리한 것.
C는 냉간 가공한 채 또는 응력 제거 어닐링을 한 것.
B는 "A", "C" 이외의 것.

KS D	명 칭	종류 기호		퀜칭템퍼링 경도 HRC	용 도
3522	고속도 공구강 강재 (high speed tool steels)	텅스텐계	SKH 2	63 이상	일반절삭용 기타 각종 공구
			SKH 3	64 이상	고속 중절삭용 기타 각종 공구
			SKH 4	64 이상	난삭재 절삭용 기타 각종 공구
			SKH 10	64 이상	고난삭재 절삭용 기타 각종 공구
		분말야금으로 제조한 몰리브덴계	SKH 40	65 이상	경도, 인성, 내마모성을 필요로 하는 일반 절삭용 기타 각종 공구
		몰리브덴계	SKH 50	63 이상	인성을 필요로 하는 일반 절삭용, 기타 각종 공구
			SKH 51	64 이상	
			SKH 52	64 이상	비교적 인성을 필요로 하는 고경도재 절삭용 기타 각종 공구
			SKH 53	64 이상	
			SKH 54	64 이상	고난삭재 절삭용 기타 각종 공구

KS D	명칭	종류 기호		퀜칭템퍼링 경도 HRC	용도
3522	고속도 공구강 강재 (high speed tool steels)	몰리브덴계	SKH 55	64 이상	비교적 인성을 필요로 하는 고속 중 절삭용 기타 각종 공구
			SKH 56	64 이상	
			SKH 57	64 이상	고난삭재 절삭용 기타 각종 공구
			SKH 58	64 이상	인성을 필요로 하는 일반 절삭용 기타 각종 공구
			SKH 59	66 이상	비교적 인성을 필요로 하는 고속 중절삭용 기타 각종 공구

KS D	명칭	종류 기호	구상화 어닐링 경도		용도
			브리넬 경도 HB	로크웰 경도 HRB	
3525	고탄소 크로뮴 베어링 강재 (high carbon chromium bearing steels)	STB 1	201 이하	94 이하	구름 베어링
		STB 2	201 이하	94 이하	
		STB 3	207 이하	95 이하	
		STB 4	201 이하	94 이하	
		STB 5	207 이하	95 이하	

KS D	명칭	종류 기호		비커스 경도 HV	용도
3551	특수 마대강 (냉연특수강대) (cold rolled special steel strip)	탄소강	S 30 CM	160 이하	리테이너
			S 35 CM	170 이하	사무기 부품, 프리 쿠션 플레이트
			S 45 CM	170 이하	클러치 부품, 체인 부품, 리테이너, 와셔
			S 50 CM	180 이하	카메라 등 구조 부품, 체인 부품, 스프링, 클러치 부품, 와셔, 안전 버클
			S 55 CM	180 이하	스프링, 안전화, 깡통따개, 톱슨 날, 카메라 등 구조 부품
			S 60 CM	190 이하	체인 부품, 목공용 안내톱, 안전화, 스프링, 사무기 부품, 와셔
			S 65 CM	190 이하	안전화, 클러치 부품, 스프링, 와셔
			S 70 CM	190 이하	스프링, 와셔, 목공용 안내톱, 사무기 부품
			S 75 CM	200 이하	클러치 부품, 와셔, 스프링
		탄소공구강	SK 2 M	220 이하	면도날, 칼날, 쇠톱, 셔터, 태엽
			SK 3 M	220 이하	쇠톱, 칼날, 스프링

(계속)

KS D	명 칭	종류 기호		비커스 경도 HV	용 도
3551	특수 마대강 (냉연특수강대) (cold rolled special steel strip)	탄소공구강	SK 4 M	210 이하	펜촉, 태엽, 게이지, 스프링, 칼날, 메리야스용 바늘
			SK 5 M	200 이하	태엽, 스프링, 칼날, 메리야스용 바늘, 게이지, 클러치 부품, 목공용 및 제재용 띠톱, 둥근톱, 사무기 부품
			SK 6 M	190 이하	스프링, 칼날, 클러치 부품, 와셔, 구두밑창, 혼
			SK 7 M	190 이하	스프링, 칼날, 혼, 목공용 안내톱, 와셔, 구두밑창, 클러치 부품
		합금공구강	SKS 2 M	230 이하	메탈 밴드톱, 쇠톱, 칼날
			SKS 5 M	200 이하	칼날, 둥근톱, 목공용 및 제재용 띠톱
			SKS 51 M	200 이하	칼날, 목공용 둥근톱, 목공용 및 제재용 띠톱
			SKS 7 M	250 이하	메탈 밴드톱, 쇠톱, 칼날
			SKS 95 M	200 이하	클러치 부품, 스프링, 칼날
		크롬강	SCr 420 M	180 이하	체인 부품
			SCr 435 M	190 이하	체인 부품, 사무기 부품
			SCr 440 M	200 이하	체인 부품, 사무기 부품
		니켈 크롬강	SNC 415 M	170 이하	사무기 부품
			SNC 631 M	180 이하	사무기 부품
			SNC 836 M	190 이하	사무기 부품
		니켈 크롬 몰리브덴강	SNCM 220 M	180 이하	체인 부품
			SNCM 415 M	170 이하	안전 버클, 체인 부품
		크롬 몰리브덴강	SCM 415 M	170 이하	체인 부품, 톰슨 날
			SCM 430 M	180 이하	체인 부품, 사무기 부품
			SCM 435 M	190 이하	체인 부품, 사무기 부품
			SCM 440 M	200 이하	체인 부품, 사무기 부품
		스프링강	SUP 6M	210 이하	스프링
			SUP 9M	200 이하	스프링
			SUP 10M	200 이하	스프링
		망간강	SMn 438 M	200 이하	체인 부품
			SMn 443 M	200 이하	체인 부품

KS D	명 칭	종류 기호		인장 강도 (N/mm²) (지름 4mm의 경우)	용 도
3522	철선 (low carbon steel wires)	보통 철선	SWM-B	440~1030	일반용, 철망용
			SWM-F	320~1270	후도금용, 용접용
		못용 철선	SWM-N	590~1030	못용
		어닐링 철선	SWM-A	260~590	일반용, 철망용
		용접철망용 철선	SWM-P	540 이상	용접철망용, 콘크리트 보강용
			SWM-R	540 이상	
			SWM-I	540 이상	

표준 선 지름   (단위 : mm)

0.10	0.12	0.14	0.16	0.18	0.20	0.22	0.24	0.26	0.28	0.30	0.32	0.35
0.40	0.45	0.50	0.55	0.62	0.70	0.80	0.90	1.00	1.20	1.40	1.60	1.80
2.00	2.30	2.60	2.90	3.20	3.50	4.00	4.50	5.00	5.50	6.00	6.50	7.00
7.50	8.00	8.50	9.00	10.0	11.0	12.0	13.0	14.0	15.0	16.0	17.0	180

KS D	명 칭	종류 기호	인장 강도 (N/mm²) (지름 4mm의 경우)	용 도
3556	피아노선 (piano wires)	PW-1	1670~1810	주로 동하중을 받는 스프링
		PW-2	1810~1960	밸브 스프링 또는 이에 준하는 스프링
		PW-3	1670~1810	

KS D	명 칭	종류 기호	화학성분별 분류	용 도
3701	스프링강 (spring steels)	SPS 6	실리콘 망간 강재	겹판 스프링, 코일 스프링 및 비틀림 막대 스프링
		SPS 7		
		SPS 9	망간 크롬 강재	
		SPS 9A		
		SPS 10	크롬 바나듐 강재	코일 스프링 및 비틀림 막대 스프링
		SPS 11A	망간 크롬 보론 강재	대형 겹판 스프링, 코일 스프링 및 비틀림 막대 스프링
		SPS 12	실리콘 크롬 강재	코일 스프링
		SPS 13	크롬 몰리브덴 강재	대형 겹판 스프링, 코일 스프링

(계속)

KS D	명 칭	종류 기호	인장 강도 (N/mm^2)	경도 HB	열처리의 종류
3710	탄소강 단강품 (carbon steel forgings for general use)	SF 340 A	340~440	90 이상	어닐링, 노멀라이징 또는 노멀라이징 템퍼링
		SF 390 A	390~490	105 이상	
		SF 440 A	440~540	121 이상	
		SF 490 A	490~590	134 이상	
		SF 540 A	540~640	152 이상	
		SF 590 A	590~690	167 이상	
		SF 540 B	540~690	152 이상	퀜칭 템퍼링
		SF 590 B	590~740	167 이상	
		SF 640 B	640~780	183 이상	

KS D	명 칭	종류 기호 (화학성분 C%의 평균값임.)	화학성분 C %	퀜칭 템퍼링 경도 HRC	용 도
3751	탄소 공구강 강재 (carbon tool steels) ( ) 안의 기호는 구 KS의 종류 기호임.	STC 140 (STC1)	1.30~1.50	63 이상	칼줄, 벌줄
		STC 120(STC2)	1.15~1.25	62 이상	드릴, 철공용 줄, 소형 펀치, 면도날, 태엽, 쇠톱
		STC 105(STC3)	1.00~1.10	61 이상	나사 가공 다이스, 쇠톱, 프레스형틀, 게이지, 태엽, 끌, 치공구
		STC 95 (STC4)	0.90~1.00	61 이상	태엽, 목공용 드릴, 도끼, 끌, 메리야스 바늘, 면도칼, 목공용 띠톱, 펜촉, 프레스형틀, 게이지
		STC 90	0.85~0.95	60 이상	프레스형틀, 태엽, 게이지, 침
		STC 85 (STC5)	0.80~0.90	59 이상	각인, 프레스형틀, 태엽, 띠톱, 치공구, 원형톱, 펜촉, 등사판 줄, 게이지 등
		STC 80	0.75~0.85	58 이상	각인, 프레스형틀, 태엽
		STC 75 (STC6)	0.70~0.80	57 이상	각인, 스냅, 원형톱, 태엽, 프레스형틀, 등사판 줄 등
		STC 70	0.65~0.75	57 이상	각인, 스냅, 프레스형틀, 태엽
		STC 65 (STC7)	0.60~0.70	56 이상	각인, 스냅, 프레스형틀, 나이프 등
		STC 60	0.55~0.65	55 이상	각인, 스냅, 프레스형틀

KS D	명 칭	종류 기호 (화학성분 C%의 평균값임.)	화학성분 C %	인장 강도 (N/mm^2)	열처리의 종류	적용 범위
3752	기계 구조용 탄소 강재	SM 10C	0.08~0.13	314 이상	노멀라이징 · 어닐링	
		SM 12C	0.10~0.15	373 이상		
		SM 15C	0.13~0.18			

KS D	명칭	종류 기호 (화학성분 C%의 평균값임.)	화학성분 C %	인장 강도 (N/mm²)	열처리의 종류	적용 범위
3752	기계 구조용 탄소 강재 (carbon steel for machine structural use)	SM 17C	0.15~0.20	402 이상	노멀라이징 · 어닐링	열간 압연, 열간 단조 등 열간 가공에 의해 제조한 것으로, 보통 다시 단조, 절삭 등의 가공 및 열처리를 하여 사용된다.
		SM 20C	0.18~0.23			
		SM 22C	0.20~0.25	441 이상		
		SM 25C	0.22~0.28			
		SM 28C	0.25~0.31	539 이상	노멀라이징 · 어닐링 · 퀜칭 · 템퍼링	
		SM 30C	0.27~0.33			
		SM 33C	0.30~0.36	569 이상		
		SM 35C	0.32~0.38			
		SM 38C	0.35~0.41	608 이상		
		SM 40C	0.37~0.43			
		SM 43C	0.40~0.46	686 이상		
		SM 45C	0.42~0.48			
		SM 48C	0.45~0.51	735 이상		
		SM 50C	0.47~0.53			
		SM 53C	0.50~0.56	785 이상		
		SM 55C	0.52~0.58			SM 9CK, SM 15CK, SM 20CK는 침탄용이다.
		SM 58C	0.55~0.61	785 이상		
		SM 9CK	0.07~0.12	392 이상		
		SM 15CK	0.13~0.18	490 이상		
		SM 20CK	0.18~0.23	539 이상		

KS D	명칭	구분	종류 기호	퀜칭 템퍼링 경도 HRC	용도
3753	합금 공구강 강재 (alloys tool steels)	절삭 공구용	STS 11	62 이상	절삭공구, 냉간 드로잉용 다이스 · 센터드릴
			STS 2	61 이상	탭, 드릴, 커터, 프레스형틀, 나사 가공 다이스
			STS 21	61 이상	
			STS 5	45 이상	원형톱, 띠톱
			STS 51	45 이상	
			STS 7	62 이상	쇠톱
			STS 81	63 이상	인물(칼,대패), 쇠톱, 면도날
			STS 8	63 이상	줄

(계속)

KS D	명 칭	구 분	종류 기호	퀜칭 템퍼링 경도 HRC	용 도
3753	합금공구강강재 (alloys tool steels)	내충격 공구용	STS 4	56 이상	끌, 펀치, 칼날
			STS 41	53 이상	
			STS 43	63 이상	헤딩 다이스, 착암기용 피스톤
			STS 44	60 이상	끌, 헤딩 다이스
		냉간 금형용	STS 3	60 이상	게이지, 나사 절단 다이스, 절단기, 칼날
			STS 31	61 이상	게이지, 프레스형틀, 나사 절단 다이스
			STS 93	63 이상	게이지, 칼날, 프레스형틀
			STS 94	61 이상	
			STS 95	59 이상	
			STD 1	62 이상	신선용 다이스, 포밍 다이스, 분말 성형틀
			STD 2	62 이상	
			STD 10	61 이상	신선용 다이스, 전조 다이스, 금속 인물, 포밍 다이스, 프레스형틀
			STD 11	58 이상	게이지, 포밍 다이스, 나사 전조 다이스, 프레스형틀
			STD 12	60 이상	
		열간 금형용	STD 4	42 이상	프레스형틀, 다이캐스팅형틀, 압출 다이스
			STD 5	48 이상	
			STD 6	48 이상	
			STD 61	50 이상	
			STD 62	48 이상	다이스형틀, 프레스형틀
			STD 7	46 이상	프레스형틀, 압출공구
			STD 8	48 이상	다이스형틀, 압출공구, 프레스형틀
			STF 3	42 이상	주조형틀, 압출공구, 프레스형틀
			STF 4	42 이상	
			STF 6	52 이상	

(계속)

KS D	명 칭	구 분	종류 기호 (종류 기호의 두 번째, 세 번째 수치는 화학성 분 C %의 평균값임.)	화학성분 C %	표면 담금질용	적용 범위
3867	기계구조용 합금강 강재 (low alloyed steels for machine structual use)	망간강	SMn 420	0.17~0.23	○	열간 압연, 열간 단조 등 열간 가공에 의해 만들어진 것으로, 보통 다시 단조, 절삭, 냉간 인발 등의 가공과 퀜칭 템퍼링, 노멀라이징, 침탄 퀜칭 등의 열처리를 하여 주로 기계 구조용으로 사용된다.
		망간강	SMn 433	0.30~0.36		
		망간강	SMn 438	0.35~0.41		
		망간강	SMn 443	0.40~0.46		
		망간 크롬강	SMnC 420	0.17~0.23	○	
		망간 크롬강	SMnC 443	0.40~0.46		
		크롬강	SCr 415	0.13~0.18	○	
		크롬강	SCr 420	0.18~0.23	○	
		크롬강	SCr 430	0.28~0.33		
		크롬강	SCr 435	0.33~0.38		
		크롬강	SCr 440	0.38~0.43		
		크롬강	SCr 445	0.43~0.48		
		크롬 몰리브덴강	SCM 415	0.13~0.18	○	
		크롬 몰리브덴강	SCM 418	0.16~0.21	○	
		크롬 몰리브덴강	SCM 420	0.18~0.23	○	
		크롬 몰리브덴강	SCM 421	0.17~0.23	○	
		크롬 몰리브덴강	SCM 425	0.23~0.28		
		크롬 몰리브덴강	SCM 430	0.28~0.33		
		크롬 몰리브덴강	SCM 432	0.27~0.37		
		크롬 몰리브덴강	SCM 435	0.33~0.38		
		크롬 몰리브덴강	SCM 440	0.38~0.43		
		크롬 몰리브덴강	SCM 445	0.43~0.48		
		크롬 몰리브덴강	SCM 822	0.20~0.25	○	
		니켈 크롬강	SNC 236	0.32~0.40		
		니켈 크롬강	SNC 415	0.12~0.18	○	
		니켈 크롬강	SNC 631	0.27~0.35		
		니켈 크롬강	SNC 815	0.12~0.18	○	
		니켈 크롬강	SNC 836	0.32~0.40		
		니켈 크롬 몰리브덴강	SNCM 220	0.17~0.23	○	
		니켈 크롬 몰리브덴강	SNCM 240	0.38~0.43		
		니켈 크롬 몰리브덴강	SNCM 415	0.12~0.18	○	
		니켈 크롬 몰리브덴강	SNCM 420	0.17~0.23	○	
		니켈 크롬 몰리브덴강	SNCM 431	0.27~0.35		
		니켈 크롬 몰리브덴강	SNCM 439	0.36~0.43		
		니켈 크롬 몰리브덴강	SNCM 447	0.44~0.50		
		니켈 크롬 몰리브덴강	SNCM 616	0.13~0.20	○	
		니켈 크롬 몰리브덴강	SNCM 625	0.20~0.30		
		니켈 크롬 몰리브덴강	SNCM 630	0.25~0.35		
		니켈 크롬 몰리브덴강	SNCM 815	0.12~0.18	○	

(계속)

KS D	명 칭	종류 기호	인장 강도 (N/mm²)	용 도	
4101	탄소강 주강품 (carbon steel castings)	SC 360	360 이상	일반 구조용, 전동기 부품용	
		SC 410	410 이상	일반 구조용	
		SC 450	450 이상	일반 구조용	
		SC 480	480 이상	일반 구조용	

KS D	명 칭	종류 기호	인장 강도 (N/mm²)	경도 HB	적용 범위
4301	회주철품 (gray iron castings)	GC 100	100 이상	201 이하	편상 흑연을 함유한 주철품
		GC 150	150 이상	212 이하	
		GC 200	200 이상	223 이하	
		GC 250	250 이상	241 이하	
		GC 300	300 이상	262 이하	
		GC 350	350 이상	277 이하	

KS D	명 칭	종류 기호	인장 강도 (N/mm²)	재 질	용 도
5101	구리 및 구리 합금 봉 (copper and copper alloy rods and bars) 압출, 인발, 단조에 의해 제작된 원형, 정육각형, 정사각형, 직사각형, 단면 구리 및 구리 합금 봉제품임.	C 1020	195 이상	무산소동	전기용, 화학공업용
		C 1100		타프피치동	전기 부품, 화학 공업용
		C 1201		인탈산동	용접용, 화학 공업용
		C 1220			
		C 2600	275 이상	황동	기계 부품, 전기 부품
		C 2700	295 이상		
		C 2745	295 이상		
		C 2800	315 이상		
		C 3533	315 이상	내식 황동	수도꼭지, 밸브
		C 3601	295 이상	쾌삭 황동	볼트, 너트, 작은 나사, 스핀들, 기어, 밸브, 라이터, 시계, 카메라 부품 등
		C 3602	315 이상		
		C 3603	315 이상		
		C 3604	335 이상		
		C 3605	335 이상		
		C 3712	315 이상	단조 황동	기계 부품
		C 3771			밸브, 기계 부품
		C 4622	345 이상	네이벌 황동	선박용 부품, 샤프트 등
		C 4641	345 이상		
		C 4860	315 이상	내식 황동	수도꼭지, 밸브, 선박용 부품
		C 4926	335 이상	무연 황동	전기전자 부품, 자동차 부품, 정밀 가공용
		C 4934	335 이상	무연 내식 황동	수도꼭지, 밸브
		C 6161	590 이상	알루미늄 청동	차량 기계용, 화학 공업용, 선박용의 기어 피니언, 샤프트, 부시 등
		C 6191	685 이상		
		C 6241	685 이상		
		C 6782	460 이상	고강도 황동	선박용 프로펠러 축, 펌프 축 등
		C 6783	510 이상		

(계속)

KS D	명칭	종류 기호	인장 강도 (N/mm²)	용도
6763	알루미늄 및 알루미늄 합금 봉 및 선 (aluminium and aluminium alloy bars and wires)	A 1070	54 이상	순 알루미늄으로 강도는 낮으나 열이나 전기의 전도성은 높고 용접성, 내식성이 양호하다. 용접선 등
		A 1050	64 이상	
		A 1100	74 이상	강도는 비교적 낮으나 용접성, 내식성이 양호하다. 열교환기 부품 등
		A 1200	74 이상	
		A 2011	314 이상	절삭 가공성이 우수한 쾌삭합금으로 강도가 높다. 볼륨축, 광학 부품, 나사류 등
		A 2014	245 이상	열처리 합금으로 강도가 높고 단조품에도 적용된다. 항공기 부품, 유압 부품 등
		A 2017	245 이상	내식성, 용접성은 나쁘지만 강도가 높고 절삭 가공성도 양호하다. 스핀들, 항공기용재, 자동차용 부재 등
		A 2117	196 이상	용체화 처리 후 코킹하는 리벳용재로 상온 시효 속도를 느리게 한 합금이다. 리벳용재 등
		A 2024	245 이상	2017보다 강도가 높고 절삭 가공성이 양호하다. 스핀들, 항공기용재, 볼트재 등
		A 3003	94 이상	1100보다 약간 강도가 높고, 용접성, 내식성이 양호하다. 열교환기 부품 등
		A 5052	177 이상	중간 정도의 강도가 있고, 내식성, 용접성이 양호하다. 리벳용재, 일반 기계 부품 등
		A 5N02	226 이상	리벳용 합금으로 내식성이 양호하다. 리벳용재 등
		A 5056	245 이상	내식성, 절삭 가공성, 양극 산화처리성이 양호하다. 광학기기, 통신기기 부품, 파스너 등
		A 5083	275 이상	비열처리 합금 중에서 가장 강도가 크고, 내식성, 용접성이 양호하다. 일반 기계 부품 등
		A 6061	147 이상	열처리형 내식성 합금이다. 리벳용재, 자동차용 부품 등
		A 6063	131 이상	6061보다 강도는 낮으나, 내식성, 표면처리성이 양호하다. 열교환기 부품 등
		A 6066	200 이상	열처리형 합금으로 내식성이 양호하다.
		A 6262	265 이상	
		A 7003	284 이상	7N01보다 강도는 약간 낮으나, 압출성이 양호하다. 용접구조용 재료 등
		A 7N01	245 이상	강도가 높고, 내식성도 양호한 용접구조용 합금이다. 일반 기계 부품 등
		A 7075	539 이상	알루미늄 합금 중 가장 강도가 큰 합금의 하나이다. 항공기용 부품 등
		A 7178	118 이상	고강도 알루미늄 합금으로 구조용 재료 등에 활용된다.

연습 문제 정답 및 해설

1. ① 고체 상태에서 결정 구조를 갖는다.
   ② 금속 광택을 갖는다.
   ③ 상온에서 고체이다.(수은(Hg)은 예외)
   ④ 전기 및 열의 양도체이다.
   ⑤ 전성 및 연성이 양호하다.
   ⑥ 소성 변형이 있어 가공하기 쉽다.

2. ① 인장강도(tensile strength)
   ② 압축강도(compression strength)
   ③ 굽힘강도(bending strength)
   ④ 전단강도(shearing strength)
   ⑤ 비틀림강도(torsion strength)

3. 금속 재료를 고온에서 일정한 하중을 계속하여 가하게 되면 시간이 경과함에 따라 재료의 변형이 증가하는 현상을 크리프(creep)라 한다.

4. 금속이 용융할 때에는 시간이 지나도 온도는 상승하지 않고, 금속 전부가 용해되어야만 온도가 상승한다. 이 현상은 금속이 응고될 때에도 같으며, 이와 같은 현상에 필요한 열량을 용융 잠열(melting latent heat)이라 한다.

5. 일반적으로 금속 재료는 전기를 잘 전도하며 전기 저항이 작다. 도전율(conductivity)은 전기 저항의 역수로서 전기 전도도(electric conductivity)라 한다. 전기 저항은 길이 1m, 단면적 1mm²의 선의 저항을 옴(Ω)으로 나타낸 것으로 이 저항을 고유 저항 또는 비저항(specific resistance)이라 한다.

6. K > Ca > Na > Mg > Zn > Fe > Co > Pb > H > Cu > Hg > Ag > Pt > Au

7. ① G가 N보다 크면 적은 양의 핵이 생성되어 S가 조대해진다.

② G가 N보다 작으면 많은 양의 핵이 생성되어 S가 미세해진다.

③ G와 N이 교차하는 경우 조대한 결정립과 미세한 결정립이 나타난다.

8. 용융 금속은 온도가 높은 중심부보다 온도가 낮은 외부의 주형면과 접촉된 부분부터 응고가 시작되며, 중심부 방향으로 결정이 성장한다. 주형면으로부터 중심 방향으로 가늘고 긴 기둥 모양이 생기는데, 이것을 주상 조직(columnar structure)이라 한다.

9. Li, Na, K, α-Ti, V, Mo, W, α-Fe, δ-Fe, Nb, β-Zr

10. 기저면(basal plane) : (0001)
    각통면(prismatic plane) : ($1\bar{1}00$)
    각추면(pyramidal plane) : ($10\bar{1}1$)

11. 한 물질 또는 몇 개의 물질의 집합이 외부와 분리되어 하나의 상태를 취할 때 이것을 계(system)라 한다.

12. 두 성분의 금속을 액체 상태에서 융합하여 응고시키면 균일한 조성의 고체가 된다. 금속은 고체 상태에서 결정 구조를 가지므로 용매인 금속 결정 중에 용질인 금속 또는 비금속 원자가 들어간 상태를 고용체(solid solution)라 한다.

13. 두 성분 금속이 용해 상태에서는 균일한 융액으로 되나, 응고 후에는 성분 금속의 결정이 분리되어 두 성분 금속이 전율고용체를 만들지 않고 기계적으로 혼합된 조직이 될 때 공정(eutectic)이라 하고, 이 조직을 공정 조직(eutectic structure)이라 한다.

14. 물체에 외력을 가하면 재료 내부에 응력이 생긴다. 이때 외력이 제거되면 재료가 원형으로 복구되는 현상을 탄성 변형(elastic deformation)이라 하고, 외력이 제거되어도 재료에 영구 변형이 남아 있는 현상을 소성 변형(plastic deformation)이라 한다.

15. 버거스 벡터와 전위선이 수직인 칼날 전위(edge dislocation), 버거스 벡터와 전위선이 평행인 나사 전위(screw dislocation), 칼날 전위와 나사 전위가 혼합된 혼합 전위(mixed dislocation)가 있다.

16. 격자 결함에는 점 결함(point defect), 선결함(line defect), 면 결함(plane defect), 부피 결함(bulk defect)이 있다.

17. ① 재료에 큰 변형이 없다.

② 가공비와 연료비가 적게 든다.

③ 제품 표면이 미려하다.

④ 공정 관리가 쉽다.

18. 냉간 가공된 금속을 풀림 처리하면 결정립의 모양이나 결정의 방향에는 변화를 일으키지 않지만 가공으로 발생된 결정 내부의 변형 에너지와 항복강도 등은 감소하여 기계적, 물리적 성질만이 변화한다. 이와 같은 현상을 회복(recovery)이라 한다.

2장 ● 철강 재료

1. 강괴(ingot)는 제강로에서 정련된 용강을 탈산시킨 후, 주형에 주입하여 응고한 강을 말하며, 종류에는 탈산 정도에 따라 림드강, 킬드강, 세미킬드강, 캡드강으로 분류한다.

2.

$$\alpha\text{-Fe} \underset{}{\overset{A_3}{\rightleftharpoons}} \gamma\text{-Fe} \underset{}{\overset{A_4}{\rightleftharpoons}} \delta\text{-Fe} \underset{}{\overset{용용점}{\rightleftharpoons}} 융체$$

BCC　910℃　FCC　1400℃　BCC　1539℃

3. 순철은 투자율이 높아 변압기 철심, 발전기용 박철판 등의 재료로 사용되고, 카르보닐 철은 소결하여 고주파용 압분철심 등에 사용한다. 그러나 기계적 강도가 낮아 기계 재료로는 사용하지 않는다.

4. 철 중에 0.025~2.0% 정도의 탄소가 함유된 합금을 탄소강이라 한다. 강에는 아공석강(hypo-eutectoid steel), 공석강(eutectoid steel), 과공석강(hyper-eutectoid steel)이 있다. 아공석강은 페라이트와 펄라이트의 혼합 조직이며, 공석강은 100% 펄라이트, 과공석강은 펄라이트와 시멘타이트의 혼합 조직(dual phase)이다.

5. 탄소강을 900℃ 부근에서 서랭하여 얻은 조직을표준 조직(normal structure)이라 한다. 표준 조직에는 페라이트, 펄라이트, 시멘타이트가 있다.

6. 물리적 성질은 탄소 함유량의 증가에 따라 거의 직선적으로 변한다. 탄소 함유량의 증가에 따라 비중, 열팽창계수, 열전도도는 감소하고, 비열, 전기 저항, 항자력은 증가한다. 내식성은 탄소 함유량이 증가할수록 감소하고, 소량의 구리가 첨가되면 현저하게 좋아진다.

7. ① 연신율은 감소시키지 않고 강도, 경도, 강인성을 증대시켜 기계적 성질이 좋아진다.

   ② S의 해를 감소시켜 주조성을 좋게 한다.

   ③ 고온에서 결정립 성장을 억제시킨다.

   ④ 담금질 효과를 증대시켜 경화능이 좋아진다.

   ⑤ 강의 점성을 증가시키고 고온 가공성을 향상시킨다.

8. ① S의 함유량이 0.02% 이하일지라도 강도, 연신율, 충격값을 감소시킨다.

   ② FeS는 융점이 낮아 고온에서 가공할 때에 균열을 발생시킨다. 1,193℃ 부근에서 S의 영향으로 취성이 나타나 파괴의 원인이 된다. 이것을 고온취성(hot shortness)이라 한다.

   ③ 공구강에서는 0.03% 이하, 연강에서는 0.05% 이하로 제한한다.

9. 열간 가공은 재결정 온도 이상에서 가공하는 것으로 가열 온도는 탄소 함유량에 따라 다르며, 1,050~1,250℃에서 가공을 시작하여 850~900℃에서 완료하는 것이 가장 적당하다. 가공 완료 온도가 낮으면 가공 경화와 내부 변형이 발생하여 균열이 생긴다. 가공 완료 온도가 높으면 결정 입자가 성장하여 재질이 약하게 된다.

10. 구조용강(structural steel)은 일반구조용강과 기계구조용강으로 구분할 수 있다. 건축, 토목, 교량, 철도 차량 등의 구조물에 쓰이는 판, 봉, 관, 형강 등의 강을 일반구조용강이라 하고, 자동차, 항공기, 각종 기계 부품 구조에 쓰인 강을 기계구조용강이라 한다.

11. ① 상온 및 고온에서 경도가 커야 한다.

   ② 내마모성이 커야 한다.

   ③ 강인성 및 내충격성이 커야 한다.

   ④ 내식성, 내산화성이 좋아야 한다.

   ⑤ 가공이 용이해야 한다.

   ⑥ 가격이 저렴해야 한다.

12. ① Ni 주강 : 0.1~0.6% C, 0.5~5% Ni의 강으로 차량, 펌프 등에 사용한다.

   ② Ni-Cr 주강 : 0.2~0.3% C, 18% Cr, 8% Ni강으로 내식용으로 사용한다.

   ③ Cr 주강 : 0.5~1.2% Cr 주강과 10% 이상의 고Cr 주강이 있으며 내마모성, 내식성이 좋아 기계 부품 등에 사용한다.

   ④ Mn 주강 : 0.9~1.2% Mn의 저망간 주강과 10~16% Mn의 고망간 주강이 있으며, 저망간 주강은 펄라이트, 고망간 주강은 오스테나이트 조직으로 분쇄기, 롤러 등에 사용한다.

13. ① 기계적, 물리적, 화학적 성질을 향상시킨다.

② 내식성, 내마모성을 향상시킨다.

③ 담금질성을 향상시킨다.

④ 전자기적 성질을 변화시키다.

⑤ 결정 입자의 크기를 조절한다.

14. 마르에이징강(maraging steel)은 초고장력강의 일종으로 탄소 함유량이 매우 낮은 마텐자이트를 시효 석출에 의해 강인화한 강이다.

15. ① 표면이 아름답고, 표면 가공이 용이하다.

② 내식성과 내마모성이 우수하다.

③ 강도가 크다.

④ 내화성 및 내열성이 크다.

⑤ 가공성이 좋다.

16. 주철은 파면에 따라 회주철(grey cast iron), 백주철(white cast iron) 및 반주철(mottled cast iron)로 분류한다.

17. Ca-Si 또는 Fe-Si 등을 첨가해서 흑연화를 촉진시키는 방법으로 이러한 처리를 접종(inoculation)이라 한다.

18. ① 불림(normalizing)은 조직을 미세화하고 균일하게 한다.

② 풀림(annealing)은 재질을 연하고 균일하게 한다.

③ 담금질(quenching)은 재질을 경화한다.

④ 뜨임(tempering)은 담금질한 재질에 인성을 부여한다.

19. 변태점 이상으로 가열한 오스테나이트 상태의 강을 물 또는 기름 속에서 급랭하는 조작을 담금질이라 한다.

20. 침탄(carburizing)이란 강의 표면층에 고용한 탄소를 확산시키는 처리이다. 침탄 처리에는 고체 침탄법, 가스 침탄법, 액체 침탄법이 있다.

3장 ● **비철금속 재료**

1. ① 전기 및 열의 전도성이 우수하다.
   ② 전연성이 좋아 가공이 용이하다.
   ③ 화학적 저항력이 커서 부식하기 어렵다.
   ④ 광택이 아름답다.
   ⑤ Zn, Sn, Ni, Ag 등과 용이하게 합금을 만든다.

2. Zn의 함유량이 20% 이하인 합금을 총칭하여 톰백(tombac)이라 하며, 전연성이 좋고 색깔이 아름다우므로 장식용 악기, 모조금, 금박의 대용으로 사용한다.

3. 71% Cu, 28% Zn에 1% Sn을 첨가한 황동으로 소량의 Sn을 첨가하면 경도와 강도가 증가하고, 탈아연 부식이 감소되며, 내해수성이 좋아진다.

4. 60/40 황동에 Fe, Mn, Ni 등을 첨가하여 취약하지 않으며, 방식성, 내해수성이 강한 합금을 고강도 황동이라 한다. 54~58% Cu, 40~43% Zn에 1% 정도의 Fe을 첨가한 합금을 델타 메탈(delta metal)이라 한다.

5. 8~12% Sn에 1~2% Zn을 첨가한 합금으로 포금(gun metal) 또는 애드미럴티 포금(admiralty gun metal)이라 하며, 내해수성이 좋고 수압, 증기압에도 잘 견디므로 선박용 재료로 사용한다.

6. 알루미늄 청동은 단조 및 압연 가능하고, 단조 후 인장강도는 686MPa 이상, 연신율 15% 이상, 경도(H_B) 170 이상이다. 알루미늄 청동은 주물용 알루미늄 청동과 가공용 알루미늄 청동이 있다. 주물용은 강도, 경도, 내마모성이 우수하여 선박용 프로펠러, 각종 기어, 밸브 등에 사용한다. 가공용은 강도, 내열성, 내식성, 내마모성이 우수하여 차량 기계, 화학 공업, 선박용 기어 등에 사용한다.

7. 4% 정도의 Cu를 500℃로 가열하여 급랭하면 과포화 고용체가 생성되고, 상온에서 불안정하여 제2상을 석출하려고 한다. 과포화 고용체는 상온에서 시간의 경과에 따라 강도, 경도가 증가한다. 이러한 현상을 상온 시효(natural aging)라 한다.

8. Al-Mg계 합금은 내식성, 강도, 전연성이 우수하고, 피삭성이 좋다. 4~5% Mg 합금은 해수 및 약한 알칼리 용액에서도 내식성이 양호하여 선박용, 화학장치용 등의 부품으로 사용한다.

9. ① 유동성이 좋아야 한다.
   ② 열간 취성이 적어야 한다.
   ③ 응고 수축에 대한 용탕 보급성이 좋아야 한다.
   ④ 금형에 점착하지 않아야 한다.

10. 조성은 Al-4% Cu-0.5% Mg-0.5% Mn이다. 열처리 시 500~510℃에서 용체화 처리를 한 후, 급랭하여 상온에 방치하면 시효 경화한다.

11. 전기 저항이 크고 온도계수가 낮아 통신기용, 저항선 등의 전기 저항 재료로 사용한다. Cu, Pt, Fe 등에 대한 열기전력 값이 높아 열전대선으로 사용한다.

12. 50% Ni을 함유한 니켈로이(nickalloy) 합금은 초투자율이 크고, 포화자기 및 전기 저항이 크므로 저출력 변성기 등의 자심 재료로 사용한다. 78.5% Ni을 함유한 퍼멀로이(permalloy) 합금은 투자율이 높고 약한 자장 내에서의 투자율도 높다. 20~75% Ni, 5~40% Co를 함유한 퍼민바(perminvar) 합금은 고주파용 철심 재료로 사용한다.

13. 하스텔로이(hastelloy), 인코(inco), 인코넬(inconel), 니모닉(nimonic), 일리움(illium) 등이 있다.

14. 종류에는 Mg-Mn계, Mg-Al-Zn계, Mg-Zn-Zr계 등이 있다. 이 합금들은 가공을 하여 봉, 관, 판 등의 제품을 만들어 항공기용 부품, 전신재 등에 사용한다.

15. Ti는 고온에서 비강도가 높고, 크리프 강도가 크며, Au, Pt 다음으로 내식성이 우수하여 600℃까지 고온 산화가 거의 없다. 공업용 티타늄의 순도는 99.0~99.2% 정도이고, WC 초경질 공구 재료에 TiC를 15% 이하로 첨가하면 절삭성이 향상된다.

16. 금형용 아연 합금은 Al, Cu를 첨가하여 강도 및 경도를 크게 한 합금으로, 다이캐스팅용과 거의 비슷하게 사용한다. 대표적인 종류에는 KM 합금, 커크사이트(kirksite), ZAS(zincalloy for stamping) 합금 등이 실용되고 있다. 아연 합금 금형은 금속판의 프레스형, 발취형, 플라스틱 성형용 등에 사용한다.

17. Sn에 Pb, Sb, Ag 등을 첨가하여 Cu, 황동, 청동 등의 금속 제품의 접합용으로 사용하는데, 이러한 합금을 땜납(soft solder)이라 한다.

18. 저융점 합금(fusible alloy)은 약 250℃ 이하의 융점을 가진 합금으로 Sn, Pb, Cd, Bi, In 등이 있다.

19. ① 소착에 대한 저항력이 커야 한다.

    ② 부식이 되지 않도록 내식성이 좋아야 한다.

    ③ 마찰계수가 작고, 내마모성이 좋아야 한다.

    ④ 하중에 대한 내구력이 있을 정도로 경도와 내압력이 있어야 한다.

    ⑤ 축에 적응이 잘 되도록 충분한 점성과 인성이 있어야 한다.

    ⑥ 주조성이 좋고, 열전도율이 커야 한다.

20. 다공질 재료에 윤활유를 품게 하여 급유를 필요로 하지 않는 베어링을 함유 베어링(oilless bearing)이라 한다.

4장 ● 신금속 · 신소재 재료

1. 초소성(super plasticity)이란 금속 재료가 특정한 온도 및 변형 조건에서 유리질처럼 늘어나는 특수한 현상이다. 초소성 현상은 일정한 온도에서 특정 범위의 변형 속도로 하중을 가하거나, 하중을 걸어놓고 적당한 속도로 가열 및 냉각을 반복하면 수 백% 이상의 연성을 나타낸다.

2. 초소성 성형 방법에는 blow forming, gatorizing 단조법, SPF/DB법 등이 있다.

3. 초탄성(superelasticity)은 형상 기억 효과와 같이 특정한 모양의 재료를 인장하여 탄성한도를 넘어서 소성 변형시킨 경우에도 하중을 제거하면 원상태로 돌아오는 성질이다.

4. 초전도 상태는 온도(temperature, T), 자기장(magnetic field, H), 전류밀도(current density, J)가 각각 어느 임계값 T_c, H_c, J_c 이하인 상태이다.

5. 초전도성은 자기부상열차, 고에너지 가속기, 전기 기기 응용 연구 등의 여러 분야에서 이용한다.

6. 반도체 재료의 종류는 대단히 많으나 무기 재료 반도체와 유기 재료 반도체로 나눌 수 있다. 무기 재료 반도체는 원소 반도체와 화합물 반도체로 분류된다. 원소 반도체 재료에는 Ge, Si, Se, Te 등이 있다. 화합물 반도체 재료에는 Ⅲ - Ⅴ족간 화합물(GaAs, GaP, InSb, InAs)과 Ⅱ - Ⅵ족간 화합물(Cd, ZnS), 이외에도 Ⅳ - Ⅵ족간 화합물(PbO, PbS) 및 Ⅴ - Ⅵ족 간 화합물(Sb_2S_3, Bi_2Te_3) 등이 있다.

7. 형상기억합금(shape memory alloy)이란 처음에 주어진 특정 모양의 금속 재료를 인장하거나 소성 변형된 것에 적당한 열을 가하면 원래의 모양으로 돌아오는 합금이다. 형상기억합금은 탄성계수 변화 및 치수 변화에 온도 의존성이 작은 엘린바 합금, 인바 합금으로 사용하고, 치수 변화에 온도 의존성이 큰 바이메탈(bimetal)용 합금으로 사용한다. 일상생활용품으로는 여성용 브래지어, 치열 교정용, 냉난방겸용 에어컨 등에 사용한다. 또한 우주 수신용 안테나, 제트 전투기의 유압 배관 계통의 파이프 이음쇠, 원자력 잠수함이나 선박의 배관, 해저 송유관의 파열 보수 공사에도 사용한다.

8. 수소저장합금(hydrogen storage alloy)이란 수소와 반응하여 금속 수소화물의 형태로 수소를 포착하여 가열하면 수소를 방출하는 특성을 가지는 성질의 합금이다.

9. 결정은 원자 배열이 규칙적으로 되어 있으나, 그와 같은 규칙성이 없는 상태를 비정질(amorphous)이라 한다. 비정질 합금의 제조 방법에는 전기 또는 화학 도금, 스퍼터링(sputtering), 액체 급랭법 등이 있다.

10. ① 복합형 합금 : Al-Zn 합금은 넓은 응력 범위에 걸쳐서 방진 특성을 나타내며, 가격이 싸고 가벼워서 전축 등에 사용한다.
② 강자성형 합금 : 실용 합금인 NIVICO-10 또는 12% Cr강은 높은 응력 범위에서 큰 방진 특성을 나타낸다.
③ 전위형 합금 : Mg-Zr 합금은 미사일 발사 시에 정밀 기계를 충격으로부터 보호하기 위하여 사용한다.
④ 쌍정형 합금 : Mn-Cu 합금은 해수에 대한 내식성이 좋아서 선박의 추진기로 사용한다.

11. 초강력강(ultra high strength steel)은 Ni, Cr, Mo, V 등의 원소를 첨가하여 강화한 합금강이다. 고강도를 얻기 위하여 불순물 원소를 최대한 낮추고, 열처리 조작을 통하여 조직 제어를 실시한 합금강이다.

12. 금속간 화합물(intermetallic compounds)이란 금속과 금속 사이의 친화력이 클 때 2종 이상의 금속 원소가 간단한 원자비로 결합되어 성분 금속과는 다른 성질을 가지는 독립된 화합물이다.

13. 복합 재료(composite materials)란 2가지 또는 그 이상의 재료를 혼합하여 각각의 구성 재료보다 우수한 성질을 나타내는 재료이다.

14. 고용융점계 섬유 강화 초합금(fiber reinforced super alloy, FRS)은 기지를 Fe, Ni 합금으로 사용하여, 927℃ 이상의 고온에서 강도나 크리프 특성을 개선하였다.

15. 입자 분산 강화 금속(particle dispersed strengthened metals, PSM)은 금속 중에 0.01~0.1 μm 정도의 미립자를 수% 정도 분산 시켜 입자 자체가 아니고, 모체의 변형 저항을 높여서 고온에서 탄성률, 강도 및 크리프 특성을 개선시키기 위하여 개발한 재료이다.

16. 극저온용 구조 재료는 액체 He 온도(4K) 부근에서 기기의 구성 부재로서 사용하는 재료를 말한다.

17. 카본, 다이아몬드, 축구공형 탄소 분자(C60)

18.

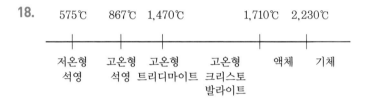

19.

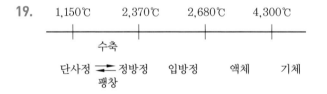

5장 ○ 비금속 재료

1. 합성수지(synthetic resine)는 석탄, 석유, 천연가스 등의 원료를 인공적으로 합성시켜 얻어진 고분자 물질로 특정한 온도에서 가소성(plasticity)을 갖는 성질이 있다.

2. 가소성이란 외력에 의해 형태가 변형된 물체가 외력이 제거되어도 원래의 형태로 돌아오지 않는 성질이다.

3. ① 가공성이 크고 성형이 간단하다.
② 전기 및 열 절연성이 좋다.
③ 비중이 낮아 가볍고 튼튼하다.

④ 내식성 및 내산성이 좋다.

⑤ 투명체가 많으며 착색이 자유롭다.

⑥ 단단하나 열에는 약하다.

4. 열경화성수지는 가열하면서 가압 및 성형하면 굳어지고, 다시 가열해도 연화하거나 용융되지 않는 수지이다. 내열성이 우수하고, 강도가 커서 베어링 케이스, 소형 기구의 프레임, 핸들 등에 사용한다.

5. 요소수지(urea resin)는 강도, 내수성, 내열성 및 전기 절연성이 떨어진다. 가공성이 우수하고, 착색이 용이하여 완구용, 가정 용품, 가구 등에 사용한다. 열탕에 접하면 광택이 감소되고 균열이 생기기 쉬운 단점이 있다.

6. 열가소성수지(thermoplastic resin)는 열을 가하여 성형한 후, 다시 열을 가하면 형태를 변형 시킬 수 있는 수지이다.

7. 폴리에틸렌수지(polyethylene resin)는 비중이 0.92~0.96이고, 유연성이 좋으며, 충격에 강하다. 사출 성형이 용이하고, −60℃에서도 경화되지 않는다. 내화성이 우수하여 석유 상자, 전선 피복재, 필름, 수도관 등에 사용한다.

8. 연삭 및 연마 재료에는 다이아몬드(diamond), 에머리(emery), 가넷(garnet), 트리폴리(tripoli) 등이 있다.

9. ① 적당한 점성을 가져야 한다.

② 적정한 유막을 형성해야 한다.

③ 열과 산화에 대한 안정성이 있어야 한다.

10. ① 공구의 날을 냉각시켜 경도 저하를 방지해야 한다.

② 가공물을 냉각시켜 가공 정밀도의 저하를 방지해야 한다.

③ 절삭 작업 시 윤활 작용을 하여 공구 마모를 적게 해야 한다.

④ 칩의 제거 작용을 하여 절삭 작업을 용이하게 해야 한다.

6장 ● 기계 재료 시험

1. 인장 시험(tension test)은 시험편의 인장력에 대한 기계적 성질을 측정하는 시험을 말한다. 최대 하중, 인장강도, 항복강도, 내력, 연신율, 단면수축률 이외에 탄성한도, 비례한도, 탄성 계수, 응력-변형 곡선 등을 측정한다.

2. 항복강도$(\sigma_Y) = \dfrac{P_Y}{A_0}$ [Pa]

3. 단면수축률(reduction of area)은 시험편이 파단되기 직전의 단면적(A_1)과 처음의 단면적(A_0)의 차를 처음의 단면적에 대한 백분율로 나타낸다. 단면수축률은 다음 식과 같이 표시한다.

$$단면수축률(\phi) = \dfrac{A_1 - A_0}{A_0} [\%]$$

4. 압축 시험(compression test)은 시험편의 압축력에 대한 항압력을 측정하는 시험을 말하며, 압축강도, 비례한도, 항복점, 탄성계수 등을 측정한다.

5. 굽힘 시험(bending test)은 재료의 굽힘에 대한 저항력을 조사하는 항절 시험과 재료의 전성, 연성, 균열의 유무를 조사하는 굴곡 시험이 있다.

6. ① 압입 경도 : 브리넬 경도(Brinell hardness), 로크웰 경도(Rockwell hardness), 비커스 경도(Vickers hardness), 마이어 경도(Meyer hardness)
   ② 반발 경도 : 쇼어 경도(Shore hardness)
   ③ 스크래치 경도 : 모스 경도(Mohs hardness)

7. 시험 하중을 변화시켜도 경도 측정치에는 변화가 없고, 압흔 자국이 극히 작아서, 침탄층, 질화층, 탈탄층의 경도 시험에 적당하다.

8. 충격 시험(impact test)은 충격적인 하중을 가할 때에 충격 저항을 측정하는 시험이다.

9. 재료에 반복응력을 가하여도 피로에 의하여 파괴되지 않는 한계를 피로한도(fatigue limit)라 한다.

10. ① 고감도이므로 작은 결함도 검출할 수 있다.
    ② 투과력이 우수하여 내부 결함의 검출도 할 수 있다.
    ③ 내부 결함의 위치, 크기, 방향, 형상 등을 알 수 있다.

④ 인체에 무해하고, 장비 휴대가 편리하다.

11. 방사선 투과 시험(radiographic testing, RT)은 X선, γ선, 중성자 선의 투과 방사선을 이용하여 시험체의 두께와 밀도 차이에 따른 변화로 내부 결함 또는 내부 구조 등을 조사하는 시험이다.

12. 자분 탐상 시험(magnetic particle testing, MT)은 자성 재료의 표면 및 표면 부근의 결함을 검출하는 시험이다.

13. 현상액은 $CaCO_3$, $BaCO_3$, MgO, Al_2O_3 등의 백색 분말의 현탁액을 사용한다.

14. 육안 검사(visual inspection)는 비파괴 검사의 일종으로 육안으로 관찰하거나 배율 10배 이하의 확대경으로 검사하는 시험이다.

15. 설퍼프린트(sulphur print)는 철강 재료 중에 FeS 또는 MnS로서 존재하는 황(S)의 분포 상태를 육안으로 검사하는 시험이다.

16. 전자 현미경은 미세한 조직의 관찰, 파단면 또는 미세 조직 중의 화학 성분의 정량화 및 결정 방위의 측정 등에 이용되고, 대표적으로 주사 전자 현미경(scanning electron microscope, SEM)과 투과 전자 현미경(transmission electron microscope, TEM)이 있다.

ㅇ

ㅈ

영문

기계재료학 이해

2017년 1월 10일 1판 1쇄
2020년 4월 10일 1판 4쇄
2022년 3월 15일 2판 1쇄
2024년 3월 20일 2판 2쇄

저자 : 신동철
펴낸이 : 이정일

펴낸곳 : 도서출판 **일진사**
www.iljinsa.com

(우)04317 서울시 용산구 효창원로 64길 6
대표전화 : 704-1616, 팩스 : 715-3536
이메일 : webmaster@iljinsa.com
등록번호 : 제1979-000009호(1979.4.2)

값 **20,000원**

ISBN : 978-89-429-1698-6